先进战斗机过失速机动鲁棒飞行控制技术

周池军　杨佳利　叶继坤　著

西北工業大學出版社

西　安

【内容简介】 过失速机动是第四代战斗机的标志性特征之一，可以使战斗机有效规避导弹攻击并且在近距空战中快速占据有利位置，从而能显著提高战场生存能力。本书针对先进战斗机过失速机动条件下的飞行控制问题，讨论了非定常气动建模、过失速机动动力学建模与分析、基于参考模型的内回路鲁棒解耦控制、基于不确定性估计与补偿的鲁棒约束控制、基于角加速度反馈的姿态鲁棒控制以及过失速机动半实物仿真验证等相关技术。

本书理论严谨、内容丰富、图文并茂，并且配有大量的仿真实例，可以作为高等学校控制科学与工程、计算机等专业高年级本科生、硕士研究生和博士研究生的教材或教学参考书，也可供航空航天领域飞行控制专业的工程技术人员阅读参考。

图书在版编目(CIP)数据

先进战斗机过失速机动鲁棒飞行控制技术/周池军，杨佳利，叶继坤著. —西安：西北工业大学出版社，2021.10

ISBN 978-7-5612-8025-6

Ⅰ.①先… Ⅱ.①周… ②杨… ③叶 Ⅲ.①鲁棒控制-应用-歼击机-过失速-机动飞行-研究 Ⅳ.①V212

中国版本图书馆 CIP 数据核字(2021)第 234963 号

XIANJIN ZHANDOUJI GUOSHISU JIDONG LUBANG FEIXING KONGZHI JISHU

先进战斗机过失速机动鲁棒飞行控制技术

责任编辑：华一瑾　　**策划编辑**：华一瑾
责任校对：高茸茸　　**装帧设计**：李　飞
出版发行：西北工业大学出版社
通信地址：西安市友谊西路 127 号　　邮编：710072
电　　话：(029)88491757，88493844
网　　址：www.nwpup.com
印 刷 者：陕西向阳印务有限公司
开　　本：787 mm×1 092 mm　　1/16
印　　张：8.75
字　　数：190 千字
版　　次：2021 年 10 月第 1 版　　2021 年 10 月第 1 次印刷
定　　价：48.00 元

前 言

过失速机动是第四代战斗机的标志性特征之一。在近距空战中，过失速机动可以实现机头的快速指向，获得先敌开火的机会；在规避导弹时，过失速机动可以增大导弹的需用过载，从而降低导弹命中精度，也可以摆脱导引头的跟踪和锁定，提高战斗机的战场生存能力。

国外关于过失速机动的研究起步较早。在20世纪末和21世纪初，美国国家航空航天局、波音公司和洛克希德·马丁公司等机构借助X－31EFM、F－16MATV和F－18HARV等验证机开展了大量的风洞和飞行试验，为实现过失速机动奠定了理论和技术基础。随着推力矢量发动机技术的突破，目前美国的F－22、F－35，俄罗斯的Su－57等先进战斗机均具备了实战化条件下的过失速机动能力。我国的歼－20战斗机自列装以来，受发动机技术的限制，过失速机动能力尚未得到充分发挥，未来换装推力矢量发动机以后，过失速机动能力的改善将大幅提升飞机的整体作战性能。

过失速机动的作用十分明显，但是想拥有这种能力却是极其不易的。与传统第三代战斗机相比，在过失速机动状态下，飞机的动力学呈现出许多新的特点，例如，非定常气动效应、模型不确定性、执行机构饱和以及强耦合等。过失速机动所产生的这些问题，给飞行控制系统设计带来了前所未有的困难和挑战。因此，开展能够有效处理非线性、非定常、不确定、多约束等问题的控制技术研究，具有重要的理论意义和军事价值。

本书主要介绍笔者在过失速机动飞行控制方法上所取得的研究成果。全书内容主要包括动力学建模与分析、鲁棒飞行控制理论和半实物仿真验证三部分，在结构上分为7章：第1章介绍过失速机动的研究背景和意义，梳理非定常气动建模和过失速机动控制的研究现状；第2章利用风洞试验数据建立基于阶跃响应函数的非定常气动模型；第3章在气动特性分析的基础上建立动力学模型，研究机翼摇晃的预测与抑制；第4章针对强耦合及模型不确定问题，研究内回路鲁棒解耦控制器设计；第5章针对非定常气动效应、模型不确定和执行机构饱和问题，研究基于自适应和反步控制的鲁棒约束控制器设计；第6章从工程应用角度出发，研究基于角加速度反馈的姿态鲁棒控制器设计；第7章搭建了半实物仿真系统，研究过失速机动控制方法的半实物仿真验证。本书第1～6章由周池军和叶继坤合作执笔，第7章由杨佳利执笔，周池军对全书内容进行了统稿。

在本书出版之际，笔者由衷感谢清华大学精密仪器系朱纪洪教授、空军工程大学防空反导学院雷虎民教授、李炯副教授、邵雷副教授、卜祥伟副教授的悉心指导和热情帮助。写作本书参阅了相关文献、资料，在此谨向其作者深表谢意。本书的研究内容得到了国家自然科学基金项目(编号:61573374,61673240,61873278)的资助。

由于笔者水平有限，书中难免存在纰漏，敬请广大读者批评指正。

著　者

2021 年 4 月

目　　录

第1章　过失速机动概述

1.1　过失速机动的背景与意义

超视距空战和近距空战是现代和未来空战的两种主要模式[1]。大量分析研究表明，在未来空战中，超视距空战的比例将会有较大程度的提高。但是由于战斗机隐身性能的增强和各种先进干扰设备的应用，超视距空战效能的发挥将受到一定程度的限制，近距空战依然不可避免[2]。随着可离轴发射的全方位攻击格斗导弹的使用，现代战斗机已经具备了“指向即发射”的攻击能力，不再需要消耗大量的时间去占据有利的攻击位置，而主要是设法取得角度优势[3-5]，过失速机动就是在这种情况下应运而生的。

过失速机动是指在迎角超过失速迎角条件下完成大角速率机动飞行动作的超常规机动。过失速机动能力作为第四代战斗机的四大标志性特征之一，可以在近距空战中实现机头的快速指向，在更大的姿态范围内快速建立发射位置，从而获得先敌开火的机会。此外，战斗机利用过失速机动还可以突破失速禁区、减小转弯半径和机动过载，进而获取战术优势。研究表明，当 X－31 EFM(Enhanced Fighter Maneuverability)验证机不使用过失速机动与 F/A－18 同向并行空中格斗时，16 次交战赢了 12 次；当使用过失速机动时，在 66 次交战中 X－31 EFM 验证机赢了 64 次[6-7]。由此可见，过失速机动能力对空战效能的影响是极为显著的。

过失速机动的概念最早是由德国的 Herbst 博士于 20 世纪 70 年代提出来的[3]，但是受当时思想认识和技术条件的限制并没有引起足够的重视。美国是最早开展过失速机动研究的国家。自 1985 年起，美国和德国开始研究过失速机动的可行性，并联合生产了 3 架专门用于过失速机动研究的 X－31 EFM 验证机。在过失速机动实用化的研究过程中，X－31 EFM 验证机先后完成了稳态过失速飞行、在过失速条件下绕速度矢量滚转以及从小迎角条件下快速进入过失速状态这三个基本动作。在此基础上，X－31 EFM 验证机于 1993 年和 1995 年先后两次完成了具有实战意义的 Herbst 机动动作[8]，如图 1.1 所示。

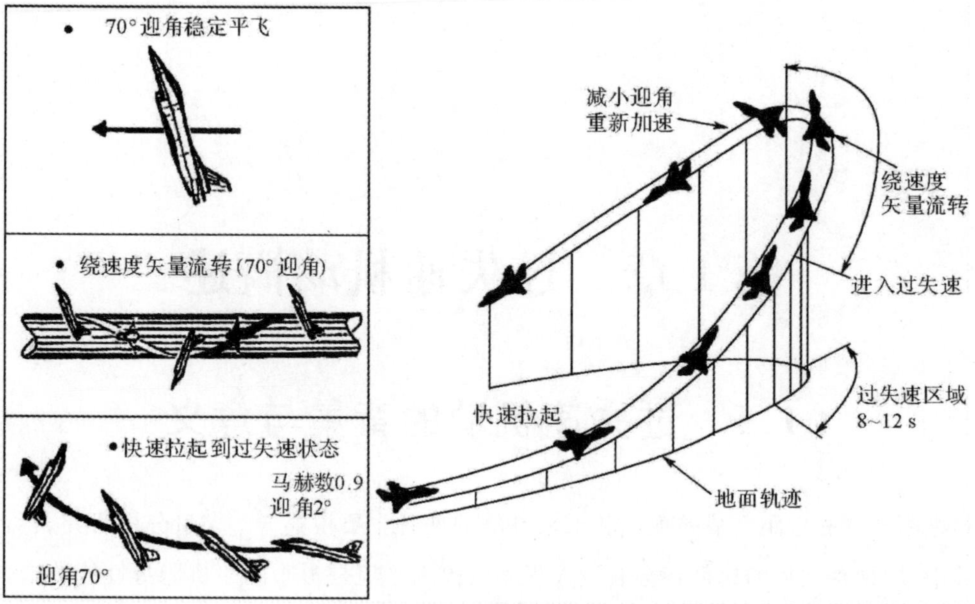

图 1.1　过失速机动基本动作与 Herbst 机动示意图[1,8]

随后，美国又开展了大量的过失速机动验证试验，其中包括 F－18 HARV(High－Alpha Research Vehicle)[9-10]、F－16 MATV(Multi－Axis Thrust Vectoring)[11]以及 X－29A[12-13]等验证机和研究项目。目前，美国已经掌握了较为先进的过失速机动技术，并将其成功应用于 F－22 和 F－35 等先进战斗机上，其中 F－22 战斗机已经具备了在 60°以上迎角条件下进行过失速机动的实战能力，能够完成"尾冲""锥子""猫鼬"和 Herbst 等多种过失速机动动作。俄罗斯在过失速机动方面也取得了许多研究成果。Su－27 战斗机在 1989 年的巴黎航展上就完成了著名的"眼镜蛇"机动动作，此后研制的 Su－35 和 Su－37 等飞机都显示出了优异的过失速机动能力，可以完成"钟""圆周"等多种复杂的过失速机动动作。2017 年 8 月，俄罗斯最新一代战斗机 Su－57 正式服役，其整体气动布局设计使得飞机的大迎角性能得到了很好的改善，再加上轴对称矢量推力控制与气动舵面的配合，可以显著提升飞机的过失速机动性能，如图 1.2 所示。

图 1.2　美国和俄罗斯过失速机动验证机和先进战斗机

Su-35

Su-57

续图 1.2　美国和俄罗斯过失速机动验证机和先进战斗机

我国关于过失速机动的研究起步较晚，现役战斗机的过失速机动能力还非常有限，其整体性能与美国和俄罗斯等军事强国的先进战斗机相比还有一定差距。因此，为了提高我国战斗机的性能、缩小与发达国家的差距，开展过失速机动研究具有重要的现实意义。

过失速机动的作用十分明显，但是想拥有这种能力却是极其不容易的。在过失速状态下，飞机的动力学呈现出许多新的特点，主要体现在以下几方面。

(1)非线性非定常气动效应。在过失速机动过程中，机体表面的气流会经历附着流、分离流、涡破碎和再附着等一系列复杂的变化过程，气动力不仅具有高度的非线性特性，而且呈现出显著的非定常效应，给传统的气动建模方法提出了很大挑战，同时飞机在大迎角条件下出现的机翼摇晃、尾旋、侧偏等非指令运动也给动力学分析带来了很大困难[14-15]。

(2)模型不确定问题。过失速机动的气动特性十分复杂，许多气动现象难以准确描述[8]，动力学模型不可避免地存在严重的不确定性，从而给控制系统的设计带来了较大的挑战。

(3)执行机构饱和问题。由于大迎角条件下气动舵面操纵效率会显著下降[16]，舵面容易出现饱和，所以通常需要利用推力矢量进行辅助控制。但是，当飞机进行剧烈机动时，在短时间内需要的控制能量很大，即使是推力矢量尾喷管也可能出现饱和，从而导致系统的控制性能下降甚至失稳。

(4)强耦合问题。在过失速机动过程中，运动耦合、惯性耦合以及气动耦合等问题同时存在[1,17]，各通道之间的耦合作用十分突出，严重影响了飞机的操纵品质和控制效果。

过失速机动所产生的这些问题，给飞行控制系统设计带来了极大的挑战。从目前公开的文献资料来看，能够同时处理上述几类问题的控制方法还很少。这一现状使得飞行控制成为制约过失速机动性能发挥的重要因素。在此背景下，本书针对过失速机动过程中的非定常气动效应、模型不确定性、执行机构饱和及强耦合问题，以某先进战斗机为研究对象，在大量风洞试验数据的基础上开展过失速机动非定常气动建模和鲁棒飞行控制方法的研究，具有重要的理论研究意义和工程应用价值，可为我国先进战斗机的过失速机动飞行控制系统设计提供重要参考。

1.2 非定常气动建模方法

建立具有明确物理意义且工程实用的非定常气动模型不仅是开展动力学分析、控制律设计以及飞行仿真研究的基础，也是先进战斗机设计需要突破的关键技术之一[18]。当前气动建模手段主要包括风洞试验、计算流体力学(Computational Fluid Dynamics，CFD)和飞行试验。虽然CFD方法在非定常气动建模方面已经取得了一定的进展，但是基于CFD的动力学分析方法过于复杂，且很难获得具有指导飞机设计意义的结果。此外，飞行试验的成本和风险性均很高，而且在飞机设计的初步阶段面临着无法获取数据的问题。因此，风洞试验仍然是当前国内外气动建模研究的主要途径。

目前，非定常气动模型可分为两类：①机理模型，例如多项式模型、阶跃响应函数模型、状态空间模型和微分方程模型等；②人工智能模型，主要包括神经网络模型、模糊逻辑模型和支持向量机模型等。

在经典的多项式模型中，气动力只与状态的当前值有关，且气动导数均为常数。该模型物理意义明确，在小迎角条件下具有较强的适用性，但是在大迎角情况下，流动发生分离导致建模效果较差[19]。大量的风洞试验数据显示，大迎角条件下的气动导数依赖于振荡频率[20]。因此文献[21-22]对经典的多项式模型进行了改进，将气动系数表示为状态及其导数的多项式，并将多项式系数表示为减缩频率的函数。该模型形式简单，物理意义较为明确，其存在以下两个问题：①多项式的模型结构不好确定，使得待辨识的参数个数随着建模变量的增加呈指数式增长，从而导致该模型的应用受到了很大限制；②气动系数只与状态及其导数的当前值有关，而与运动历程无关，因此，该模型的非定常表征能力十分有限。

针对线性非定常气动力的表征问题，文献[23]首次提出了阶跃响应函数模型。随后，文献[24]在Volterra原始泛函的基础上将其进一步拓展到非线性非定常气动建模领域。该模型具有严谨的数学理论基础，可以通过Fouirer变换确定非定常响应的阶次和模型结构。但是，由于模型中的积分项与动力学微分方程在形式上不统一，所以不便于开展动力学特性分析[18]。针对这一问题，文献[25]引入一系列假设，将积分项转化为一阶微分方程，简化后的非定常气动模型由静态项、动导数项和非定常项构成，具有明确的物理意义。近年来，美国航空航天局(National Aeronautics and Space Administration，NASA)的兰利研究中心对X-31[26]和F-16XL[27-29]验证机开展了大量的风洞/水洞试验研究，建立了基于阶跃响应函数方法的非定常气动模型，并采用最大似然估计与两步线性回归相结合的方法辨识模型参数。文献[30-31]针对SACCON和GTM等先进气动布局飞行器的风洞试验数据和CFD数据，基于阶跃响应函数方法建立了非定常气动模型，并通过谐波分析和两步线性回归方法辨识模型参数。上述研究结果均表明阶跃响应函数模型不仅具有较强的泛化能力,而且在动力学分析与飞行仿真方面也具有较好的适用性。然而,该模型在建模过程中需要使用大量的风洞试验数据(其中包括动导数试验数据和大幅振荡试验数据),模型辨识过程较为复杂。

针对单个机翼的非定常气动建模问题,文献[32]采用流动分离点位置描述涡结构运动的动态效应,建立了状态空间形式的非定常气动模型。在考虑下洗迟滞、定常旋转等因素的情况下,文献[33]通过增加非线性项提高了状态空间模型对于静态迟滞和临界状态的表征能力。文献[34]进一步将单个机翼的非定常气动模型推广到全机构型,利用65°三角翼构型和X-31验证机的风洞试验数据建立了状态空间形式的非定常气动模型,并采用两步线性回归方法辨识模型参数。在此基础上,一些学者对状态空间模型进行了进一步修正[35-36]。为了描述全机构型的非定常气动效应,文献[37]基于状态空间方法建立了F-16验证机的纵向非定常气动模型,但是该模型在横侧向非定常气动力表征方面存在较大缺陷。与纵向气动建模相比,横侧向气动模型对迎角有很强的依赖关系,建模难度相对较大。文献[38]建立了飞机各部件的状态空间非定常气动模型,然后通过叠加得到全机的横侧向非定常气动力,但是该方法的合理性还有待进一步研究。虽然近年来基于状态空间的非定常气动建模取得了较大的进展,但是仍然存在以下问题:①模型中的非线性项物理意义不明确,将其用于建模研究还有待进一步改进;②对于较为复杂的全机构型,由于各部件表面的绕流存在相互影响,流动分离点的位置难以确定,这在很大程度上限制了状态空间模型的应用。

在状态空间模型的基础上,文献[39]提出了微分方程模型,将气动力分解为静态、准定常和非定常三部分,并利用风洞大幅振荡试验数据和飞行试验数据对模型的有效性进行了验证,结果显示模型能够较好地描述大迎角非定常气动效应。文献[40-41]采用微分方程分别建立了纵向和横侧向非定常气动模型,并利用65°三角翼构型进行了模型验证。在此基础上,文献[42]将微分方程模型扩展到空间耦合运动,并使用F-16XL和F-18验证机的风洞试验数据对耦合条件下的非定常气动建模进行了初步研究。在建模研究中发现,微分方程中的特征时间常数与状态密切相关,该参数对建模效果的影响很大,在建模过程中必须对其符号进行限制以确保辨识得到的非定常气动状态具有收敛性[19]。需要指出的是,在线性条件下,微分方程模型、简化的阶跃响应函数模型以及状态空间模型均具有相同的模型结构[43-45],模型中的非定常气动效应均可以采用一阶微分方程描述,但是三者在模型参数的物理意义和参数辨识方法上存在一定差异。

近年来,以神经网络[46-48]、模糊逻辑[49]和支持向量机[50]等为代表的人工智能建模方法逐渐成为非定常气动建模领域的研究热点,并涌现出了大量的理论研究成果,在此不再一一介绍。这些方法的优势主要体现在以下两方面:①由于神经网络和模糊逻辑等智能方法具有逼近任意非线性函数的能力,所以通常情况下这些方法能够取得较好的建模效果;②这些方法不限制建模变量的个数，适合于耦合运动非定常气动建模研究。但是，由于在建模过程中需要利用大量的试验数据进行训练，外插能力较弱，不仅无法得到具体的气动力表达式，而且缺乏明确的物理意义。因此，目前基于人工智能方法的非定常气动建模仍然停留在理论研究阶段，离工程应用还有很大差距。

国外在非定常气动建模方面的研究起步较早，NASA、俄罗斯中央气动研究院和德国宇航中心等机构均建立了用于非定常气动研究的低速风洞，通过风洞试验为非定常气动建模提供了大量的数据支撑。尤其是 NASA 对 F－16XL、F－18 和 F－22 等先进战斗机开展了大量的风洞试验研究，为大迎角条件下的非定常气动建模研究奠定了坚实基础。国内关于非定常气动建模的研究始于 20 世纪 90 年代。近年来，为了满足第四代战斗机过失速机动气动建模与飞行控制的需求，军事科学院空气动力研究所、中国航空工业空气动力研究院和南京航空航天大学等单位对大迎角条件下的非定常气动建模开展了大量的研究工作，利用风洞试验获取了丰富的气动数据。但是，目前国内、外关于非定常气动建模的研究还主要局限于单自由度大幅振荡试验，如何建立多自由度耦合条件下的非定常气动模型仍然需要进行深入研究。

1.3 过失速机动控制方法

本节主要从线性控制和非线性控制两方面介绍过失速机动控制方法的国内外研究现状。对于非线性控制方法，选取动态逆和反步控制两种目前研究比较广泛的控制方法进行详细介绍。

1.3.1 线性控制方法

传统的线性控制方法主要包括增益预置和线性变参数方法。其中增益预置方法在飞行控制领域的应用非常广泛，其本质是在飞行包线内选取一系列配平点，在每个配平点处设计线性控制器，然后根据飞行状态变化，利用插值或切换将所有控制器综合得到一个完整的控制器，从而实现整个飞行包线内的控制[51]。该方法的优点是在线计算量小，可以直接利用成熟的线性控制理论进行设计，易于工程实现。在过失速机动控制方面，文献[52]采用增益预置方法处理动力学非线性问题，并通过两种大迎角机动动作对控制方法的有效性进行了仿真验证。结果显示，控制器在稳态条件下具有良好的控制效果，但是在机动过程中的控制效果并不理想。事实上，增益预置方法在切换参数变化缓慢的情况下具有较好的适用性，当切换参数剧烈变化时，其控制性能会明显下降[51]；而且由于每个配平点处的控制器只能保证该配平点附近的控制效果，系统在整个飞行包线内的控制性能无法得到保证。为了克服上述不足，文献[53]在增益预置方法的基础上系统地提出了线性变参数方法。文献[54－56]将该方法应用于过失速机动控制研究，通过设计迟滞逻辑削弱了参数切换过程对系统稳定性的影响，并利用 F－16 验证机动力学模型进行了仿真验证，结果表明该方法可以有效处理大迎角条件下的非线性问题。然而，由于只考虑了纵向通道且仿真条件设置过于理想，因此该方法对于非定常气动效应、模型不确定性以及强耦合等问题的处理能力仍然有待进一步考察。

为了提高控制系统的鲁棒性，许多学者也尝试采用 H_∞ 鲁棒控制和结构奇异值 μ 综合方法设计控制器。文献[57]将 H_∞ 鲁棒控制方法应用于 F－18 HARV 验证机的过失速机动控制研究，通过仿真对比发现，H_∞ 鲁棒控制方法与线性二次型最优控制方法的控制效果非常接近。文献[58－60]分别采用结构奇异值 μ 综合方法、连续和离散 H_∞ 鲁棒控制方法进行过失速机动控制，仿真结果均表明这些方法具有较好的过失速机动控制性能。

上述线性控制方法均是以小扰动线性化理论为基础的，在小迎角条件下，其控制效果已经得到了普遍认可，但是将其应用于大迎角过失速机动控制，仍然存在以下两方面缺陷。

(1)就线性控制方法本身而言，在控制器设计过程中，为了保证系统的控制性能，需要选取大量的配平点，但是对于配平点的选取目前还缺乏完善的理论依据，而且控制器设计需要进行大量的离线仿真和试验验证，从而导致设计时间较长且成本较高[51]。

(2)在过失速机动过程中，飞机的运动状态主要以瞬态过程为主，不存在类似于稳态爬升和稳态滚转这样典型的配平状态，而且由于动力学模型存在严重的不确定性，控制器设计过程中采用的配平点与飞机实际的平衡点可能存在较大误差，从而难免导致控制性能下降[61]。

综上所述，基于线性控制理论的过失速机动控制方法对于非线性非定常气动效应、模型不确定性和强耦合等问题的处理能力有限，系统的控制性能难以得到保证。而且上述线性控制方法大多都是在过失速机动研究的初期提出来的，随着对飞机机动性和控制性能要求的日益提高，这些方法已经难以适用。为了改善和提高过失速机动的飞行品质和控制性能，采用更加先进的非线性控制理论开展过失速机动控制研究已经成为必然趋势。

1.3.2　非线性控制方法

随着过失速机动研究的深入，传统线性控制方法的缺陷逐渐暴露出来，美国的 NASA、波音公司和洛克希德·马丁公司等机构率先开展了一系列非线性控制方法研究，并利用验证机进行了过失速机动仿真或飞行验证，如针对 F－18 HARV 验证机的动态逆控制[62]、针对 F－15、X—36 和 F－22 验证机的自适应动态逆控制[63-65]以及针对 F－35 验证机的增量动态逆控制[66-67]等。随着控制理论的发展，目前许多非线性控制方法在过失速机动研究领域都得到了应用，如动态逆控制[68]、反步控制[69]、滑模控制[70]、自抗扰控制[71]以及轨迹线性化控制[72]等。考虑到这些方法大部分都是以动态逆或反步法为基础的，单独采用其他某种控制方法的过失速机动研究相对较少，因此下面主要对基于动态逆和反步法的过失速机动控制方法进行详细介绍。

1. 动态逆控制

动态逆控制的基本思想是通过逆系统设计将被控对象补偿为具有线性解耦关系的伪线性系统，然后再利用线性控制使系统满足期望的性能指标。该方法设计过程简单直观，避免了复杂的增益调参，在整个飞行包线内具有较好的适用性，因此在飞行控制领域得到了广泛的应用。在过失速机动控制方面，文献[73－74]基于时标分离原理将飞行控制系统划分为快、慢两个回路，采用动态逆方法分别设计了快、慢回路控制器，仿真结果表明该方法能够满足过失速机动的控制要求。这是采用动态逆方法进行过失速机动控制研究的开端。文献[75]将动态逆与增益预置方法进行了详细的对比分析，仿真结果显示动态逆方法具有更好的控制效果。在动态逆控制的基础上，文献[76－78]分别研究了尾旋改出、过失速机动性能优化和飞行品质评估等问题。基于动态逆的过失速机动控制研究还有很多[79-81]，在此不再一一介绍。

然而，在动态逆控制过程中需要知道准确的对象模型，建模误差会使控制性能显著下降，这是制约动态逆方法进一步发展的主要障碍。在过失速机动过程中，复杂的气动问题使得动力学模型不可避免地存在严重的不确定性，如何提高系统的鲁棒性是基于动态逆的过失速机动控制面临的首要问题。迄今为止，国内外学者在对动态逆方法本身进行改进或与其他控制方法相结合两方面开展了大量的研究工作，已经取得了一系列的研究成果和工程应用经验。

(1)动态逆与其他控制方法相结合。将动态逆与其他控制方法相结合以提高系统的鲁棒性是目前过失速机动控制领域研究最多的方法，自适应动态逆控制则是其中的典型。该方法通过自适应消除动态逆产生的模型逆误差，从而实现对模型不确定性影响的有效抑制。在这类控制方法中，基于神经网络的自适应动态逆方法自提出以来一直是飞行控制领域的研究热点。文献[82]针对新一代歼击机的过失速机动控制问题，提出了基于动态逆的神经网络直接自适应控制方案，即采用动态逆方法设计基本控制律，然后利用神经网络对模型逆误差进行在线自适应补偿。文献[83－84]将该方法应用于超机动飞机的重构控制，仿真结果表明控制器具有较好的自适应能力和鲁棒性，能够在舵面故障条件下保持系统稳定和一定的操纵品质。文献[85]基于参考模型设计动态逆控制律，然后利用单隐层神经网络产生控制补偿指令，并通过伪控制隔离方法消除了执行机构饱和对自适应过程的影响，针对 F－15 验证机改进动力学模型的仿真结果显示，控制器具有良好的过失速机动控制效果。除此之外，基于动态逆的模糊自适应方法[86]和模型参考自适应方法[87]在过失速机动控制中也得到了一定的关注，但是研究工作相对较少。文献[88]对基于神经网络和模糊逻辑的两种自适应动态逆方法进行了对比研究，理论分析和仿真结果均表明前者在过失速机动控制方面具有更好的控制效果和更宽的应用范围。

自适应动态逆方法的优势在于系统的控制性能不依赖于对象的精确模型，从而克服了动态逆鲁棒性差的缺陷。该方法在状态和参数变化缓慢时具有较好的控制效果，反之，控制性能会显著下降。在过失速机动过程中，飞行状态参数的快速变化和非定常气动效应给自适应动态逆方法的实际应用带来了以下挑战：①在实际系统中，系统的错误信息和执行机构饱和问题可能会对自适应过程产生影响；②在自适应过程中，很难证明系统可以从一个错误状态恢复到正常状态[85-89]。因此，自适应动态逆方法在实际系统中的可靠性很难得到保证。

相对而言，基于鲁棒控制理论的动态逆方法具有更强的实用性。在这类控制方法中，通常的做法是利用动态逆进行内回路控制，然后在外回路利用 H_∞ 鲁棒控制或结构奇异值 μ 综合方法对模型不确定性进行鲁棒补偿。其中研究较多的是基于结构奇异值 μ 综合的动态逆控制方法。在过失速机动研究方面，文献[90－91]将动态逆与结构奇异值 μ 综合方法相结合，解决了控制系统设计中面临的非线性和不确定问题。文献[92－93]采用结构奇异值 μ 综合方法对逆误差进行补偿，并针对闭环系统的鲁棒性进行了详细分析，仿真结果显示在参数摄动 30% 的条件下，系统仍然具有较好的控制效果，但是当参数完全未知（气动系数均为零）时，闭环系统的控制效果较差。由于鲁棒控制方法是基于不确定性的上界进行设计的，当不确定性超出给定的上界时，系统的鲁棒性自然也就无法得到保证。此外，文献[94]将动态逆与随机鲁棒控制方法相结合，通过蒙特卡洛仿真对大迎角控制效果进行了验证。鲁棒动态逆控制可以充分发挥两种方法的各自优势：利用动态逆方法消除系统的非线性，通过鲁棒控制方法抑制模型不确定性的影响。但是对于鲁棒控制方法而言，要求给定模型不确定性的上界，然后根据鲁棒性能指标设计控制律，在设计过程中需要将系统所有的不确定性进行统一处理，难免存在保守性；而且过失速机动过程中复杂的气动问题使得不确定性的上界很难准确给出，从而在一定程度上影响了该方法的控制性能。此外，针对动态逆方法鲁棒性差的问题，还有学者提出采用 Lyapunov 函数分析方法[95]、样条函数[96]和观测器补偿[97-98]等方法进行逆系统设计，但是关于这些方法的研究相对较少。

通过总结可以发现，将动态逆与其他控制理论相结合的方法能够有效提高系统的鲁棒性，在过失速机动控制领域得到了广泛的关注。该方法充分发挥了动态逆和其他鲁棒控制方法的优势。但是，由于过失速机动过程中存在复杂的非定常气动效应、严重的模型不确定性和强耦合等问题，该方法很难大幅度改善动态逆方法的控制效果，而且控制系统的设计过程比较复杂，不易于工程实现。

(2)动态逆方法的自身改进。在对动态逆方法本身进行改进方面，文献[99－101]通过在动态逆控制中引入误差的积分项，从而在一定程度上提高了控制的鲁棒性，但是当系统存在较大的建模误差时，该方法的控制效果欠佳。近年来，基于角加速度反馈的增量动态逆方法得到了广泛的关注。文献[102]最早提出了利用角加速度反馈信号增强动态逆方法鲁棒性的研究思路。在此基础上,文献[103-104]针对飞机的重构控制问题,将动力学方程改写为增量形式,基于角加速度和舵面位置反馈信号设计了增量形式的动态逆控制律,奠定了增量动态逆方法的理论基础。由于角加速度信号已经包含了大量的模型信息,所以在控制律设计过程中只需要知道飞机的惯量参数和控制导数等模型信息,从而削弱了动态逆方法对模型的依赖,大幅提高了系统的鲁棒性。文献[105]针对飞机的大迎角控制问题,采用增量动态逆方法设计了内回路控制器,纵向通道的仿真表明该方法在参数摄动和存在传感器测量噪声的条件下具有比动态逆方法更好的控制效果。文献[106-107]针对飞机的重构控制问题,在内外回路同时采用增量动态逆方法进行控制器设计,过失速机动仿真结果表明该方法不仅可以有效解决动态逆方法鲁棒性差的问题,而且对于控制导数摄动也具有很低的灵敏度。增量动态逆方法设计过程简单直观,对模型不确定性的影响具有很强的抑制能力,目前已经在F-35战斗机的飞行控制系统中得到了成功应用[66-67]。除此之外,增量动态逆方法在直升机[89]、小型无人机[108-110]、飞艇[111]、导弹[112]以及卫星[113]的飞行控制方面也涌现出了大量的理论研究成果。增量动态逆是一种鲁棒且高效的控制方法,但是其强鲁棒性建立在精确角加速度反馈的基础上。对于飞行控制系统而言,角加速度信号通常无法直接测量得到,需要利用角速度或其他飞行状态信息进行估计。针对该问题,基于线性滤波器[108,110]、Kalman预报观测器[105]、跟踪微分器[112,114]以及过载信号几何解算[106-107]的角加速度估计方法被陆续提出,为增量动态逆方法在飞行控制系统中的推广应用扫除了主要障碍。

2. 反步控制

反步控制是20世纪90年代初由Kokotovic提出的一种非线性控制方法[115]。该方法的基本思想是针对级联系统,令下一级子系统的状态为上一级的控制输入,根据Lyapunov方法由前向后递推设计控制律,最终得到一个使整个系统闭环稳定的控制律。对于级联形式的飞机动力学模型,反步控制具有更大的设计灵活性,可以避免抵消有用的非线性项,能够更加真实地反映飞机的动态本质。与动态逆方法相比,反步控制摒弃了时标分离的设计思路,可以为闭环系统的稳定性分析提供更大的空间。

近年来,反步控制方法在先进战斗机飞行控制系统设计中得到了广泛的关注,并涌现出了大量的理论研究成果。文献[116]将反步法应用于推力矢量飞机的控制律设计,利用过失速机动仿真验证了该方法的可行性和有效性。在反步控制方法中,鲁棒性和执行机构饱和是不容忽视的两大问题,但是基于Lyapunov函数的设计思路具有很大的灵活性,为解决上述问题提供了可能。文献[117]针对非线性和参数不确定问题,采用反步法递推设计控制律和参数自适应律,取得了良好的过失速机动控制效果。文献[118-119]基于神经网络提出了一种鲁棒自适应反步控制方法,该方法在反步控制的框架下利用神经网络在线补偿模型不确定性和外界干扰,Herbst机动仿真结果显示该方法在过失速条件下具有快速收敛性和良好的鲁棒性。在此基础上，文献[120－121]采用粒子群算法对控制参数进行优化，进一步提高了过失速机动控制效果。另外，基于观测器的反步控制为处理模型不确定性提供了一种新的思路。文献[122－123]针对机动飞行时的模型不确定问题，在反步控制的基础上分别采用干扰观测器和扩张状态观测器对建模误差进行估计，通过控制补偿提高系统的鲁棒性，仿真结果验证了该方法优异的过失速机动控制性能。

由于在反步控制中需要对虚拟控制量求导，随着系统阶次的提高，控制律中所包含的项数呈指数形式增长，从而使得设计过程变得极其复杂，这一现象被称为“计算膨胀”。为避免该问题，文献[124]利用神经网络在线估计虚拟控制量的各阶导数，文献[125－126]采用低通滤波器对虚拟控制量进行滤波处理，该方法被称为滤波反步法。文献[117,127]在滤波反步控制的基础上，引入滤波误差动态对跟踪误差进行补偿，不仅避免了“计算膨胀”问题，而且巧妙地解决了过失速机动和反步控制中面临的执行机构饱和问题，仿真结果表明系统不仅可以实现对参考指令的有效跟踪，而且能够确保自适应过程不受执行机构饱和的影响。文献[128－129]在传统反步法的基础上，提出了动态面方法，利用一阶低通滤波器获取虚拟控制量的近似导数，避免了直接求解虚拟控制量导数的解析式，简化了设计过程。近年来，基于动态面方法的过失速机动控制在国内得到了较多的关注[122,130-131]。一些学者对动态面方法做了进一步改进，提出了基于神经网络[132]和模糊逻辑[133]的自适应动态面方法，均取得了较好的过失速机动控制效果。

在这些反步控制方法中，为了保证闭环系统的稳定性，需要在每一步设计过程中通过选取 Lyapunov 函数构造虚拟或实际控制量，整个设计过程会随着系统阶次的提高变得非常繁杂，不利于工程实现。与动态逆方法的发展规律相似，为了提高反步控制的鲁棒性和工程实用性，许多学者在角加速度反馈的基础上提出了增量反步法，并将其应用于小型无人机[134]和导弹[135]的飞行控制研究。在该方法中，外回路仍然基于传统的反步法进行设计，在内回路则采用增量式控制方法抑制模型不确定性的影响。在这种反步控制框架下，整个闭环系统的稳定性仍然可以得到保证。文献[136－137]针对先进战斗机的飞行控制问题，提出了一种基于不确定等价自适应律的增量反步控制方法，通过对控制导数进行自适应估计，进一步削弱了增量反步法对模型的依赖。基于 F－16 验证机动力学模型的大迎角机动仿真结果显示，该方法对于控制导数摄动的鲁棒性较好，并且在飞机结构出现损伤的情况下仍然具有较强的适用性。但是该方法在控制导数估计过程中，为了避免求解偏微分方程，假设控制导数为慢变量且控制矩阵满足对角形式，这与实际情况存在较大差异。此外，在增量反步控制方法中，闭环系统的稳定性建立在线性化动力学模型的基础上，控制步长产生的线性化误差对系统稳定性的影响较大[138]，因此，通常选取的控制步长较小。文献[139]基于奇异摄动理论提出了一种依赖于传感器的反步控制方法，该方法的基本思想与增量反步法相似，即通过角加速度反馈削弱控制器设计对于模型的依赖,区别在于该方法在设计过程中直接产生控制量的导数而非控制增量,然后通过积分得到实际控制量。此外,该方法的稳定性分析过程也比增量反步法更加严谨。文献[140]对这两种基于角加速度反馈的反步法进行了对比分析,仿真结果显示,基于传感器的反步控制方法的控制效果略占优势。目前,该方法已经被用于大型客机的容错控制[141-142]和无人机的飞行控制研究[143],但是在先进战斗机过失速机动控制方面的研究尚处于空白。

1.4 本书内容安排

本书主要针对过失速机动过程中的非定常气动效应、模型不确定性、强耦合以及执行机构饱和等问题,开展非定常气动建模和非线性鲁棒控制方法研究。本书主要内容可以归纳为动力学建模与分析、鲁棒飞行控制理论以及半实物仿真验证三部分。

(1)动力学建模与分析。非定常气动建模是动力学分析和飞行控制系统设计的前提和基础。本书以某先进战斗机为研究对象,在大量风洞试验数据的基础上,采用阶跃响应函数方法建立了非定常气动模型。该模型利用一阶微分方程表征非定常气动效应,在动力学分析和飞行仿真方面具有较强的适用性。在模型辨识过程中,借助于工程经验对多项式的结构进行事先假设,利用极大似然方法辨识得到模型参数,消除了非定常气动建模对于动导数试验数据的依赖,提高了建模方法的使用灵活性。同时,为了削弱静态数据不平滑现象对非定常气动建模的影响,采用多项式函数建立了静态导数模型。在此基础上,分别利用单自由度俯仰、滚转和偏航大幅振荡试验数据对纵向和横侧向非定常气动模型的泛化能力进行了测试,并通过与改进多项式模型和 RBF(Radial Basis Function)神经网络模型进行对比,考察了阶跃响应函数模型的建模效果。为了研究非定常气动模型与动导数试验数据的关系,利用所建模型和动导数仿真方法计算动导数,通过与动导数试验结果进行对比分析,对非定常气动模型的有效性进行了进一步验证。

为了掌握非定常气动效应对动力学的影响规律,进而为非指令运动的预测和抑制以及飞行控制律的设计提供理论指导,本书从单自由度大幅振荡和耦合振荡的气动特性、单自由度运动线性叠加模型的适用性以及飞机动力学特性三方面对非定常气动效应的影响进行分析。首先,针对风洞试验数据进行气动特性分析,从支撑迎角、振荡频率和运动历程三方面对单自由度大幅振荡运动展开研究,分析了三者对气动系数的量值和敛散特性的影响,初步掌握了单自由度大幅振荡与耦合振荡的关系。然后,针对单自由度运动线性叠加模型的适用性进行研究,利用静态试验数据、动导数试验数据和单自由度非定常气动模型建立了准定常叠加模型和非定常叠加模型,通过将模型计算结果与耦合振荡试验数据进行对比,从气动系数的量值和敛散特性两方面详细分析了两种模型的适用性。在此基础上,选择非定常叠加模型建立了耦合运动的气动模型，首先从定性的角度出发，通过开环仿真分析了非定常气动效应对动力学的影响，然后从定量的角度出发，以机翼摇晃非指令运动为例对飞机横侧向耦合动力学进行了重点研究，建立了描述机翼摇晃运动的横侧向多自由度模型，采用分支分析方法对机翼摇晃的临界迎角进行了预测，并设计突变控制器对机翼摇晃运动进行了抑制。

(2)鲁棒飞行控制理论。基于所建立的非定常气动模型，本书以处理过失速机动过程中的非定常气动效应、模型不确定性、强耦合以及执行机构饱和问题为核心，以控制器设计对于对象模型的依赖关系为主线，研究了三种类型的鲁棒控制方法。

1)在第一类控制方法中，为了简化控制系统结构，采用传统的控制思路，将非定常气动效应和参数摄动当作模型不确定性统一处理。针对飞机内回路存在的强耦合以及模型不确定问题开展了鲁棒解耦控制器设计，在非线性补偿过程中保留反映飞机本体动态特性的气动阻尼力矩，根据参考模型确定线性控制器的比例和积分系数，并通过鲁棒补偿抑制模型不确定性的影响，使闭环系统的动态逼近参考模型，从而达到较高的飞行品质要求。

2)在第二类控制方法中，为了降低控制系统设计的保守性，将非定常气动效应和其他模型不确定性分开处理，在控制律设计中充分利用所建立的非定常气动模型信息，设计观测器对非定常气动状态进行观测，通过控制补偿抑制非定常气动效应的影响。在这类控制方法中，针对过失速机动过程中的非定常气动效应、模型不确定性和执行机构饱和问题，本书提出了基于浸入与不变流形(Immersion and Invariance，I&I)理论的鲁棒反步控制方法、基于复合观测器的约束反步控制方法和约束动态面控制方法。其中第一种控制方法侧重于研究提高控制系统的鲁棒性，在基于 I&I 理论构造状态观测器和参数自适应律的过程中，采用低通滤波信号和气流角导数进行自适应律设计，分别解决了时变状态和常值参数估计过程中存在的偏微分方程求解问题，通过约束滤波反步控制抑制了执行机构饱和的影响，并利用 Lyapunov 稳定性定理对整个闭环系统的稳定性进行了分析。后两种控制方法在利用复合观测器实现非定常气动状态和模型不确定性估计的基础上，侧重于提高控制方法的约束控制性能。其中第二种控制方法通过构造辅助系统对虚拟控制指令以及执行机构存在的位置和速率约束进行统一描述，在反步控制器设计过程中利用辅助系统状态反馈对饱和的影响进行鲁棒补偿。第三种控制方法采用 sigmoid 函数描述饱和特性，利用执行机构约束动力学方程和动态系统对姿态控制模型进行了扩展，在自适应动态面控制框架下实现了对执行机构位置和速率饱和的分离补偿。

3)第三类控制方法研究主要从工程应用的角度出发，通过角加速度反馈最大限度地削弱控制器设计对于对象精确模型的依赖。为了获取角加速度信号，采用二阶滤波器对角速度进行低通滤波。在此基础上，以滤波反步控制为基本框架，利用奇异摄动理论和泰勒级数展开分别设计了奇异摄动控制器和增量滤波控制器，采用串接链控制分配策略削弱了执行机构饱和对控制性能的影响，并通过作动器动态补偿克服了角加速度反馈控制对作动器高带宽的限制。

(3)半实物仿真验证。目前,针对过失速机动的研究大多采用数字仿真方法进行验证,虽然能够在一定程度上说明控制方法的理论可行性,但是工程实用性仍然有待进一步验证。为此,本书从工程应用的角度出发,采用半实物仿真方式进一步检验所提出的基于角加速度反馈的姿态鲁棒控制方法的有效性和实用性。

在半实物仿真过程中,构建了以动力学仿真平台、三轴转台、惯性测量系统和飞行控制律为核心的半实物仿真系统,其中动力学仿真平台用于模拟飞机的动力学响应,三轴转台用于模拟飞机的姿态和旋转运动,惯性测量系统用于测量和解算飞机的运动状态,飞行控制律用于解算执行机构偏转指令。为了解决工程应用过程中存在的欧拉角奇异和气动数据存储问题,给出了一种基于离散积分方程的欧拉角解算方法,并对气动数据模型进行了适当的简化处理。在此基础上,开展了半实物闭环仿真试验。仿真结果表明,所提出的基于泰勒级数展开的角加速度反馈控制方法具有较好的鲁棒性和实用性,可以保证飞机顺利完成过失速机动。

第 2 章　大迎角非定常气动建模方法

2.1 引　　言

随着对飞机机动性要求的日益提高，过失速机动能力已经成为先进战斗机的标志性特征之一，建立大迎角条件下的非定常气动模型是开展动力学分析、控制律设计以及飞行仿真等研究的前提和基础。

当前，风洞试验仍然是大迎角非定常气动建模研究的主要手段。典型的建模方法包括多项式、阶跃响应函数、支持向量机和神经网络等。这些方法在物理意义、建模准确性、参数辨识难易程度和工程实用性等方面各有优、缺点，但是到目前为止还没有一种被普遍接受的非定常气动建模方法[144]。其中，简化的阶跃响应函数方法采用一阶微分方程表征非定常气动效应，物理意义较为明确，在动力学分析和飞行仿真等方面具有较大的优势，但是在模型辨识过程中需要使用大量的风洞试验数据(其中包括动导数试验数据和大幅振荡试验数据)，辨识过程复杂。由于受客观条件限制，风洞试验只能模拟部分飞行状态，因此如何利用尽可能少的试验数据辨识得到尽可能准确的非定常气动模型是该方法实现工程应用需要解决的关键问题。此外，目前的非定常气动建模方法在模型验证过程中，只采用了大幅振荡试验数据对模型的有效性进行考察，所建立的非定常气动模型与动导数试验数据的关系仍然有待进一步研究。本章将采用阶跃响应函数方法建立非定常气动模型，根据工程经验确定多项式模型结构，在此基础上利用极大似然方法辨识模型参数，通过大幅振荡试验数据、动导数试验数据和动导数仿真方法对模型的泛化能力和有效性进行充分验证。

2.2 大迎角风洞试验

风洞试验采用液压双自由度大幅振荡试验设备，试验模型为具有先进气动布局特征的某战斗机动态标模。风洞为单回路闭口风洞。风洞截面为扁八角形，截面尺寸为 3.5 m×2.5 m，最大风速为 73 m/s。试验设备采用刚性很好地固定圆弧支撑机构，该机构安装在风洞上、下转盘上，由上、下连杆(①)、液压伺服马达(②)、碳纤维弯刀(③)和尾撑支杆(④)组成，支撑机构示意图如图 2.1 所示。为实现双自由度运动驱动，试验设备通过两套独立的电控液压系统分别控制模型绕体轴的旋转运动。当模型正装时，液压伺服马达驱动碳纤维弯刀带动模型做俯仰振荡，伺服电机驱动尾撑支杆带动模型做滚转振荡，从而实现俯仰-滚转耦合振荡运动。

当模型侧装(模型背部指向马达)时,液压伺服马达驱动碳纤维弯刀带动模型做偏航振荡,伺服电机驱动尾撑支杆带动模型做滚转振荡,从而实现偏航-滚转耦合振荡运动,试验场景如图 2.2 所示。

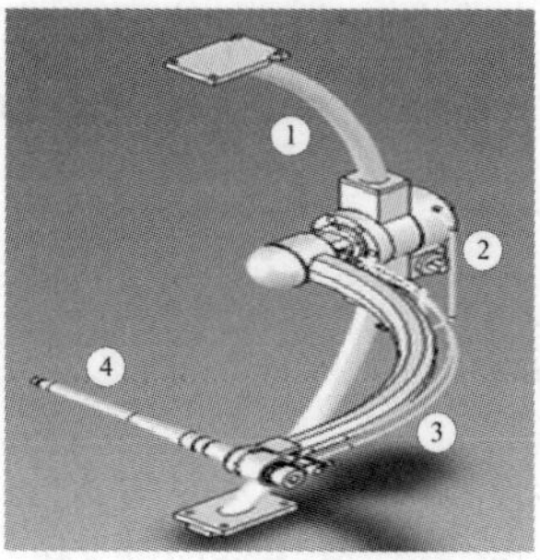

图 2.1　支撑机构示意图

图 2.2　偏航-滚转耦合振荡试验场景

数据采集系统由杆式六分量内式应变天平、超小型放大器、低通滤波器和 VXI 测量系统组成。系统在每个振荡周期内采集 240 个数据点,并通过对多个周期测量数据求平均以减小试验误差。由于试验过程中的气流分离和模型振动导致数据的离散性较大,所以在数据采集时除了使用低通滤波器以外,还采用了专门的数字滤波软件以去除背景噪声。整个大幅振荡试验内容包括单自由度俯仰振荡、单自由度偏航振荡、单自由度滚转振荡、俯仰-滚转耦合振荡、偏航-滚转耦合振荡和相应的静态试验。试验对应的前缘襟翼偏角为30°,除耦合振荡试验风速为 25 m/s 以外,其他车次试验的风速均为 30 m/s。对于耦合振荡试验,各通道振荡模态的频率保持一致。

试验过程中的角度信息通过角度编码器采集,由于角度编码器测量得到的角度实际为支撑机构的偏转角度,需要通过角度几何关系转换为模型的姿态角,其转换关系为

$$\sin\theta = \sin\theta_1 \cos\psi_1 \tag{2.1}$$

$$\tan\psi = \tan\psi_1 / \cos\theta_1 \tag{2.2}$$

$$\tan\varphi = \frac{\sin\varphi_1 \cos\theta_1 + \sin\theta_1 \sin\psi_1 \cos\varphi_1}{\cos\theta_1 \cos\varphi_1 - \sin\theta_1 \sin\psi_1 \sin\varphi_1} \tag{2.3}$$

式中:θ_1,ψ_1,φ_1 分别表示支撑机构俯仰角、偏航角和滚转角。

在风洞试验中,由于来流方向与风洞轴线平行,气流坐标系的 OX 轴与地面坐标系的 OX 轴重合,因此根据坐标转换关系,则有

$$\tan\alpha = \frac{\cos\varphi\sin\theta\cos\psi - \sin\varphi\sin\psi}{\cos\theta\cos\psi} \tag{2.4}$$

$$\sin\beta = \sin\varphi\sin\theta\cos\psi + \cos\varphi\sin\psi \tag{2.5}$$

根据式(2.1) ~ 式(2.5) 可知,气流角和机构偏转角之间的转换关系为

$$\tan\alpha = \frac{\cos\varphi_1 \sin\theta_1 - \sin\varphi_1 \sin\psi_1 \cos\theta_1}{\cos\theta_1 \cos\psi_1} \tag{2.6}$$

$$\sin\beta = \sin\varphi_1 \sin\theta_1 + \cos\varphi_1 \sin\psi_1 \cos\theta_1 \tag{2.7}$$

2.3　阶跃响应函数方法

2.3.1　阶跃响应函数模型

在传统的定常气动模型中，模型参数是时不变的，并且模型只需要包含状态量的当前时刻值。当飞机进行过失速机动飞行时，气动力具有显著的非定常迟滞特征，传统的定常气动模型已经不再适用[45-48,50]，此时飞机的气动力可以用状态和输入变量的泛函表示[25,145]。根据微元积分的思想，气动系数可以表示为

$$C_a(t)=C_a(0)+\int_0^t \boldsymbol{C}_{a\xi_1}\left[t-\tau;\boldsymbol{\xi}(\tau)\right]^{\mathrm{T}}\frac{\mathrm{d}}{\mathrm{d}\tau}\boldsymbol{\xi}_1(\tau)\mathrm{d}\tau+\frac{l}{V_t}\int_0^t \boldsymbol{C}_{a\xi_2}\left[t-\tau;\boldsymbol{\xi}(\tau)\right]^{\mathrm{T}}\frac{\mathrm{d}}{\mathrm{d}\tau}\boldsymbol{\xi}_2(\tau)\mathrm{d}\tau \tag{2.8}$$

式中：$a=X,Y,Z,l,m,n$；$C_a(0)$ 表示气动系数的初始稳态值；$\boldsymbol{C}_{a\xi_1}$，$\boldsymbol{C}_{a\xi_2}$ 分别为 C_a 对 $\boldsymbol{\xi}_1$ 和 $\boldsymbol{\xi}_2$ 的单位阶跃响应函数；$\boldsymbol{\xi}_1$，$\boldsymbol{\xi}_2$ 分别为气流角和角速度向量；$\boldsymbol{\xi}=[\boldsymbol{\xi}_1^{\mathrm{T}},\boldsymbol{\xi}_2^{\mathrm{T}}]^{\mathrm{T}}$；$l$ 表示特征长度；V_t 表示来流速度。

由于阶跃响应随时间增大逐渐逼近稳态值，因此 $\boldsymbol{C}_{a\xi_1}$ 和 $\boldsymbol{C}_{a\xi_2}$ 可以用稳态值和缺乏函数表示为

$$\boldsymbol{C}_{a\xi_i}\left[t-\tau;\boldsymbol{\xi}(\tau)\right]=\boldsymbol{C}_{a\xi_i}\left[\infty;\boldsymbol{\xi}(\tau)\right]-\boldsymbol{F}_{a\xi_i}\left[t-\tau;\boldsymbol{\xi}(\tau)\right],\ i=1,2 \tag{2.9}$$

式中：$\boldsymbol{C}_{a\xi_i}[\infty;\xi(\tau)]$ 表示 τ 时刻 C_a 相对于 ξ_i 的稳态变化率；$\boldsymbol{F}_{a\xi_i}[t-\tau;\xi(\tau)]$ 表示缺乏函数向量，当时间趋于无穷时，其值趋于零。

将式(2.9) 代入式(2.8)，可得

$$C_a(t)=C_a\left[\infty,\boldsymbol{\xi}(t)\right]-\int_0^t \boldsymbol{F}_{a\xi_1}\left[t-\tau;\boldsymbol{\xi}(\tau)\right]^{\mathrm{T}}\frac{\mathrm{d}}{\mathrm{d}\tau}\boldsymbol{\xi}_1(\tau)\mathrm{d}\tau-\frac{l}{V_t}\int_0^t \boldsymbol{F}_{a\xi_2}\left[t-\tau;\boldsymbol{\xi}(\tau)\right]^{\mathrm{T}}\frac{\mathrm{d}}{\mathrm{d}\tau}\boldsymbol{\xi}_2(\tau)\mathrm{d}\tau \tag{2.10}$$

式中：$C_a[\infty,\boldsymbol{\xi}(t)]$ 为 t 时刻由稳态流引起的气动系数(静态导数)，表示形式为

$$C_a\left[\infty,\boldsymbol{\xi}(t)\right]=C_a(0)+\int_0^t \boldsymbol{C}_{a\xi_1}\left[\infty;\boldsymbol{\xi}(\tau)\right]^{\mathrm{T}}\frac{\mathrm{d}}{\mathrm{d}\tau}\boldsymbol{\xi}_1(\tau)\mathrm{d}\tau+\frac{l}{V_t}\int_0^t \boldsymbol{C}_{a\xi_2}\left[\infty;\boldsymbol{\xi}(\tau)\right]^{\mathrm{T}}\frac{\mathrm{d}}{\mathrm{d}\tau}\boldsymbol{\xi}_2(\tau)\mathrm{d}\tau$$

通常 $\dot{\xi}_2$ 对 C_a 的影响很小，式(2.10) 中的第三项可以忽略。为了进一步简化模型结构，将式(2.10) 右边各项在 $\xi_2=\mathbf{0}$ 处进行泰勒级数展开，保留 ξ_2 的线性项可得

$$C_a(t)=C_a\left[\infty;\boldsymbol{\xi}_1(t),\mathbf{0}\right]+\frac{l}{V_t}\frac{\partial C_a}{\partial\boldsymbol{\xi}_2}\left[\infty;\boldsymbol{\xi}_1(t),\mathbf{0}\right]^{\mathrm{T}}\boldsymbol{\xi}_2(t)-\int_0^t \mathbf{F}_{a\xi_1}\left[t-\tau;\boldsymbol{\xi}_1(\tau),\mathbf{0}\right]^{\mathrm{T}}\frac{\mathrm{d}}{\mathrm{d}\tau}\boldsymbol{\xi}_1(\tau)\mathrm{d}\tau \tag{2.11}$$

将 $\xi_1=[\alpha,\beta]^{\mathrm{T}}$ 和 $\xi_2=[p\quad q\quad r]^{\mathrm{T}}$ 代入式(2.11) 可得

$$\begin{aligned}C_a(t)=&C_a\left[\infty;\alpha(t),\beta(t)\right]+C_{ap}\left[\infty;\alpha(t),\beta(t)\right]\overline{p}(t)+C_{aq}\left[\infty;\alpha(t),\beta(t)\right]\overline{q}(t)+\\&C_{ar}\left[\infty;\alpha(t),\beta(t)\right]\overline{r}(t)-\int_0^t F_{a\alpha}\left[t-\tau;\alpha(t),\beta(t)\right]\dot{\alpha}(\tau)\mathrm{d}\tau-\end{aligned}$$

$$\int_0^t F_{a\beta}[t-\tau;\alpha(t),\beta(t)]\dot{\beta}(\tau)\mathrm{d}\tau \tag{2.12}$$

式中：$\bar{p}=pl/V_t$，$\bar{q}=ql/V_t$，$\bar{r}=rl/V_t$，$C_{ap}=\partial C_a/\partial\bar{p}$，$C_{aq}=\partial C_a/\partial\bar{q}$，$C_{ar}=\partial C_a/\partial\bar{r}$。

目前，在理论和实验方面均尚未明确阶跃响应函数的解析形式，通常认为阶跃响应应当包括两部分：快速衰减的非循环部分和随时间增加而逼近稳态值的循环部分。因此，阶跃响应函数可以近似表示为

$$\left.\begin{aligned}C_{a\alpha}(t;\alpha,\beta)&=a_1(\alpha,\beta)[1-\mathrm{e}^{-b_1(\alpha,\beta)t}]+c_1(\alpha,\beta)\\C_{a\beta}(t;\alpha,\beta)&=a_2(\alpha,\beta)[1-\mathrm{e}^{-b_2(\alpha,\beta)t}]+c_2(\alpha,\beta)\end{aligned}\right\} \tag{2.13}$$

式中：a_i，b_i，c_i，$i=1,2$ 均为 α 和 β 的多项式函数。

由式(2.9)可知，式(2.13)对应的缺乏函数可以表示为

$$\left.\begin{aligned}F_{a\alpha}(t;\alpha,\beta)&=a_1(\alpha,\beta)\mathrm{e}^{-b_1(\alpha,\beta)t}\\F_{a\beta}(t;\alpha,\beta)&=a_2(\alpha,\beta)\mathrm{e}^{-b_2(\alpha,\beta)t}\end{aligned}\right\} \tag{2.14}$$

令

$$-\int_0^t F_{a\alpha}[t-\tau;\alpha(t),\beta(t)]\dot{\alpha}(\tau)\mathrm{d}\tau=-\int_0^t a_1(\alpha,\beta)\mathrm{e}^{-b_1(\alpha,\beta)(t-\tau)}\dot{\alpha}(\tau)\mathrm{d}\tau=\eta_a(t) \tag{2.15}$$

式中：$\eta_a(t)$ 表示非定常气动状态。

对式(2.15)进行拉普拉斯变换可得

$$\eta_a(s)=-\frac{a_1(\alpha,\beta)}{s+b_1(\alpha,\beta)}s\alpha(s) \tag{2.16}$$

对式(2.16)进行拉普拉斯逆变换可得

$$\dot{\eta}_a(t)=-b_1(\alpha,\beta)\eta_a(t)-a_1(\alpha,\beta)\dot{\alpha}(t) \tag{2.17}$$

同理可得

$$\dot{\eta}_\beta(t)=-b_2(\alpha,\beta)\eta_\beta(t)-a_2(\alpha,\beta)\dot{\beta}(t) \tag{2.18}$$

式中：$\eta_\beta(t)=-\int_0^t F_{a\beta}[t-\tau;\alpha(t),\beta(t)]\dot{\beta}(\tau)\mathrm{d}\tau=-\int_0^t a_2(\alpha,\beta)\mathrm{e}^{-b_2(\alpha,\beta)(t-\tau)}\dot{\beta}(\tau)\mathrm{d}\tau$。

根据式(2.14)～式(2.18)可知，式(2.12)可以改写为

$$\begin{aligned}C_a(t)=&C_a[\infty;\alpha(t),\beta(t)]+C_{ap}[\infty;\alpha(t),\beta(t)]\bar{p}(t)+C_{aq}[\infty;\alpha(t),\beta(t)]\bar{q}(t)\\&+C_{ar}[\infty;\alpha(t),\beta(t)]\bar{r}(t)+\eta_a(t)+\eta_\beta(t)\end{aligned} \tag{2.19}$$

通常情况下，$\dot{\beta},p,r$ 对纵向气动系数的影响以及 $\dot{\alpha},q$ 对横侧向气动系数的影响均可以忽略不计。因此，纵向非定常气动模型可以简化为

$$\left.\begin{aligned}C_a&=C_{a0}(\alpha,\beta)+C_{aq}(\alpha,\beta)\bar{q}+\eta_a\\\dot{\eta}_a&=-b_1(\alpha)\eta_a-a_1(\alpha)\dot{\alpha}\end{aligned}\right\} \tag{2.20}$$

式中：$a=X,Z,m$，C_{a0} 表示静态导数，C_{aq} 为 α 和 β 的多项式函数，a_1，b_1 均为 α 的多项式函数。

横侧向非定常气动模型可以表示为

$$\left.\begin{aligned}C_a&=C_{a0}(\alpha,\beta)+C_{ap}(\alpha,\beta)\bar{p}+C_{ar}(\alpha,\beta)\bar{r}+\eta_a\\\dot{\eta}_a&=-b_2(\beta)\eta_a-a_2(\beta)\dot{\beta}\end{aligned}\right\} \tag{2.21}$$

式中：$a = Y, l, n, C_{ap}, C_{ar}$ 均为 α 和 β 的多项式函数，a_2, b_2 均为 β 的多项式函数。

2.3.2　模型结构与参数辨识

对于式(2.20)和式(2.21)所示的模型结构，在动导数试验数据和大幅振荡试验数据(其中包括静态数据和动态数据)的基础上，可以采用逐步回归和极大似然相结合的方法辨识模型参数。采用该方法辨识得到的非定常气动模型具有明确的物理意义，但是辨识过程复杂，计算量大，迭代过程的收敛性难以保证，且参数辨识过程中不仅需要大幅振荡试验数据，还需要动导数试验数据，这在一定程度上降低了该方法的使用灵活性。为了解决上述问题，本节采用一种基于工程实践的参数辨识方法：首先根据工程经验确定多项式的模型结构，然后利用大幅振荡动态试验数据和极大似然方法辨识模型参数。

从建模精度和计算复杂度两方面综合考虑，多项式模型的最高阶次均取为 3。以俯仰力矩系数为例，a_1, b_1 和 C_{mq} 可以表示为

$$\left.\begin{aligned} a_1 &= a_{m0} + a_{m1}\alpha + a_{m2}\alpha^2 + a_{m3}\alpha^3 \\ b_1 &= b_{m0} + b_{m1}\alpha + b_{m2}\alpha^2 + b_{m3}\alpha^3 \\ C_{mq} &= C_{m0} + C_{m1}\alpha + C_{m2}\alpha^2 + C_{m3}\alpha^3 \end{aligned}\right\} \tag{2.22}$$

式中：a_{mi}, b_{mi}, c_{mi}，$i = 0,1,2,3$ 为待辨识的模型参数。

辨识过程中的参数迭代初值可根据以下步骤确定：① 假设 $c_{mi} = 0$，根据式(2.20)计算非定常气动状态的迭代初值 $\eta_m^0 = C_{m0}(\alpha,\beta) - C_m$，其中 C_m 为大幅振荡试验得到的动态俯仰力矩系数，C_{m0} 为大幅振荡试验对应的俯仰力矩静态导数；② 根据模型振荡频率计算相邻数据点之间的时间间隔，并通过差分法计算非定常气动状态的变化率 $\dot{\eta}_m^0$；③ 针对式(2.20)中的非定常气动状态方程，采用最小二乘法辨识 a_{mi}, b_{mi}，并与 c_{mi} 联立作为模型参数的迭代初值。

在上述建模过程中，通过对多项式结构进行事先假设，极大地简化了参数辨识过程，而且由于只采用了大幅振荡试验数据，从而克服了建模过程对动导数试验数据的依赖，提高了参数辨识方法的使用灵活性。

为了确定所建立的非定常气动模型的可靠性，采用均方根误差(Root Mean Square Error，RMSE)和相关系数(R^2)等统计结果作为评价指标。均方根误差和相关系数的表示形式为

$$\mathrm{RMSE} = \sqrt{\frac{1}{N}\sum_{i=1}^{N}(y_i - \hat{y}_i)^2} \tag{2.23}$$

$$R^2 = 1 - \sum_{i=1}^{N}(y_i - \hat{y}_i)^2 \Big/ \sum_{i=1}^{N}(y_i - \bar{y}_i)^2 \tag{2.24}$$

式中：y_i 表示原始数据；$\hat{y}_i$ 表示辨识结果；$\bar{y}_i$ 表示所有原始数据的均值；N 表示总数据点个数。RMSE 用于统计辨识结果相对于原始数据的绝对误差，R^2 通过数据的变化来反映辨识结果的好坏。RMSE 越接近 0 且 R^2 越接近 1，说明模型对原始数据的拟合效果越好。

2.4 静态数据建模

为了建立纵向静态导数模型,采用不同机构偏航角条件下的俯仰振荡静态试验数据作为样本。样本数据对应的机构滚转角为零,机构偏航角分别为-15°,-10°,-5°和10°,支撑迎角变化范围为0°～100°,角度间隔为4°,迎角和侧滑角根据式(2.6)和式(2.7)计算得到。以俯仰力矩为例,采用多项式方法对静态导数进行建模,其中迎角和侧滑角的最高阶次分别为5和2,则俯仰力矩静态导数模型可以表示为

$$C_{m0}(\alpha,\beta)=\sum_{i=0}^{5}j_{0i}\alpha^{i}+\beta\sum_{i=0}^{5}j_{1i}\alpha^{i}+\beta^{2}\sum_{i=0}^{5}j_{2i}\alpha^{i} \tag{2.25}$$

式中:j_{0i},j_{1i},j_{2i}, $i=0,1,\cdots,5$ 均为待辨识的参数。

对于横侧向静态导数建模,采用不同支撑迎角条件下的滚转振荡和偏航振荡静态试验数据作为样本,其中滚转振荡静态试验的机构偏航角为零,偏航振荡静态试验的机构滚转角为零。样本数据对应的支撑迎角分别为10°,25°,35°,45°,60°和70°,机构偏转角的变化范围为-40°～40°,角度间隔为4°,迎角和侧滑角根据式(2.6)和式(2.7)计算得到。以偏航力矩为例,采用多项式方法建立静态导数模型,迎角和侧滑角最高阶次分别为2和5,则偏航力矩静态导数模型可以表示为

$$C_{n0}(\alpha,\beta)=\sum_{i=0}^{5}k_{0i}\beta^{i}+\alpha\sum_{i=0}^{5}k_{1i}\beta^{i}+\alpha^{2}\sum_{i=0}^{5}k_{2i}\beta^{i} \tag{2.26}$$

式中:k_{0i},k_{1i},k_{2i}, $i=1,2,\cdots,5$ 均为待辨识的模型参数。

对于式(2.25)和式(2.26)所示的模型结构,采用最小二乘法辨识模型参数。为了考察模型的泛化能力,将辨识模型的计算结果与静态试验数据进行比较。机构偏航角和机构滚转角均为0°条件下的纵向静态导数模型计算结果如图2.3所示,支撑迎角为40°条件下的偏航力矩静态导数模型计算结果如图2.4所示。

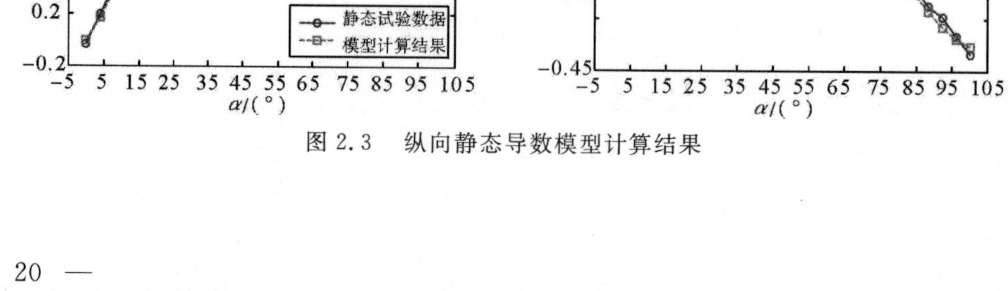

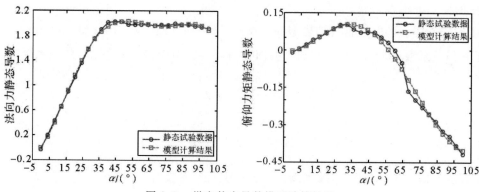

图 2.3　纵向静态导数模型计算结果

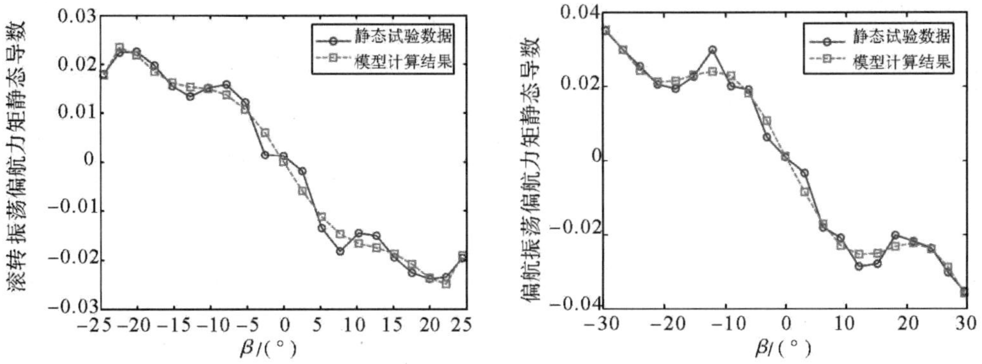

图 2.4　偏航力矩静态导数模型计算结果

由图 2.3 和图 2.4 可知，采用多项式方法建立的静态导数模型具有较好的泛化能力，而且通过模型计算得到的静态导数能够有效削弱静态试验数据存在的尖峰现象，可以为基于大幅振荡动态试验数据的非定常气动建模提供基础。

2.5　纵向非定常气动建模

由于风洞试验过程中测量得到的轴向力相对较小，所以可忽略其中包含的非定常气动效应，在大幅振荡试验静态数据和动导数试验数据的基础上，基于线性叠加原理建立轴向气动力模型。而对于法向力和俯仰力矩，根据已建立的静态导数模型和不同平衡迎角、不同振幅以及不同频率下的单自由度俯仰大幅振荡试验动态数据对非定常气动模型式(2.20) 进行辨识。试验数据对应的侧滑角和舵偏角均为零。为了说明阶跃响应函数方法的建模效果，采用基于改进多项式和 RBF 神经网络的非定常气动模型进行对比分析，其中多项式模型的最高阶次为 3，其模型结构可以表示为

$$\begin{aligned} C_a = {} & \overline{C}_0 + \overline{C}_1\alpha + \overline{C}_2\dot{\alpha} + \overline{C}_3\,|\dot{\alpha}| + \overline{C}_4\alpha^2 + \overline{C}_5\alpha\dot{\alpha} + \overline{C}_6\alpha\,|\dot{\alpha}| + \overline{C}_7\dot{\alpha}\,|\dot{\alpha}| + \overline{C}_8\dot{\alpha}^2 \\ & + \overline{C}_9\alpha^3 + \overline{C}_{10}\dot{\alpha}\alpha^2 + \overline{C}_{11}\,|\dot{\alpha}|\,\alpha^2 + \overline{C}_{12}\dot{\alpha}^2\alpha + \overline{C}_{13}\,|\dot{\alpha}|\,\alpha\dot{\alpha} + \overline{C}_{14}\,|\dot{\alpha}|\,\dot{\alpha}^2 + \overline{C}_{15}\dot{\alpha}^3 \end{aligned} \tag{2.27}$$

式中：$a = Z,\ m$，$\overline{C}_i,\ i = 0,1,\cdots,15$ 为纵向减缩频率的多项式函数，可以表示为

$$\overline{C}_i = c_{i,0} + c_{i,1}k_{\mathrm{lon}} + c_{i,2}k_{\mathrm{lon}}^2 + c_{i,3}k_{\mathrm{lon}}^3 \tag{2.28}$$

式中：k_{lon} 表示纵向减缩频率；$c_{i,0}$，$c_{i,1}$，$c_{i,2}$，$c_{i,3}$ 为待辨识的参数，参数个数为 64 个。

RBF 神经网络模型的建模变量为 α，$\dot{\alpha}$ 和 k_{lon}，扩展系数为 0.55，误差性能指标为 1×10^{-4}，所有训练数据均在(0,1) 区间内进行归一化处理以提高神经网络的泛化能力。三种建模方法均采用相同的 9 组试验数据作为训练样本，样本数据和辨识结果见表 2.1 和表 2.2。

表 2.1　纵向非定常气动模型辨识样本

中心迎角	振 幅	振荡频率
40°	40°	0.4 Hz，0.6 Hz，0.8 Hz
50°	20°	0.4 Hz，0.8 Hz，1.2 Hz
50°	50°	0.4 Hz，0.6 Hz，0.8 Hz

表 2.2　纵向非定常气动模型辨识结果

方 法	C_Z		C_m	
	RMSE	R^2	RMSE	R^2
阶跃响应函数	3.650×10^{-2}	0.997 9	1.137×10^{-2}	0.993 8
改进多项式	2.753×10^{-2}	0.998 8	7.167×10^{-3}	0.997 5
RBF 神经网络	3.133×10^{-2}	0.998 5	5.537×10^{-3}	0.998 5

为了考察所建立的纵向非定常气动模型的泛化能力，采用中心迎角（支撑迎角）为40°，振幅为20°，频率分别为0.4 Hz和1.2 Hz的两组大幅振荡试验数据对模型进行测试，测试结果见表 2.3 及如图 2.5 和图 2.6 所示。

表 2.3　纵向非定常气动模型测试结果

方 法	C_Z		C_m	
	RMSE	R^2	RMSE	R^2
阶跃响应函数	4.639×10^{-2}	0.990 0	1.712×10^{-2}	0.820 0
改进多项式	0.117	0.935 9	1.934×10^{-2}	0.770 4
RBF 神经网络	8.763×10^{-2}	0.964 3	3.834×10^{-2}	0.097 4

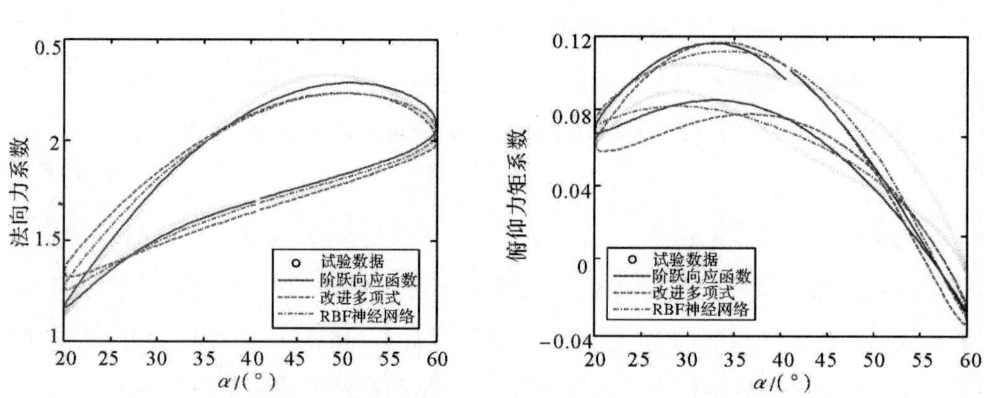

图 2.5　法向力和俯仰力矩非定常气动模型测试结果(0.4 Hz)

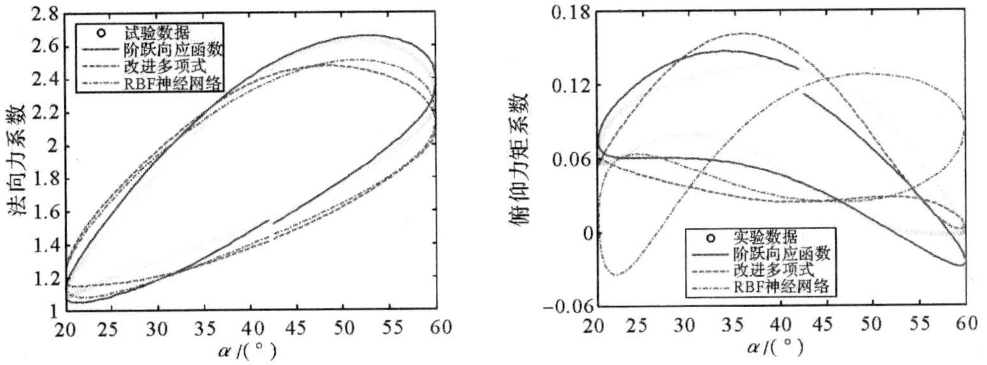

图 2.6　法向力和俯仰力矩非定常气动模型测试结果(1.2 Hz)

由表 2.2 和表 2.3 可知，基于改进多项式和 RBF 神经网络的非定常气动模型虽然能够达到更高的辨识精度，但是这两种模型的泛化能力明显低于阶跃响应函数模型。从图中可以看出，对于形状较为规则的法向力系数迟滞环，改进多项式模型和 RBF 神经网络模型均具有一定的泛化能力，但是对于形状较为复杂的俯仰力矩系数迟滞环，基于改进多项式和 RBF 神经网络的非定常气动模型的预测结果均出现了明显的迟滞环交叉现象，无法正确反映整个迎角范围内俯仰力矩系数的敛散特性。而阶跃响应函数模型由于包含了一阶微分方程，能够较好地反映涡结构运动的动态特性，不仅可以达到较高的辨识精度，同时还具有较强的泛化能力。此外，与改进多项式和 RBF 神经网络方法相比，阶跃响应函数方法在建模过程中不需要使用减缩频率，从而克服了实际飞行过程中减缩频率难以获取的问题，因而具有更好的工程实用性。

2.6　横侧向非定常气动建模

横侧向非定常气动效应可以通过单自由度滚转试验数据和单自由度偏航振荡试验数据分别进行建模。由于不同支撑迎角条件下的横侧向非定常气动模型差别较大，并且通常在中到大迎角条件下非定常气动效应相对较为显著，因此本节选取50°支撑迎角下的滚转振荡试验数据和30°支撑迎角下的偏航振荡试验数据开展横侧向非定常气动建模研究，其他支撑迎角下的建模过程完全一致，不再赘述。

2.6.1　滚转振荡非定常气动建模

滚转振荡对应的非定常气动建模采用50°支撑迎角下不同振幅和频率的单自由度滚转大幅振荡数据作为样本。样本数据对应的舵偏角和机构偏航角均为零，迎角和侧滑角由式(2.6)和式(2.7)计算得到，模型姿态角根据式(2.1)～式(2.3)计算得到，通过差分法可以计算得到姿态角导数 $\dot{\varphi},\dot{\theta},\dot{\psi}$，角速度则根据以下运动学关系解算，则有

$$\begin{bmatrix} p \\ q \\ r \end{bmatrix} = \begin{bmatrix} 1 & \sin\varphi\tan\theta & \cos\varphi\tan\theta \\ 0 & \cos\varphi & -\sin\varphi \\ 0 & \sin\varphi/\cos\theta & \cos\varphi/\cos\theta \end{bmatrix} - 1 \begin{bmatrix} \dot{\varphi} \\ \dot{\theta} \\ \dot{\psi} \end{bmatrix} \tag{2.29}$$

在滚转振荡过程中，模型滚转角和机构滚转角相等，模型的偏航角速度为零。以滚转力矩为例，非定常气动模型可以简化为

$$\left.\begin{aligned} C_l &= C_{l0}(\alpha,\beta) + C_{lp}(\alpha,\beta)\overline{p} + \eta_l \\ \dot{\eta}_l &= -b_2(\beta)\eta_l - a_2(\beta)\dot{\beta} \end{aligned}\right\} \tag{2.30}$$

式中：C_{l0} 表示滚转振荡对应的滚转力矩静态导数。

与纵向非定常气动建模不同，在滚转或偏航振荡过程中，迎角也会发生小幅度的变化，研究表明即使小范围的迎角变化对于横侧向建模的影响也是不可忽略的[146]，因此在横侧向非定常气动建模中加入 α 变量。考虑到动导数通常与迎角密切相关，故根据工程经验将 a_2，b_2 和 C_{lp} 表示为

$$\left.\begin{aligned} a_2 &= a_{l0} + a_{l1}\beta + a_{l2}\beta^2 + a_{l3}\beta^3 \\ b_2 &= b_{l0} + b_{l1}\beta + b_{l2}\beta^2 + b_{l3}\beta^3 \\ C_{lp} &= c_{l0} + c_{l1}\alpha + c_{l2}\alpha^2 + c_{l3}\alpha^3 \end{aligned}\right\} \tag{2.31}$$

式中：a_{li}，b_{li}，c_{li}，$i = 0,1,2,3$ 为待辨识的模型参数。

为了说明阶跃响应函数方法的建模效果，仍然采用基于改进多项式和 RBF 神经网络的非定常气动模型进行对比。多项式的最高阶次为 3，模型结构为

$$\begin{aligned} C_a = {} & \overline{C}_0 + \overline{C}_1\beta + \overline{C}_2\dot{\beta} + \overline{C}_3|\dot{\beta}| + \overline{C}_4\alpha + \overline{C}_5\alpha\beta + \overline{C}_6\beta\dot{\beta} + \overline{C}_7\beta|\dot{\beta}| + \overline{C}_8\alpha\dot{\beta} + {} \\ & \overline{C}_9\alpha|\dot{\beta}| + \overline{C}_{10}\dot{\beta}|\dot{\beta}| + \overline{C}_{11}\dot{\beta}^2 + \overline{C}_{12}\beta^2 + \overline{C}_{13}\alpha^2 + \overline{C}_{14}\beta^3 + \overline{C}_{15}\dot{\beta}\beta^2 + {} \\ & \overline{C}_{16}|\dot{\beta}|\beta^2 + \overline{C}_{17}\dot{\beta}^2\beta + \overline{C}_{18}|\dot{\beta}|\beta\dot{\beta} + \overline{C}_{19}|\dot{\beta}|\dot{\beta}^2 + \overline{C}_{20}\dot{\beta}^3 \end{aligned} \tag{2.32}$$

式中：$\overline{C}_i$，$i = 0,1,\cdots,20$ 均为横侧向减缩频率 k_{lat} 的多项式，其模型结构与式(2.28)相同。

RBF 神经网络的建模变量为 β,$\dot{\beta}$ 和 k_{lat}，参数设置与纵向建模保持一致。

选择50° 支撑迎角下的 6 组试验数据作为训练样本，样本数据和辨识结果见表 2.4 和表 2.5。

表 2.4　滚转振荡非定常气动建模样本

支撑迎角	振 幅	振荡频率
50°	30°	0.3 Hz, 0.6 Hz, 1.2 Hz
50°	20°	0.3 Hz, 0.9 Hz, 1.2 Hz

表 2.5　滚转振荡非定常气动模型辨识结果

方 法	C_Y		C_l		C_n	
	RMSE	R^2	RMSE	R^2	RMSE	R^2
阶跃响应函数	6.671×10^{-3}	0.992 8	1.011×10^{-3}	0.998 8	3.173×10^{-3}	0.989 5
改进多项式	3.454×10^{-2}	0.807 1	1.174×10^{-2}	0.843 1	1.226×10^{-2}	0.843 7
RBF 神经网络	2.932×10^{-3}	0.998 6	9.103×10^{-4}	0.999 0	1.091×10^{-3}	0.998 8

为了考察模型的泛化能力，采用振幅为30°，频率 0.9 Hz 和振幅为20°，频率 0.6 Hz，支撑迎角均为50°的两组单自由度滚转振荡试验数据进行测试，结果如表 2.6，如图 2.7 和图 2.8 所示。

表 2.6　滚转振荡非定常气动模型测试结果

方法	C_Y		C_l		C_n	
	RMSE	R^2	RMSE	R^2	RMSE	R^2
阶跃响应函数	6.597×10^{-3}	0.992 7	9.560×10^{-4}	0.999 0	2.636×10^{-3}	0.992 8
改进多项式	8.243×10^{-3}	0.988 6	2.709×10^{-3}	0.991 8	6.487×10^{-3}	0.956 1
RBF 神经网络	4.815×10^{-3}	0.996 1	1.920×10^{-3}	0.995 9	4.492×10^{-3}	0.978 9

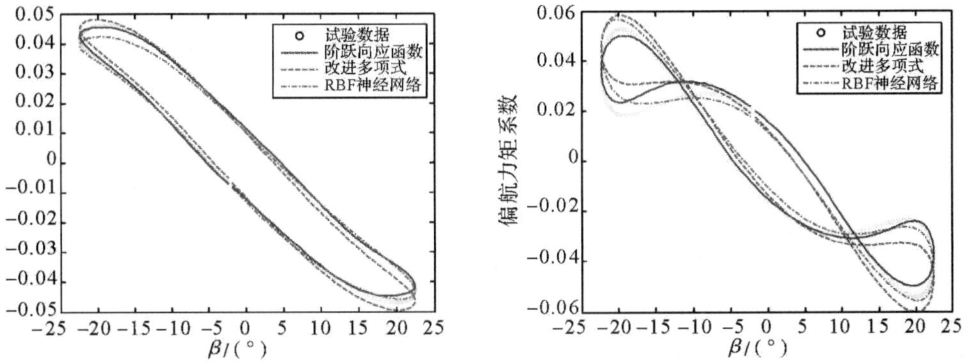

图 2.7　滚转力矩和偏航力矩非定常气动模型测试结果(0.9 Hz)

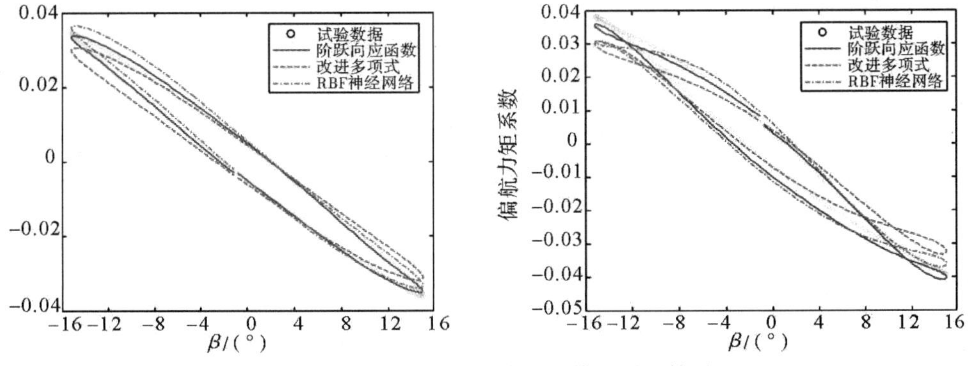

图 2.8　滚转力矩和偏航力矩非定常气动模型测试结果(0.6 Hz)

2.6.2　偏航振荡非定常气动建模

为建立偏航振荡对应的横侧向非定常气动模型，采用30°支撑迎角下不同振幅和频率的单自由度偏航振荡数据作为样本。样本数据对应的舵偏角和机构滚转角均为零。与滚转振荡不同，在偏航振荡过程中模型不仅具有偏航角速度，同时还存在滚转角速度，但是由于后者的量值很小，与前者相比可以忽略，所以在建模过程中只选择偏航角速度作为建模变量。以偏航力矩为例，非定常气动模型为

$$\left.\begin{aligned} C_n &= C_{n0}(\alpha,\beta) + C_{nr}(\alpha)\bar{r} + \eta_n \\ \dot{\eta}_n &= -b_2(\beta)\eta_n - a_2(\beta)\dot{\beta} \end{aligned}\right\} \tag{2.33}$$

式中：C_{n0} 表示偏航振荡对应的偏航力矩静态导数，a_2，b_2 和 C_{nr} 的模型结构为

$$\left.\begin{aligned} a_2 &= a_{n0} + a_{n1}\beta + a_{n2}\beta^2 + a_{n3}\beta^3 \\ b_2 &= b_{n0} + b_{n1}\beta + b_{n2}\beta^2 + b_{n3}\beta^3 \\ C_{nr} &= c_{n0} + c_{n1}\alpha + c_{n2}\alpha^2 + c_{n3}\alpha^3 \end{aligned}\right\} \tag{2.34}$$

式中：a_{ni}，b_{ni}，c_{ni}，$i = 0,1,2,3$ 为待辨识的模型参数。

选择30°支撑迎角下的 6 组试验数据作为训练样本，样本数据和辨识结果见表 2.7 和表2.8。

表 2.7　偏航振荡横侧向非定常气动建模样本数据

支撑迎角	振 幅	振荡频率
30°	30°	0.2 Hz，0.4 Hz，1 Hz
30°	20°	0.4 Hz，0.6 Hz，1 Hz

表 2.8　偏航振荡横侧向非定常气动模型辨识结果

方 法	C_Y		C_l		C_n	
	RMSE	R^2	RMSE	R^2	RMSE	R^2
阶跃响应函数	3.673×10^{-3}	0.997 8	2.466×10^{-3}	0.994 2	1.052×10^{-3}	0.991 0
改进多项式	3.101×10^{-2}	0.846 0	9.023×10^{-3}	0.922 0	6.707×10^{-3}	0.632 6
RBF 神经网络	2.334×10^{-3}	0.999 1	1.565×10^{-3}	0.997 7	4.666×10^{-4}	0.998 2

为了考察模型的泛化能力，采用振幅为30°，频率 0.6 Hz 和振幅为20°，频率 0.2 Hz，支撑迎角均为30°的两组单自由度偏航振荡数据进行测试，测试结果见表 2.9，如图 2.9 和图 2.10 所示。

表 2.9　偏航振荡非定常气动模型测试结果

方 法	C_Y		C_l		C_n	
	RMSE	R^2	RMSE	R^2	RMSE	R^2
阶跃响应函数	4.101×10^{-3}	0.997 3	2.953×10^{-3}	0.988 3	9.483×10^{-4}	0.991 7
改进多项式	2.160×10^{-2}	0.925 4	8.207×10^{-3}	0.909 4	8.365×10^{-3}	0.356 8
RBF 神经网络	4.630×10^{-3}	0.996 5	5.003×10^{-3}	0.966 3	6.145×10^{-3}	0.653 0

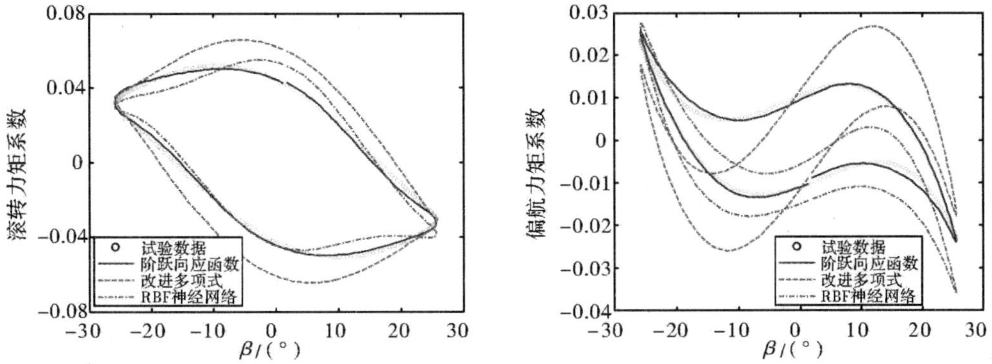

图 2.9　滚转力矩和偏航力矩非定常气动模型测试结果(0.6 Hz)

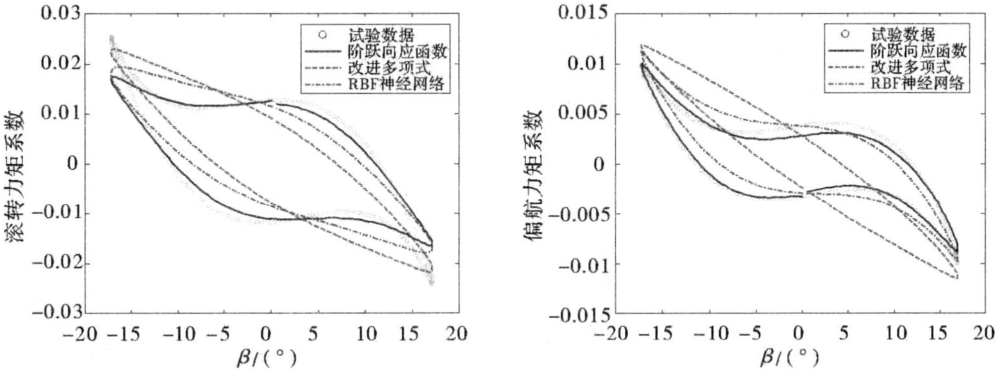

图 2.10　滚转力矩和偏航力矩非定常气动模型测试结果(0.2 Hz)

根据单自由度滚转振荡和单自由度偏航振荡的非定常气动模型辨识和测试结果可知，三种建模方法均具有一定的泛化能力，计算得到的迟滞环的发展趋势基本上与试验数据保持一致。与阶跃响应函数模型相比，基于改进多项式的非定常气动模型辨识精度和泛化能力均较弱，RBF 神经网络模型虽然能够达到更高的辨识精度，但是泛化能力偏低。

2.7　动导数仿真

动导数是决定飞机动态稳定性的重要参数，也可以用于表征非定常气动力的敛散特性。常规的动导数试验采用专门的动导数天平测量模型作小幅振荡时的气动力，然后通过数据处理获得动导数。通常在小迎角条件下，非定常气动效应较弱，动导数的准确度较高；然而在中到大迎角条件下，模型表面的流动很不稳定，即使是小振幅运动也可能引起流场拓扑结构突变，从而导致计算得到的动导数存在不确定性。因此，为了保证建模的准确性，在模型辨识过程中只采用了大幅振荡试验数据，通过极大似然方法和模型结构假设克服了建模过程对动导数试验数据的依赖。然而，所建立的非定常气动模型与动导数试验数据之间的关系仍然需要进一步研究。

动导数仿真以小扰动理论为基础，是一种通过非定常气动模型提取动导数的新方法[147]。基于所建立的非定常气动模型，通过动导数仿真方法可以方便地计算任意平衡迎角、振幅和频率下的动导数，通过与小迎角条件下的动导数试验结果进行对比分析可以进一步验证非定常气动模型的有效性。

2.7.1 纵向动导数仿真

在俯仰振荡过程中，假设迎角的变化规律满足

$$\alpha = \alpha_0 + \alpha_m \sin(\omega t) = \alpha_0 + \alpha_m \sin(2\pi f t) \tag{2.35}$$

式中：α_0，α_m 分别为平衡迎角（中心迎角）和振幅；ω 为角频率；f 为振荡频率。

以俯仰力矩为例，小振幅条件下的俯仰力矩系数可以表示为

$$C_m = C_{m0} + C_{m\alpha}\Delta\alpha + \frac{\bar{c}}{2V_t}C_{mq}q + \frac{\bar{c}}{2V_t}C_{m\dot{\alpha}}\Delta\dot{\alpha} + \frac{\bar{c}^2}{4V_t^2}C_{m\dot{q}}\dot{q} \tag{2.36}$$

式中：C_{m0} 表示由平衡迎角产生的俯仰力矩系数，即俯仰力矩静态导数；$\Delta\alpha$ 表示迎角相对于平衡值的增量，$C_{m\dot{\alpha}}$ 和 $C_{m\dot{q}}$ 分别为 C_m 相对 $\dot{\alpha}$ 和 $\dot{q}$ 的偏导数。

由于在风洞试验中存在 $\Delta\dot{\alpha} = q$，根据式(2.35)，则有

$$\left.\begin{aligned} \Delta\alpha &= \alpha_m \sin(\omega t) \\ \Delta\dot{\alpha} &= q = \alpha_m \omega \cos(\omega t) \\ \dot{q} &= -\alpha_m \omega^2 \sin(\omega t) \end{aligned}\right\} \tag{2.37}$$

将式(2.37) 代入式(2.36)，可得

$$C_m = C_{m0} + (C_{m\alpha} - C_{m\dot{q}} k_{\mathrm{lon}}^2)\alpha_m \sin(\omega t) + (C_{mq} + C_{m\dot{\alpha}})\alpha_m k_{\mathrm{lon}} \cos(\omega t) \tag{2.28}$$

式中：$k_{\mathrm{lon}} = \omega\bar{c}/(2V_t)$ 表示纵向减缩频率。

采用时间平均法计算俯仰力矩动导数（复合动导数），在式(2.38) 两端同乘以 $\cos(\omega t)$，并在一个周期内积分，则有

$$\int_0^{T_0} C_m \cos(\omega t)\mathrm{d}t = \int_0^{T_0} (C_{mq} + C_{m\dot{\alpha}})\alpha_m k_{lon} \cos^2(\omega t)\mathrm{d}t = \frac{T_0}{2}(C_{mq} + C_{m\dot{\alpha}})\alpha_m k_{\mathrm{lon}} \tag{2.39}$$

式中：T_0 表示振荡周期。

根据式(2.39) 可得

$$C_{mq} + C_{m\dot{\alpha}} = \frac{2}{T_0 \alpha_m k_{\mathrm{lon}}}\int_0^{T_0} C_m \cos(\omega t)\mathrm{d}t \tag{2.40}$$

由式(2.4.2) 可知，只要获得小幅振荡条件下的俯仰力矩系数 C_m 便可以计算对应状态下的动导数。与常规动导数试验不同，在动导数仿真过程中，C_m 不需要采用动导天平测量，而是直接根据已建立的非定常气动模型计算得到，因此可以有效提高大幅振荡试验数据的利用效率，降低试验成本。

下述基于所建立的非定常气动模型和动导数仿真方法计算纵向运动的动导数，并通过与动导数试验数据进行对比分析，进一步验证纵向非定常气动模型的有效性。为了与动导数试验保持一致，在动导数仿真过程中取 $\alpha_m = 5°$，$f = 1$ Hz。当 α_0 分别为10°，30°，50° 和70° 时，通过非定常气动模型计算得到的小振幅迟滞环如图 2.11 所示，动导数试验与动导数仿真结果对比如

图 2.12 所示，图 2.12 中大振幅试验对应的运动参数为 $\alpha_0 = 40°$，$\alpha_m = 40°$，$f = 1$ Hz，箭头表示迟滞环方向。

由图 2.12 可以看出，通过非定常气动模型计算得到的小迟滞环与对应迎角下的大幅振荡迟滞环的方向完全相同，表明动导数仿真与大幅振荡试验得到的气动系数具有相同的敛散特性。此外，动导数仿真得到的小迟滞环的方向和面积与计算得到的动导数的正负和绝对值大小密切相关：① 迟滞环的方向决定动导数的正负，顺时针对应的动导数为正，逆时针对应的动导数为负；② 迟滞环的面积与动导数的绝对值大小成正比，面积越大，动导数的绝对值越大。由图 2.12 可知，当 $\alpha < 25°$ 时，法向力和俯仰力矩动导数仿真和动导数试验结果非常接近，进一步验证了纵向非定常气动模型的有效性。当 $\alpha > 25°$ 时，法向力动导数仿真结果小于动导数试验结果，最大差别出现在45° 附近。俯仰力矩动导数仿真结果在30° ～ 50° 之间变化比较平稳，在70° 附近经历由负变正然后再变负的复杂过程，但是与动导数试验结果的发展规律基本保持一致，只是在量值上存在一定差别。

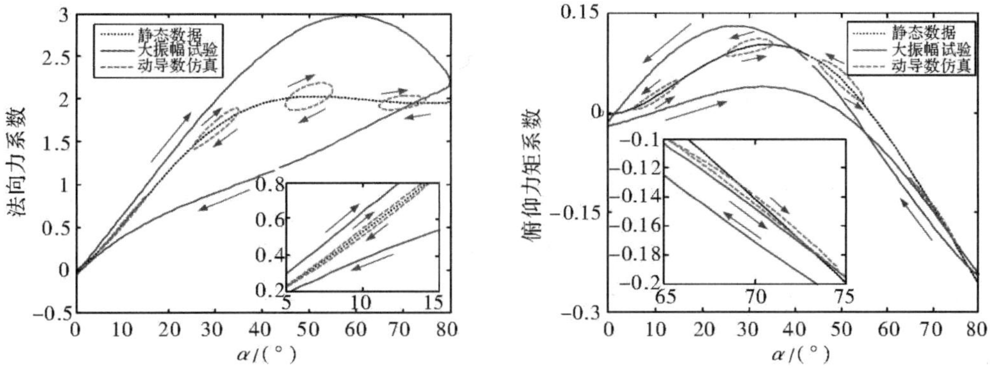

图 2.11　法向力系数和俯仰力矩系数迟滞环比较

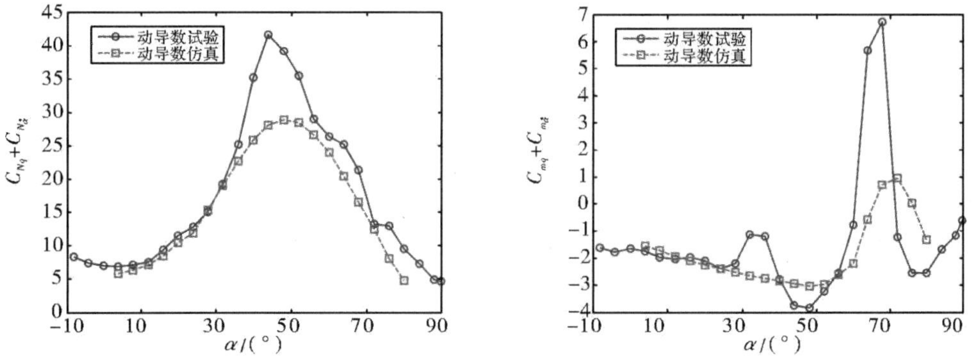

图 2.12　纵向动导数试验与动导数仿真结果对比

2.7.2　横侧向动导数仿真

对于偏航振荡运动，假设机构偏航角的变化规律为

$$\psi_1 = \psi_{1m}\sin(\omega t) = \psi_{1m}\sin(2\pi f t) \tag{2.41}$$

当模型作小振幅运动时满足 $r \approx \dot{\psi}_1$，根据式(2.1) ～ 式(2.7)，则有

$$\beta = \psi_{1m} cos\alpha \sin(\omega t) \tag{2.42}$$

则有

$$\left.\begin{aligned}\Delta\beta &= \psi_{1m}\cos\alpha\sin(\omega t)\\ \Delta\dot{\beta} &= \psi_{1m}\omega\cos\alpha\cos(\omega t)\\ r &= \psi_{1m}\omega\cos(\omega t)\\ \dot{r} &= -\psi_{1m}\omega^2\sin(\omega t)\end{aligned}\right\} \tag{2.43}$$

式中：$\Delta\beta$ 为 β 相对于平衡值的增量，式(2.42) 中 β 的平衡值为零。

以偏航力矩为例，小振幅条件下的偏航力矩系数可以表示为

$$C_n = C_{n0} + C_{n\beta}\Delta\beta + \frac{b}{2V_t}C_{nr}r + \frac{b}{2V_t}C_{n\dot{\beta}}\Delta\dot{\beta} + \frac{b^2}{4V_t^2}C_{n\dot{r}}\dot{r} \tag{2.44}$$

式中：$C_{n\dot{\beta}}$ 和 $C_{n\dot{r}}$ 分别为 C_n 相对 $\dot{\beta}$ 和 $\dot{r}$ 的偏导数。

将式(2.43) 代入式(2.44)，则有

$$C_n = C_{n0} + (C_{n\beta}\cos\alpha - C_{n\dot{r}}k_{lat}^2)\psi_{1m}sin(\omega t) + (C_{nr} + C_{n\dot{\beta}}\cos\alpha)\psi_{1m}k_{lat}\cos(\omega t) \tag{2.45}$$

式中：$k_{lat} = \omega b/(2V_t)$ 表示横侧向减缩频率。

根据时间平均法可以计算得到偏航力矩动导数为

$$C_{nr} + C_{n\dot{\beta}}\cos\alpha = \frac{2}{T_0\psi_{1m}k_{\text{lat}}}\int T_{0_0} C_n\cos(\omega t)\,\mathrm{d}t \tag{2.46}$$

对于滚转振荡运动，假设机构滚转角的变化规律为

$$\varphi_1 = \varphi_{1m}\sin(\omega t) = \varphi_{1m}\sin(2\pi ft) \tag{2.47}$$

同理，滚转运动对应的偏航力矩动导数可以表示为

$$C_{np} + C_{n\dot{\beta}}\sin\alpha = \frac{2}{T_0\varphi_{1m}k_{\text{lat}}}\int T_{0_0} C_n\cos(\omega t)\,\mathrm{d}t \tag{2.48}$$

为了进一步验证横侧向非定常气动模型的有效性，基于所建立的横侧向非定常气动模型和动导数仿真方法计算动导数。为保持与动导数试验一致，取 $\psi_{1m} = \varphi_{1m} = 5°$，$f = 1$ Hz。动导数试验与动导数仿真结果对比如图 2.13 和图 2.14 所示。

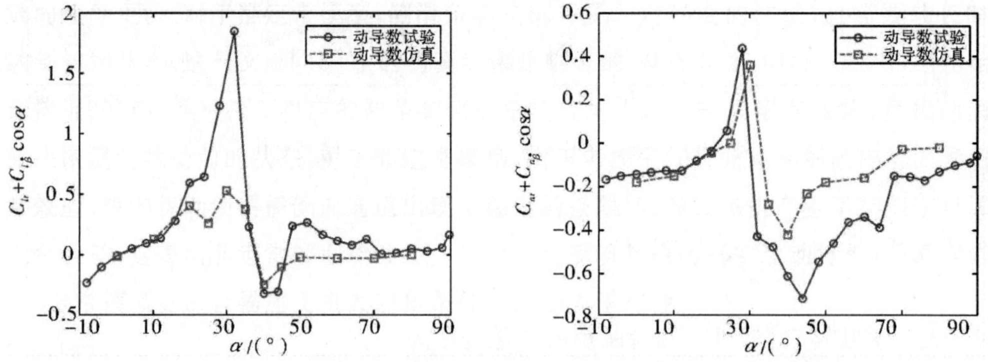

图 2.13　偏航振荡对应的滚转力矩和偏航力矩动导数仿真结果比较

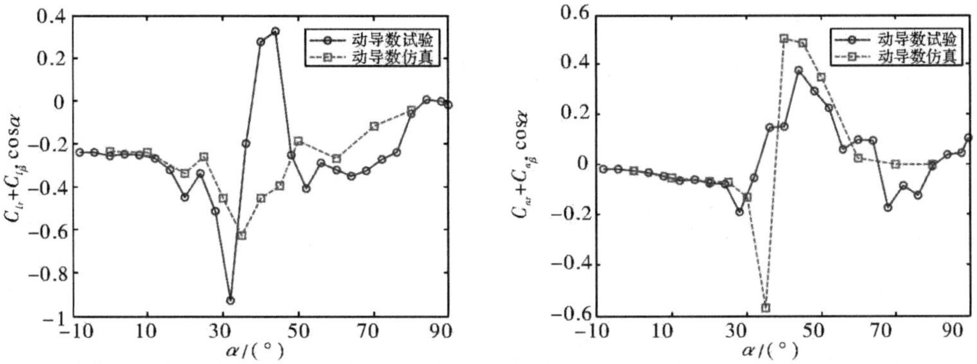

图 2.14　滚转振荡对应的滚转力矩和偏航力矩动导数仿真结果比较

由图 2.14 可以看出，在小迎角条件下，动导数仿真得到的结果在量值上与动导数试验结果非常接近，进一步验证了横侧向非定常气动模型的有效性。在大迎角条件下，由于气流处于完全分离状态，此时流场的拓扑结构具有一定的稳定性，气动力不会发生较大的突变，动导数试验和动导数仿真得到的结果变化均比较平缓，但是两者在量值上存在一定的差别。在中等迎角范围内，由于模型表面的空气流动不稳定，动导数试验和动导数仿真结果均出现了较大的突变现象，但是从整体上看，两者的发展规律基本上保持一致。

综上所述，无论是纵向通道还是横侧向通道，所提出的非定常气动模型均具有较好的建模效果，仿真结果表明利用非定常气动模型和动导数仿真方法从大幅振荡试验数据中提取动导数的方法是可行的。因此在风洞试验中，可以考虑将大幅振荡试验和动导数试验统一为一种试验方法，从而提高试验数据的利用率并降低试验成本。

2.8　小　　结

本章介绍了基于阶跃响应函数方法的非定常气动建模：① 从试验设备、试验科目和数据采集等方面介绍了大迎角风洞试验的基本情况；② 基于阶跃响应函数方法建立了非定常气动模型，利用大幅振荡试验数据和极大似然方法辨识得到了模型参数，并对模型的泛化能力进行了验证。结果表明，与改进多项式模型和 RBF 神经网络模型相比，基于阶跃响应函数方法的非定常气动模型能够有效反映大迎角条件下空气流动的迟滞特性，具有更强的泛化能力和工程实用性；③ 利用动导数试验数据和动导数仿真方法对非定常模型的有效性进行了验证。结果表明，动导数仿真与动导数试验结果在小迎角范围内具有较好的一致性，进一步验证了非定常气动模型的有效性，表明通过大幅振荡试验数据提取动导数的方法是可行的。

第 3 章　过失速机动动力学建模与分析

3.1　引　言

当飞机进行过失速机动时，气动力具有显著的非定常特征，在风洞试验中表现为气动系数随角度变化的迟滞环。在开展大迎角气动特性研究时，不仅需要关注气动系数的量值大小(迟滞环的面积)，更重要的是分析气动系数的敛散特性(迟滞环的方向)。通常情况下，飞机的过失速机动是同时绕多个轴转动的耦合运动。目前，对于耦合运动的建模主要是基于单自由度运动线性叠加方法。该方法在小迎角条件下的适用性已经得到了充分验证，但是在大迎角条件下的适用性仍然有待于进一步研究[148]。此外，在先进战斗机设计过程中，确定非定常气动效应对动力学和运动特性的影响也是迫切需要解决的关键技术问题之一，可以为非指令运动的预测和抑制以及飞行控制律的设计提供重要参考。然而，目前这方面的研究工作仍然非常少见，因此，开展非定常气动效应对动力学特性的影响分析具有重要的研究意义。本章首先针对单自由度大幅振荡和耦合振荡运动的气动特性进行分析，然后基于单自由度运动线性叠加原理建立准定常叠加模型和非定常叠加模型，通过将模型计算结果与耦合振荡试验结果进行对比，在分析两种模型适用性的基础上，利用非定常叠加原理建立耦合运动的气动模型，从定性和定量两个方面对飞机的动力学特性展开研究：首先针对动力学特性进行开环仿真分析，然后重点针对机翼摇晃问题，采用分支分析方法对机翼摇晃进行预测，并通过设计突变控制器实现对机翼摇晃的抑制。

3.2　单自由度大幅振荡气动特性分析

3.2.1　支撑迎角的影响

在单自由度偏航大幅振荡试验中，模型侧装于试验台上，机构偏航角的运动规律为 $\psi_1 = \psi_{1m}\sin(2\pi ft)$，振幅为40°，频率为 0.4 Hz，当支撑迎角分别为10°，30°，50° 和70° 时，滚转力矩系数和偏航力矩系数随机构偏航角的变化如图 3.1 所示。

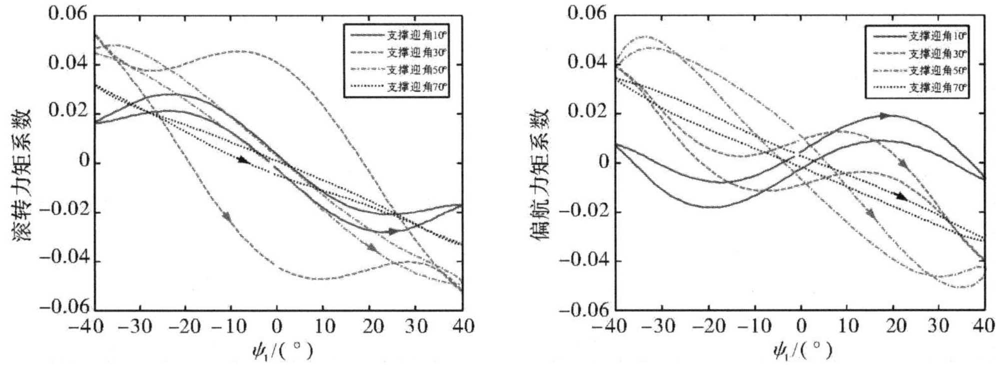

图 3.1　不同支撑迎角下的偏航振荡试验结果

从迟滞环的发展趋势可以看出，在机构偏航角较小条件下，滚转力矩静稳定导数（大致为迟滞环的中心线）是稳定的，偏航力矩静稳定导数随支撑迎角的增大从不稳定状态逐渐过渡到稳定状态。在给定的支撑迎角下，滚转力矩系数迟滞环均为逆时针方向，滚转力矩呈现阻尼特性，当支撑迎角为30°时，迟滞环面积较大，对应的滚转力矩动态稳定性较强。对于偏航力矩系数，在28°机构偏航角范围内，以上 4 种支撑迎角对应的迟滞环均为顺时针方向，偏航力矩具有发散特性。

在单自由度滚转大幅振荡试验中，模型正装于试验台上，机构滚转角的运动规律为 $\varphi_1=\varphi_{1m}\sin(2\pi ft)$，振幅为40°，频率为 0.4 Hz，当支撑迎角分别为10°，30°，50° 和70° 时，滚转力矩系数和偏航力矩系数随机构滚转角的变化如图 3.2 所示。

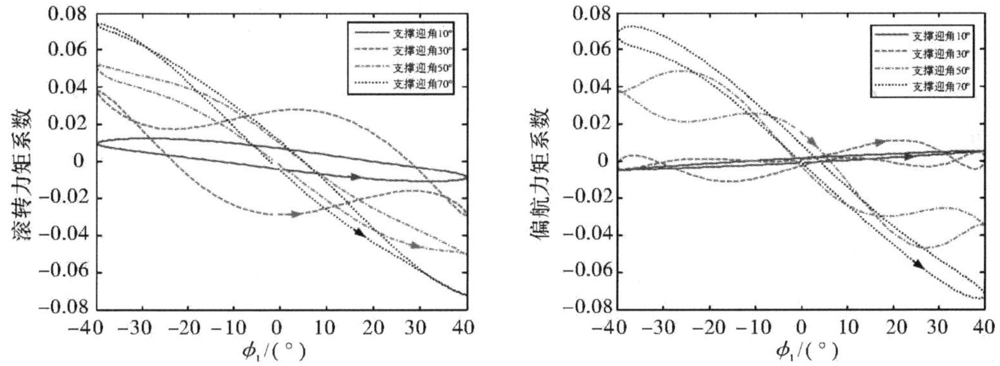

图 3.2　不同支撑迎角下的滚转振荡试验结果

由图 3.2 可知，滚转振荡对应的滚转力矩系数的变化规律与偏航振荡基本保持一致。对于偏航力矩系数，在10° 和30° 支撑迎角下，滚转振荡产生的侧滑角很小，对应的偏航力矩系数量值较小。在30° 和50° 支撑迎角条件下，当机构滚转角较小时，迟滞环为顺时针方向，偏航力矩具有发散特性，当机构滚转角较大时，迟滞环变为逆时针方向，偏航力矩具有阻尼特性。当支撑迎角增大到70° 时，偏航力矩系数在整个机构滚转角范围内呈现阻尼特性。

综上所述，支撑迎角对单自由度振荡运动气动特性的影响较大。在中等支撑迎角下，由于模型表面的流动很不稳定，所以气动系数呈现出较为复杂的敛散特性。

3.2.2 振荡频率的影响

为了研究振荡频率对气动特性的影响，针对0.2 Hz，0.4 Hz，0.6 Hz和0.8 Hz第4种频率下的单自由度振荡运动进行分析。以50°支撑迎角为例，当机构偏转角的振幅为40°时，不同频率下的偏航振荡和滚转振荡试验结果如图3.3和图3.4所示。

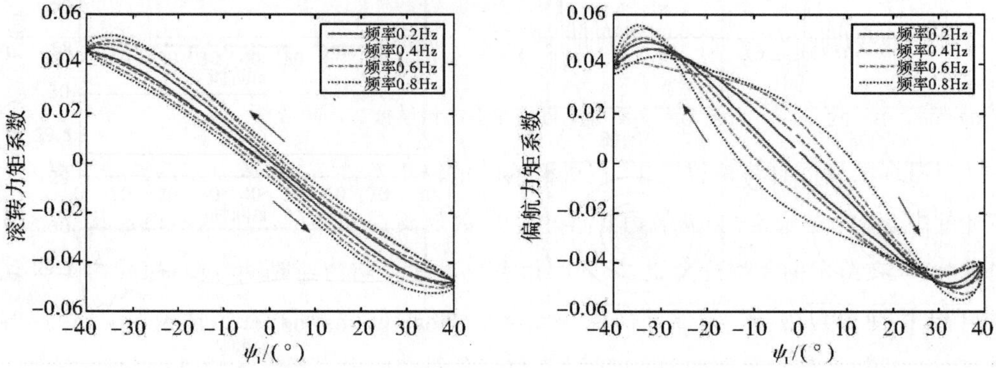

图 3.3　不同频率下的偏航振荡试验结果

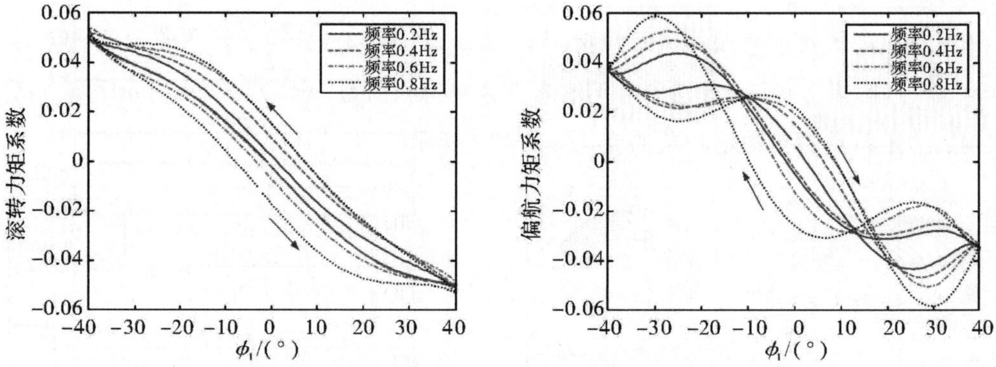

图 3.4　不同频率下的滚转振荡试验结果

从图3.3和图3.4中可以看出，不论是单自由度偏航振荡还是滚转振荡，随着振荡频率的增大，迟滞环的面积逐渐增大，其发展趋势保持不变。这说明在给定的试验频率范围内，频率只改变气动系数的量值，而不改变气动系数的敛散特性。

3.2.3 运动历程的影响

为了考察运动历程对气动特性的影响，选择四组不同振幅和频率的大幅振荡试验数据进行对比研究。4组试验的振幅分别为40°，20°，13.3°和10°，对应的频率分别为0.2 Hz，0.4 Hz，0.6 Hz和0.8 Hz。在同一支撑迎角下，振荡平衡点（$\psi_1 = 0°$或$\varphi_1 = 0°$）处的姿态角和角速度均相同，此时导致气动力矩系数出现差异的因素仅为运动历程。以单自由度滚转振荡为例，当支撑迎角分别为10°，30°和40°时，运动历程的影响如图3.5～图3.7所示。

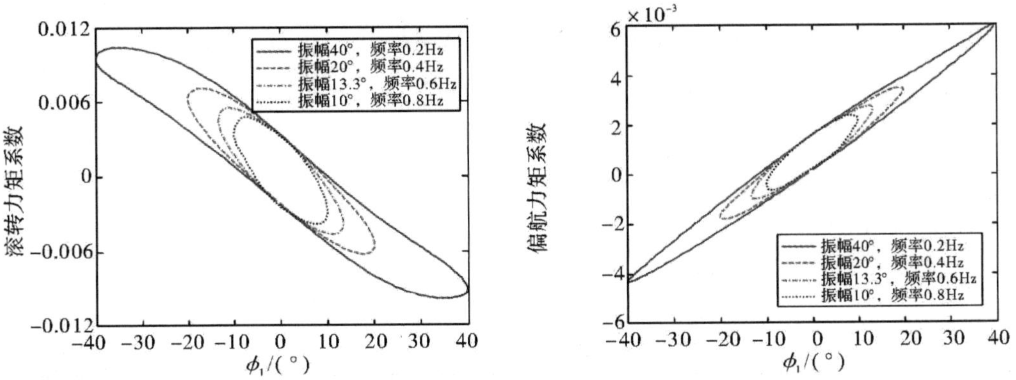

图 3.5　不同运动历程对应的滚转振荡试验结果(10° 支撑迎角)

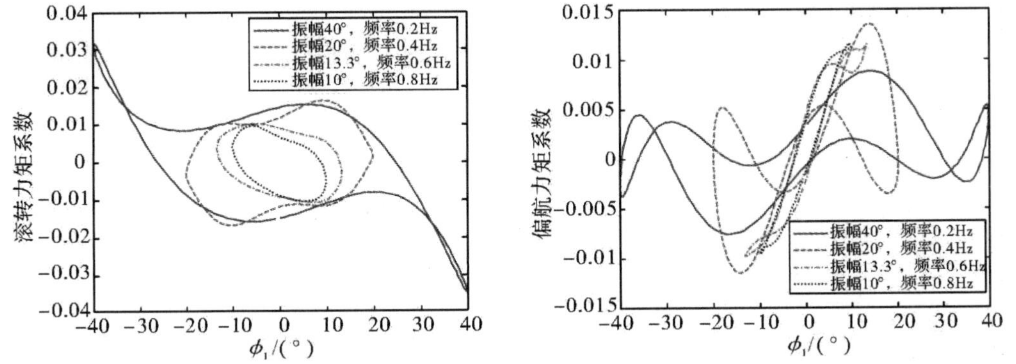

图 3.6　不同运动历程对应的滚转振荡试验结果(30° 支撑迎角)

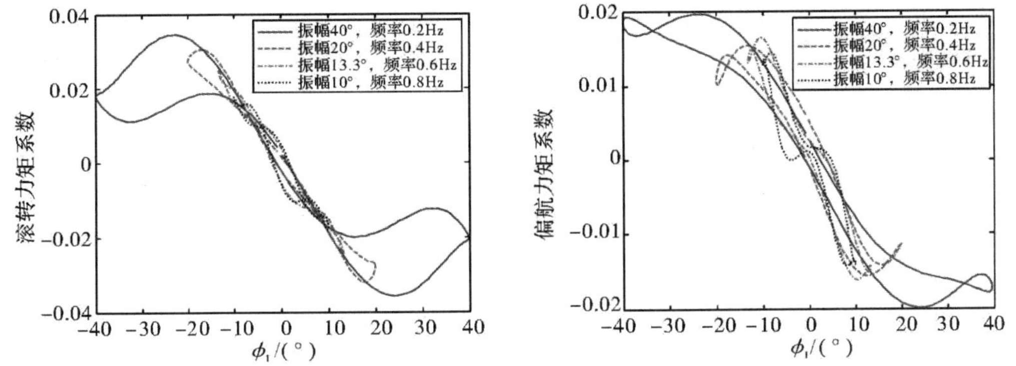

图 3.7　不同运动历程对应的滚转振荡试验结果(40° 支撑迎角)

从图 3.5 ～ 图 3.7 中可以看出，在10° 支撑迎角下，由于模型表面的气流为结构比较稳定的附体流动，4 组试验在振荡平衡点处的力矩系数均相同。当支撑迎角增大到30° 时，模型表面的流动开始变得不稳定，气流的变化使得平衡点处的力矩系数存在一定的差异。当支撑迎角增大到40° 时，模型表面的气流较为紊乱，迟滞环的形状变得不规则，平衡点处气动系数的差异进一步增大。由此说明，运动历程对气动特性的影响与模型的支撑迎角密切相关。在试验的支撑迎角范围内，随着支撑迎角的增加，运动历程的影响逐渐增大。

3.3 耦合振荡气动特性分析

3.3.1 支撑迎角的影响

为了研究支撑迎角对耦合运动气动特性的影响，针对机构偏航角和机构滚转角同振幅同相位和同振幅异相位两种条件下的偏航-滚转耦合振荡试验数据进行分析。图 3.8 和图 3.9 所以分别为机构偏转角同相位和异相位条件下的耦合振荡试验结果，试验对应的机构偏转角振幅为40°，频率为 0.4 Hz，其中异相位耦合振荡对应的机构偏航角和机构滚转角相位差为180°。

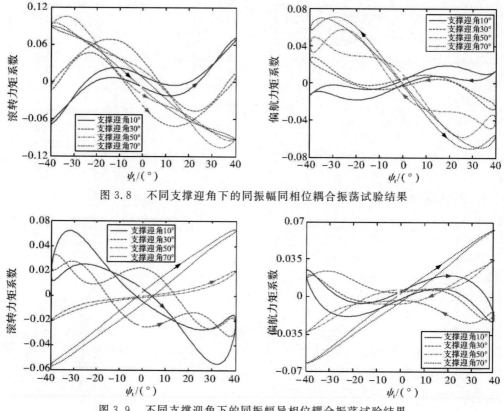

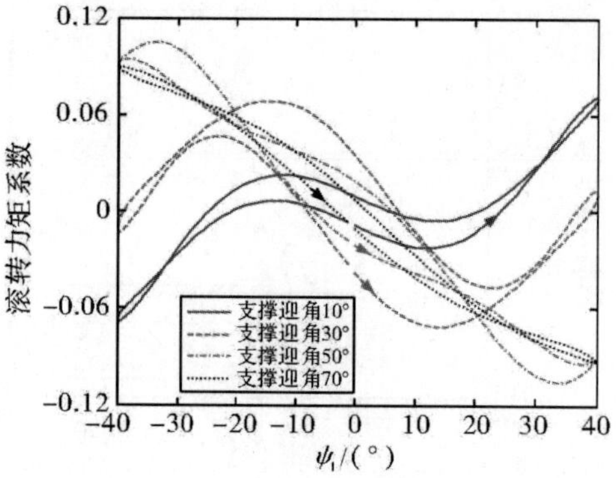

图 3.8 不同支撑迎角下的同振幅同相位耦合振荡试验结果

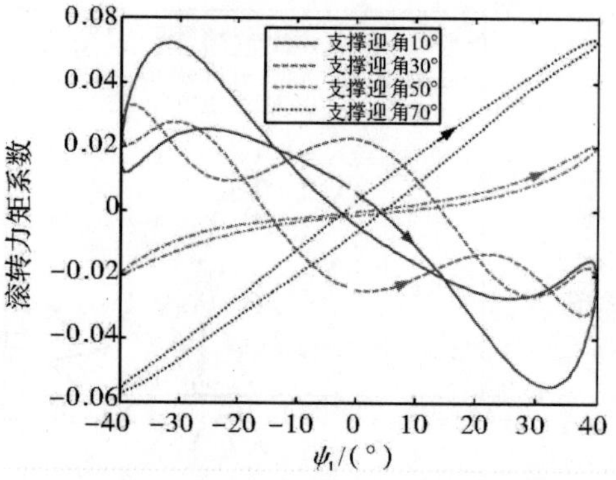

图 3.9 不同支撑迎角下的同振幅异相位耦合振荡试验结果

从图 3.8 可以看出，当机构偏航角小于20°时，不同支撑迎角对应的滚转力矩系数迟滞环均为逆时针方向，滚转力矩呈现阻尼特性。对于偏航力矩系数，10°和30°支撑迎角下的迟滞环均为顺时针方向，偏航力矩具有发散特性。50°支撑迎角下的迟滞环出现了多环交叉现象，偏航力矩的气动特性随着机构偏航角的增大经历了由收敛到发散再到收敛的复杂变化过程。当支撑迎角为70°时，在30°机构偏航角范围内，迟滞环为逆时针方向，偏航力矩呈现微弱的阻尼特性。从图 3.9 中可以看出，除30°支撑迎角外，机构偏航角较小条件下的滚转力矩系数迟滞环均为顺时针方向，滚转力矩具有发散特性，当支撑迎角为30°时，迟滞环为逆时针方向，滚转力矩呈现出较强的阻尼特性。对于偏航力矩系数，当机构偏航角较小时，各支撑迎角下的迟滞环均为顺时针方向，偏航力矩具有发散特性。

3.3.2　单自由度运动与耦合运动的关系

为了研究单自由度运动与耦合运动的关系，针对单自由度偏航振荡、单自由度滚转振荡、同振幅同相位偏航-滚转耦合振荡和同振幅异相位偏航-滚转耦合振荡 4 组试验结果进行对比分析。以45°支撑迎角为例，4 组试验对应的机构偏转角振幅均为40°，频率为 0.4 Hz，迎角和侧滑角的变化如图 3.10 所示，滚转力矩系数和偏航力矩系数随机构偏转角的变化如图 3.11 所示。

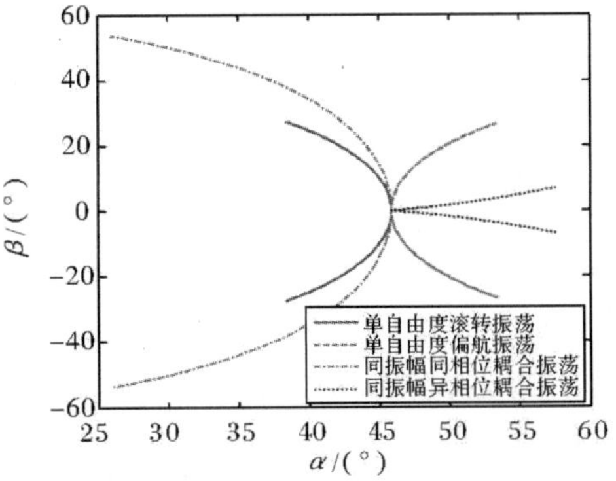

3.10　不同试验对应的迎角和侧滑角关系

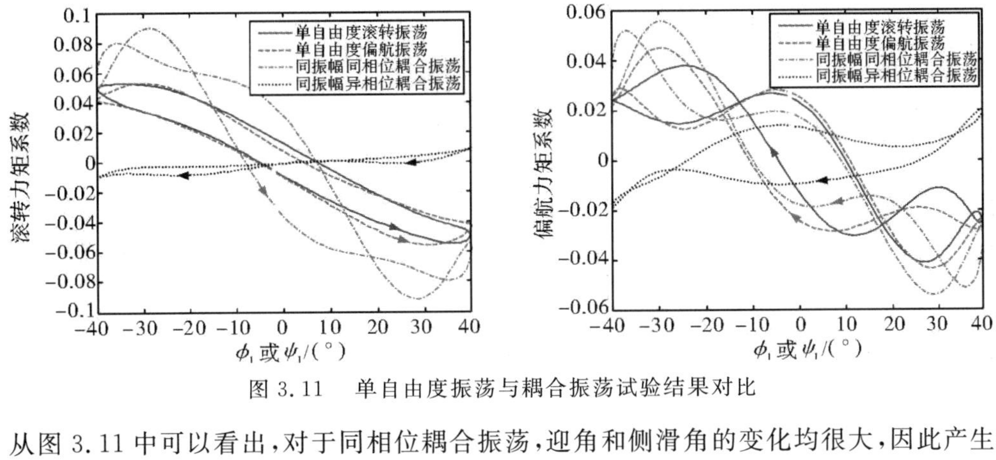

图 3.11　单自由度振荡与耦合振荡试验结果对比

从图 3.11 中可以看出，对于同相位耦合振荡，迎角和侧滑角的变化均很大，因此产生的力矩也较大，异相位耦合振荡对应的侧滑角较小，产生的力矩相对较小。当机构偏转角较大时，耦合振荡对应的力矩系数变化较为复杂，与单自由度振荡运动存在一定的差别。当机构偏转角较小时，同相位耦合振荡得到的滚转力矩系数迟滞环为逆时针方向，与单自由度振荡保持一致，而异相位耦合振荡产生的滚转力矩很小，几乎可以忽略。对于偏航力矩系数，无论是单自由度振荡还是耦合振荡，当机构偏转角较小时，迟滞环均为顺时针方向。由此说明，在给定的45°支撑迎角下,单自由度振荡能够在一定程度上反映耦合振荡的气动特性,但并不完全一致,并且与机构偏转角有很大关系。

3.4 线性叠加模型的适用性分析

当飞机进行过失速机动时,通常伴有同时绕多个轴的转动,运动规律较为复杂,要实现准确的非定常气动建模需要在风洞试验中实现对任意机动动作的模拟。目前,在风洞中直接进行大迎角自由飞行试验还存在诸多限制,条件尚不成熟。对于复杂的过失速机动动作,仍然可以通过对空间运动进行分解,利用单自由度振荡或双自由度耦合振荡试验对其气动特性展开研究。对于简单的眼镜蛇机动,可以直接利用单自由度俯仰大幅振荡进行模拟。对于复杂的Herbst 机动,飞机需要在大迎角下绕速度矢量轴滚转,该滚转运动可以分解为绕机体轴的滚转和偏航运动,因此在风洞试验中可以通过偏航-滚转耦合振荡进行模拟。但是由于耦合振荡过程中影响气动力的因素较多,要实现基于耦合振荡试验数据的非定常气动建模难度仍然很大。目前,对于耦合运动的建模主要是基于单自由度运动线性叠加原理,典型的方法包括准定常叠加模型、非定常叠加模型和混合模型等。这种线性叠加方法在小迎角条件下具有较强的适用性。但是随着迎角的增大,气动力呈现出高度的非线性特征和显著的非定常效应,此时线性叠加模型是否适用仍然有待于进一步研究。由于缺乏旋转天平试验数据,所以本节主要采用准定常叠加模型和非定常叠加模型对耦合运动进行建模,通过将模型计算结果与耦合振荡试验结果进行对比,分析线性叠加模型对于耦合运动非定常气动建模的适用性。

3.4.1 准定常叠加模型

在以往的气动模型(准定常叠加模型)研究中,单自由度运动的气动系数通常采用静态导数与动导数乘积项相叠加进行描述,耦合运动对应的气动系数则利用单自由度运动的气动系数线性叠加进行建模。以滚转力矩为例,当不考虑舵面及重心位置的影响时,耦合运动对应的滚转力矩系数可以表示为

$$C_l = C_{lst} + C_{lp}\bar{p} + C_{lr}\bar{r} \tag{3.1}$$

式中:C_{lst} 为耦合运动对应的滚转力矩静态导数;C_{lp},C_{lr} 通过动导数试验提取。

为了考察准定常叠加模型的适用性,采用同振幅异相位偏航-滚转耦合振荡试验数据进行验证。试验数据对应的机构偏转角运动规律为

$$\left.\begin{aligned} \psi_1 &= \psi_{1m}\sin(2\pi ft) \\ \varphi_1 &= \varphi_{1m}\sin(2\pi ft + \pi) \end{aligned}\right\} \tag{3.2}$$

式中:$\psi_{1m} = \varphi_{1m} = 40°$,$f = 0.4$ Hz。当支撑迎角分别取10°,30°,50° 和70° 时,准定常叠加模型的计算结果与耦合振荡试验结果对比如图 3.12 ~ 图 3.15 所示。

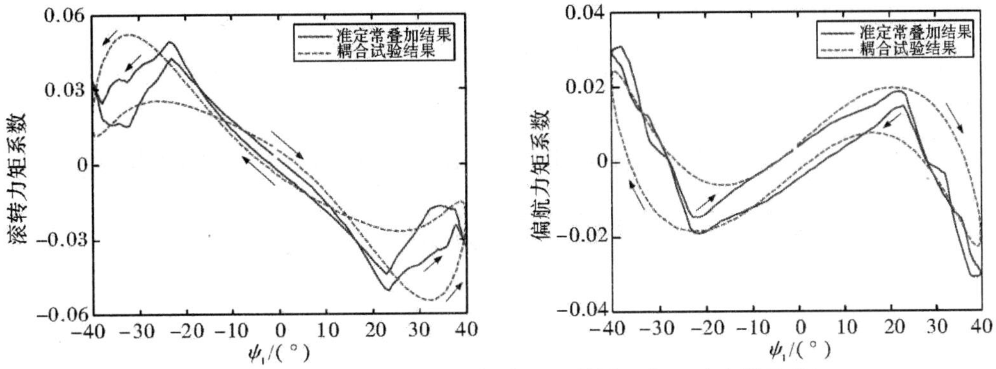

图 3.12　准定常叠加结果与耦合试验结果比较(10° 支撑迎角)

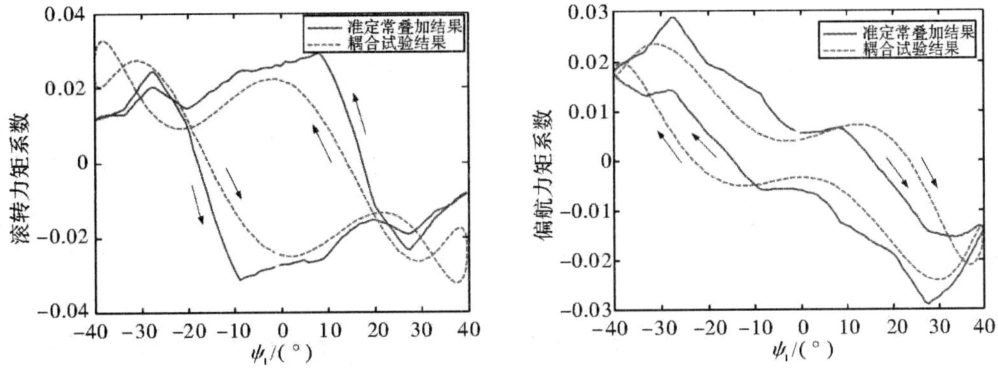

图 3.13　准定常叠加结果与耦合试验结果比较(30° 支撑迎角)

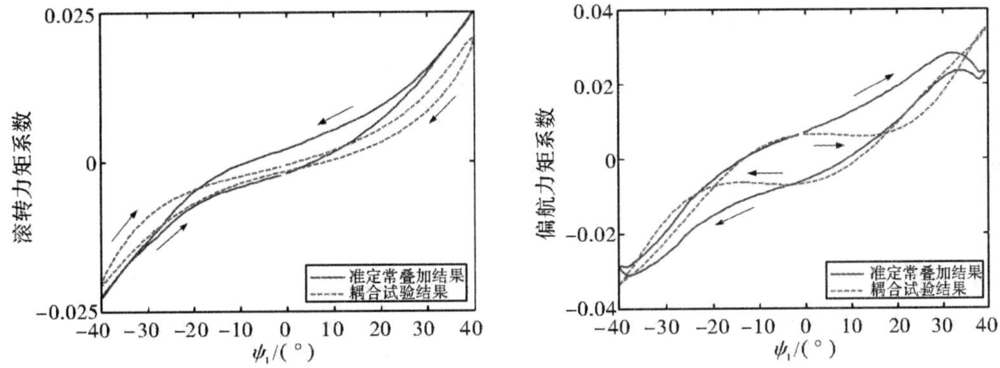

图 3.14　准定常叠加结果与耦合试验结果比较(50° 支撑迎角)

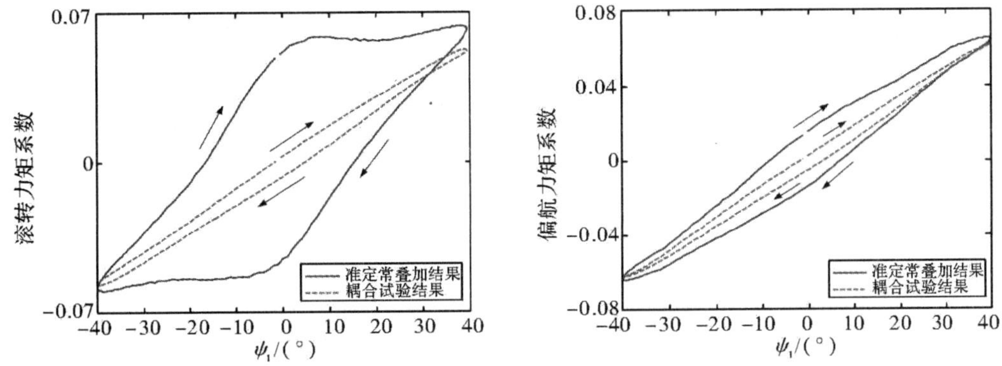

图 3.15　准定常叠加结果与耦合试验结果比较(70° 支撑迎角)

从图 3.12 ～ 图 3.15 中可以看出，在10° 和30° 支撑迎角条件下，由于模型表面的绕流基本上为附体流动，准定常叠加结果在量值上与耦合试验结果的差别较小，且在35° 机构偏航角范围内，准定常叠加结果的敛散特性与耦合试验结果保持一致。在50° 支撑迎角条件下，模型表面的流场结构变得很不稳定，气流分离和涡破碎等流态对气动力的影响增大，虽然准定常叠加结果与耦合试验结果在量值上相当，但是两者在敛散特性上差别较大。对于偏航力矩系数，在18° 机构偏航角范围内，准定常叠加结果的敛散特性与耦合试验结果相同。对于滚转力矩系数，准定常叠加模型计算得到的迟滞环为逆时针方向，对应的滚转力矩呈现阻尼特性，而耦合试验得到的迟滞环为顺时针方向，对应的滚转力矩具有发散特性，两者的敛散特性在整个机构偏转角范围内完全相反。在70° 支撑迎角下，模型表面的流动基本上为分离流，此时准定常叠加结果与耦合结果的敛散特性保持一致，但是两者在量值上存在一定差别，尤其是滚转力矩系数的差别较大。综上所述，当支撑迎角为10°，30° 和70° 时，在35° 机构偏转角范围内，准定常叠加模型具有一定的适用性，但是当支撑迎角为50° 时，准定常模型无法反映耦合条件下滚转力矩的敛散特性。

3.4.2 非定常叠加模型

非定常叠加模型利用单自由度大幅振荡试验对应的动态非定常气动系数（动导数项与非定常状态之和）与耦合振荡对应的静态导数进行线性叠加获得耦合运动的气动系数。以滚转力矩为例，耦合运动对应的滚转力矩系数可以表示为

$$C_l = C_{lst} + \Delta C_{l,yaw} + \Delta C_{l,roll} \tag{3.3}$$

式中：$\Delta C_{l,yaw}$ 和 $\Delta C_{l,roll}$ 分别表示单自由度偏航振荡和单自由度滚转振荡产生的动态非定常滚转力矩系数，可以利用大幅振荡动态试验结果减去相应的静态试验结果计算得到或者直接采用第 2 章的建模结果。

为了考察非定常叠加模型的适用性，采用同振幅同相位耦合振荡试验数据进行对比分析。试验数据对应的机构偏转角振幅为40°，频率为 0.4 Hz，当支撑迎角分别为10°，30°，50° 和70° 时，非定常叠加模型的计算结果与耦合振荡试验结果对比见图 3.16 ～ 图 3.19。

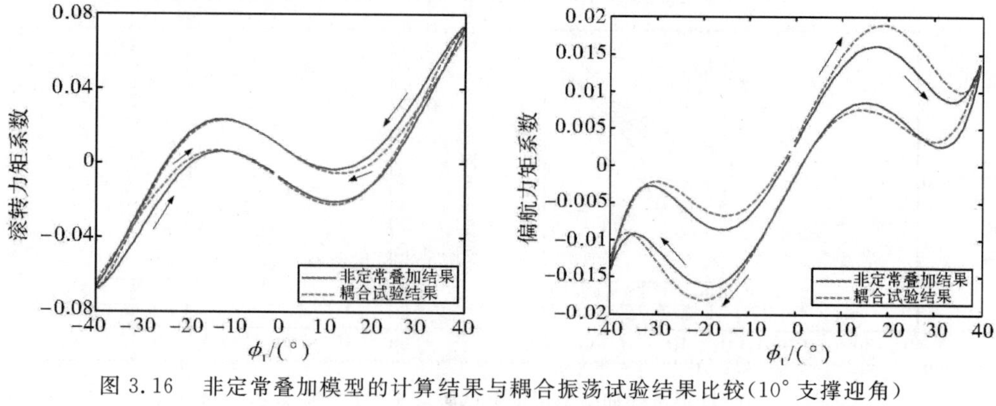

图 3.16　非定常叠加模型的计算结果与耦合振荡试验结果比较（10° 支撑迎角）

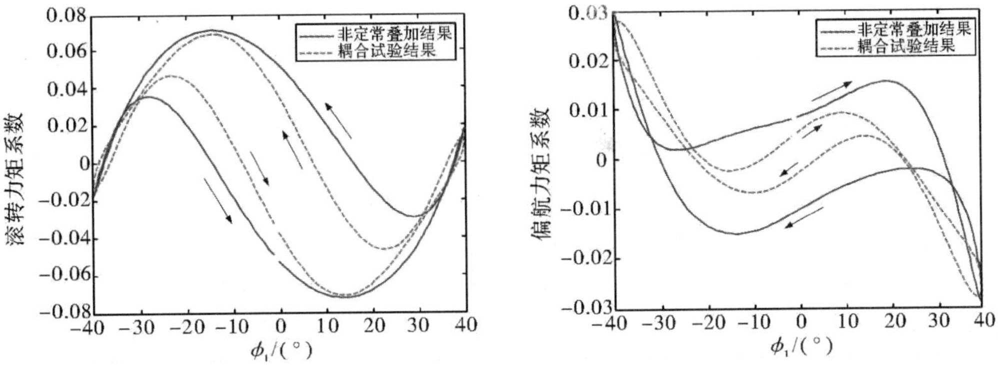

图 3.17　非定常叠加模型的计算结果与耦合振荡试验结果比较(30° 支撑迎角)

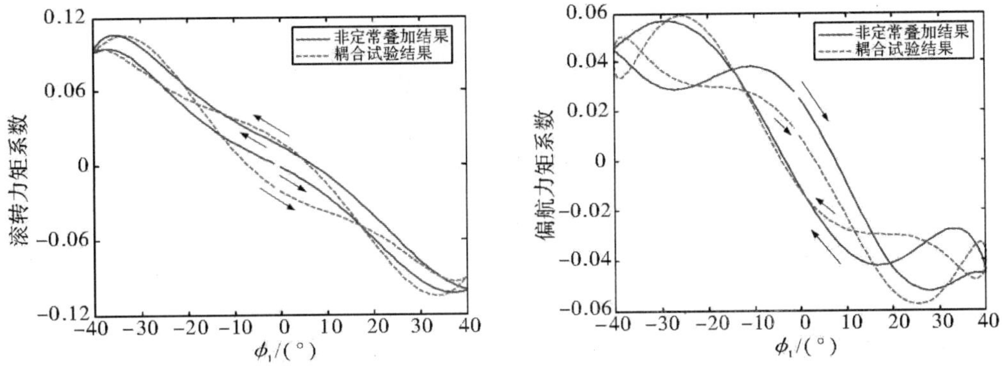

图 3.18　非定常叠加模型的计算结果与耦合振荡试验结果比较(50° 支撑迎角)

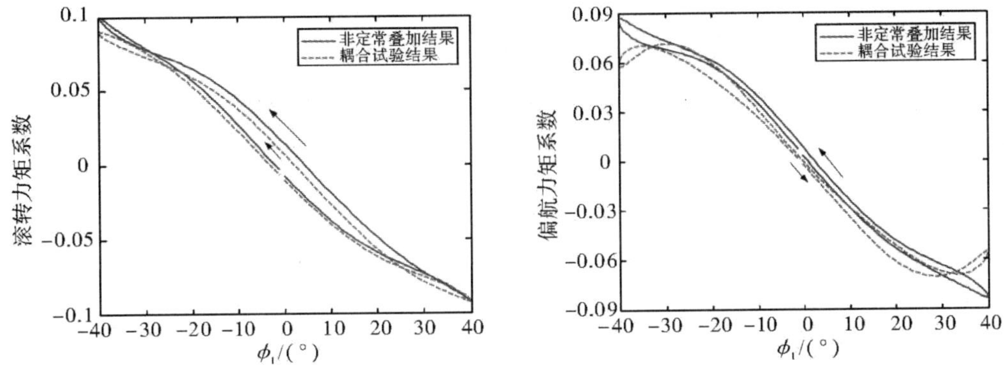

图 3.19　非定常叠加模型的计算结果与耦合振荡试验结果比较(70° 支撑迎角)

从图 3.16 ～ 图 3.19 中可以看出，在10° 支撑迎角下，非定常叠加结果与耦合试验结果在量值和敛散特性上均具有较好的一致性。在30° 支撑迎角下，非定常叠加结果和耦合试验结果在量值上存在一定差别，但是两者的敛散特性在35° 机构滚转角范围内保持一致。在50° 支撑迎角下，非定常叠加结果与耦合试验结果在量值上基本相同，对于滚转力矩系数，当机构滚转角小于18° 时，非定常叠加结果和耦合试验结果具有相同的敛散特性；对于偏航力矩系数，两者的敛散特性在35° 机构滚转角范围内仍然保持一致。在70° 支撑迎角下，非定常叠加结果和耦合试验结果在量值和敛散特性上基本相同。由此说明，对于以上各支撑迎角，在18° 机构滚转角范围内，非定常叠加结果和耦合试验结果具有较高的吻合度，非定常叠加模型在整体上能够反映耦合运动的气动特性,具有较好的适用性。

综上所述,在一定的支撑迎角和机构偏转角条件下,两种线性叠加模型均能在一定程度上反映耦合运动的气动特性,但是非定常叠加模型的适用性更好。根据式(3.1)和式(3.3)所示的模型结构可知,两种模型的区别在于:准定常模型中的动态非定常项仅包含动导数项,该动导数项通过动导数试验数据提取;而非定常模型中的动态非定常项不仅包括动导数项,还包含了非定常气动状态,两者通过辨识大幅振荡试验数据得到。与动导数试验相比,大幅振荡试验能够更加有效地反映大迎角条件下的气动迟滞效应,因此非定常叠加模型在理论上能够更加准确地描述耦合运动的气动特性。因此,在下面的研究中将基于非定常叠加原理建立耦合运动的气动模型,为动力学特性分析和飞行控制律设计提供模型基础。

3.5 过失速机动数学模型

本章开展过失速机动建模与控制研究采用的研究对象为某先进战斗机模型。该对象具有全动平尾、蝶形翼和倾斜垂尾多翼面气动布局。在研究中不考虑前后缘襟翼的影响,只通过副翼、升降舵和方向舵进行气动力控制。飞机的尾部装有两台轴对称推力转向发动机,可以通过尾喷管的偏转提供过失速机动控制能力。

3.5.1 动力学与运动学方程

为了建立能够有效描述飞机动力学特性的数学模型,做如下假设:飞机为质量分布均匀的刚体且关于机体 X_bOZ_b 平面对称;不考虑飞行过程中的质量和转动惯量变化;忽略地球曲率和自转的影响,认为地面坐标系与惯性参考系重合。相关坐标系的定义可参考文献[149-150],在此不再赘述。

基于上述假设,飞机的动力学方程可以表示为

$$\begin{bmatrix}\dot{V}_t\\ \dot{\beta}\\ \dot{\alpha}\end{bmatrix}=\begin{bmatrix}0\\ p\sin\alpha-r\cos\alpha\\ q-(p\cos\alpha+r\sin\alpha)\tan\beta\end{bmatrix}+\boldsymbol{\Lambda T}_{\mathrm{w/b}}\begin{bmatrix}X_A+T_x+G_x\\ Y_A+T_y+G_y\\ Z_A+T_z+G_z\end{bmatrix} \tag{3.4}$$

$$\begin{bmatrix}\dot{p}\\ \dot{q}\\ \dot{r}\end{bmatrix}=\begin{bmatrix}(C_1r+C_2p)q\\ C_5pr-C_6(p^2-r^2)\\ (C_8p-C_2r)q\end{bmatrix}+\begin{bmatrix}C_3&0&C_4\\0&C_7&0\\C_4&0&C_9\end{bmatrix}\begin{bmatrix}L_A+L_T\\ M_A+M_T\\ N_A+N_T\end{bmatrix} \tag{3.5}$$

式中:$\boldsymbol{\Lambda}=\mathrm{diag}\{1/m,1/(mV_t),1/(mV_t\cos\beta)\}$,惯性参数 C_i, $i=1,2,\cdots,9$ 的表示形式为

$\Gamma C_1=(J_y-J_z)J_z-J_{xz}^2$, $\Gamma C_2=(J_x-J_y+J_z)J_{xz}$, $\Gamma C_3=J_z$, $\Gamma C_4=J_{xz}$,
$C_5=(J_z-J_x)/J_y$, $C_6=J_{xz}/J_y$, $C_7=1/J_y$, $\Gamma C_8=(J_x-J_y)J_x+J_{xz}^2$,
$\Gamma C_9=J_x$, $\Gamma=J_xJ_z-J_{xz}^2$

飞机的运动学方程可以表示为

$$\begin{bmatrix}\dot{\varphi}\\ \dot{\theta}\\ \dot{\psi}\end{bmatrix}=\begin{bmatrix}1 & \sin\varphi\tan\theta & \cos\varphi\tan\theta\\ 0 & \cos\varphi & -\sin\varphi\\ 0 & \sin\varphi/\cos\theta & \cos\varphi/\cos\theta\end{bmatrix}\begin{bmatrix}p\\ q\\ r\end{bmatrix}\tag{3.6}$$

$$\begin{bmatrix}\dot{x}_{\mathrm{E}}\\ \dot{y}_{\mathrm{E}}\\ \dot{z}_{\mathrm{E}}\end{bmatrix}=T_{\mathrm{e/b}}\begin{bmatrix}V_t\sin\alpha\cos\beta\\ V_t\sin\beta\\ V_t\cos\alpha\cos\beta\end{bmatrix}\tag{3.7}$$

考虑到飞机在过失速机动过程中，可能出现$\theta=90^\circ$的情况，此时欧拉角解算会产生奇异。为了避免该问题，将式(3.6)所示的姿态角动态采用四元数表示为

$$\begin{bmatrix}\dot{q}_0\\ \dot{q}_1\\ \dot{q}_2\\ \dot{q}_3\end{bmatrix}=\frac{1}{2}\begin{bmatrix}0 & -p & -q & -r\\ p & 0 & r & -q\\ q & -r & 0 & p\\ r & q & -p & 0\end{bmatrix}\begin{bmatrix}q_0\\ q_1\\ q_2\\ q_3\end{bmatrix}\tag{3.8}$$

3.5.2　气动模型

飞机受到的气动力和力矩根据风洞试验数据进行建模。在静态试验中，模型的迎角和侧滑角变化范围分别为$[-8^\circ,90^\circ]$和$[-20^\circ,20^\circ]$，采样点个数分别为 26 和 23。纵向气动系数直接采用单自由度俯仰大幅振荡运动的建模结果，横侧向气动系数则根据单自由度偏航振荡和单自由度滚转振荡的辨识结果，采用非定常叠加模型进行建模。在此基础上考虑气动舵面和重心位置的影响，气动力和力矩系数可以表示为

$$\left.\begin{aligned}C_X&=C_{X0}+C_{Xq}\bar{q}+C_{X\delta_e}\delta_e\\ C_Y&=C_{Y0}+C_{Yp}\bar{p}+C_{Yr}\bar{r}+C_{Y\delta_a}\delta_a+C_{Y\delta_r}\delta_r+\eta_Y^p+\eta_Y^r\\ C_Z&=C_{Z0}+C_{Zq}\bar{q}+C_{Z\delta_e}\delta_e+\eta_Z\\ C_l&=C_{l0}+C_{lp}\bar{p}+C_{lr}\bar{r}+C_{l\delta_a}\delta_a+C_{l\delta_r}\delta_r+\eta_l^p+\eta_l^r\\ C_m&=C_{m0}+C_{mq}\bar{q}+C_Z(x_{cgr}-x_{cg})+C_{m\delta_e}\delta_e+\eta_m\\ C_n&=C_{n0}+C_{np}\bar{p}+C_{nr}\bar{r}-C_Y(x_{cgr}-x_{cg})\bar{c}/b+C_{n\delta_a}\delta_a+C_{n\delta_r}\delta_r+\eta_n^p+\eta_n^r\end{aligned}\right\}\tag{3.9}$$

飞机的气动力和力矩可以表示为

$$\left.\begin{aligned}X_A&=QSC_X,\ Y_A=QSC_Y,\ Z_A=QSC_Z\\ L_A&=QSbC_l,\ M_A=QS\bar{c}C_m,\ N_A=QSbC_n\end{aligned}\right\}\tag{3.10}$$

η_l^p,η_n^p分别表示滚转运动引起的滚转力矩和偏航力矩非定常效应，η_l^r,η_n^r分别表示偏航运动引起的滚转力矩和偏航力矩非定常效应。根据第 2 章的建模结果，非定常气动效应可以用一阶微分方程表示为

$$\left.\begin{aligned}\dot{\eta}_i&=-b_i(\alpha)\eta_i-a_i(\alpha)\dot{\alpha},\ i=Z,m\\ \dot{\eta}_j^p&=-b_j^p(\beta)\eta_j^p-a_j^p(\beta)\dot{\beta}_p,\ j=Y,l,n\\ \dot{\eta}_k^r&=-b_k^r(\beta)\eta_k^r-a_k^r(\beta)\dot{\beta}_r,\ k=Y,l,n\end{aligned}\right\}\tag{3.11}$$

式中：a_i，b_i，a_j^p，b_j^p，a_k^r，b_k^r 均为迎角或侧滑角的多项式函数；$\dot{\beta}_p$ 和 $\dot{\beta}_r$ 分别表示由滚转运动和偏航运动引起的侧滑角变化量，根据式(3.4)可知

$$\left.\begin{aligned}\dot{\beta}_p &= p\sin\alpha \\ \dot{\beta}_r &= -r\cos\alpha\end{aligned}\right\} \tag{3.12}$$

在风洞试验过程中，模型的支撑迎角变化范围为 0° ～ 80°，间隔为10°。由于不同支撑迎角下辨识得到的横侧向非定常气动模型存在一定差别，所以根据支撑迎角建立横侧向非定常气动模型数据库。考虑到在单自由度滚转和偏航振荡过程中，模型的迎角与支撑迎角差别较小，因此采用一种比较简单的插值策略求取不同迎角条件下的横侧向非定常气动模型：当 $\alpha \leqslant 5°$ 时，采用 0° 支撑迎角下的横侧向气动模型；当 $\alpha > 75°$ 时，采用80° 支撑迎角下的横侧向气动模型；当 $5° < \alpha \leqslant 75°$ 时，则采用与迎角最接近的一组支撑迎角下的横侧向气动模型。

在式(3.9)中，静态导数和操纵导数通过相应的静态试验进行提取，阻尼导数和非定常气动系数则采用第2章的单自由度大幅振荡运动的建模结果。为了说明非定常气动状态的收敛特性，图3.20和图3.21所示为单自由度俯仰振荡和40° 支撑迎角下的单自由度滚转振荡对应的非定常气动系数与气流角的关系。

从图中可以看出，在整个迎角和侧滑角变化范围内，非定常气动系数 $b_i(\alpha)$ 和 $b_j^p(\beta)$ 满足 $b_i(\alpha) > 0$，$b_j^p(\beta) > 0$，$i = Z, m$，$j = Y, l, n$，这表明纵向和横侧向非定常气动状态均是收敛的，当飞机处于平稳飞行($\dot{\alpha} = 0$，$\dot{\beta} = 0$)时，非定常气动状态的稳态值均为零。对于纵向非定常气动效应，由于在30° ～ 70° 迎角范围内 $a_Z(\alpha)/b_Z(\alpha)$ 相对较大，当飞机在此范围内进行剧烈机动时，非定常气动效应将对飞机的纵向运动产生较大的影响。对于横侧向非定常气动效应，由于 $a_i^p(\beta)$，$i = Y, l, n$ 相对较小，考虑到飞机的侧滑角一般情况下都保持在较小范围内，$\dot{\beta}_p$ 和 $\dot{\beta}_r$ 不会很大，因此，横侧向非定常气动效应对飞机运动的影响较小。单自由度偏航振荡和其他支撑迎角下滚转振荡对应的横侧向非定常气动状态也具有相同的性质。

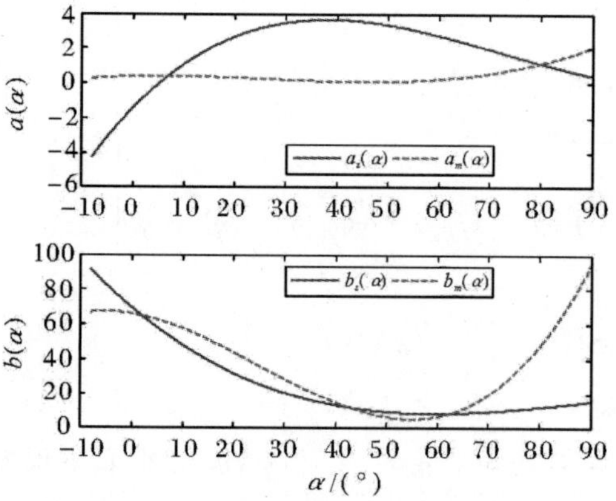

图 3.20　纵向非定常气动系数

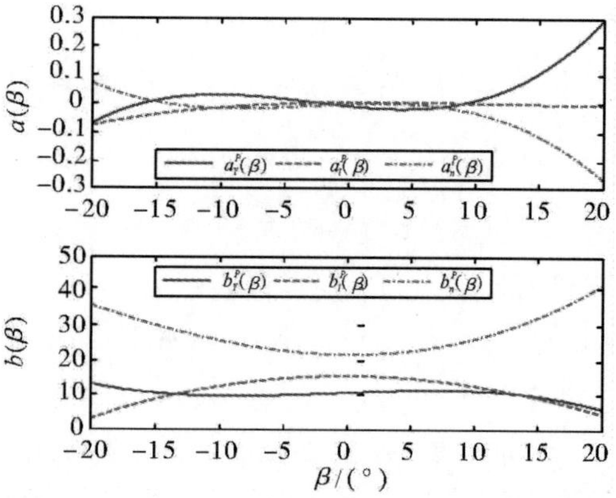

图 3.21　横侧向非定常气动系数

3.5.3　推力矢量与作动器模型

通常情况下，发动机推力为飞行高度、速度和油门开度的非线性函数。由于缺少实际的发

动机推力模型，为保证推力矢量控制研究的合理性，本书在公开的 F-16 验证机发动机模型的基础上，参考 F-16 验证机的推重比并根据研究对象和 F-16 验证机质量的比值对发动机推力进行比例放大。此处采用一种较为理想的推力矢量模型：不考虑发动机尾喷管偏转造成的推力损失、气动效应等因素，认为喷管偏转产生的气流角等于喷管的机械偏转角。推力矢量控制及其相关角度定义如图 3.22 所示。

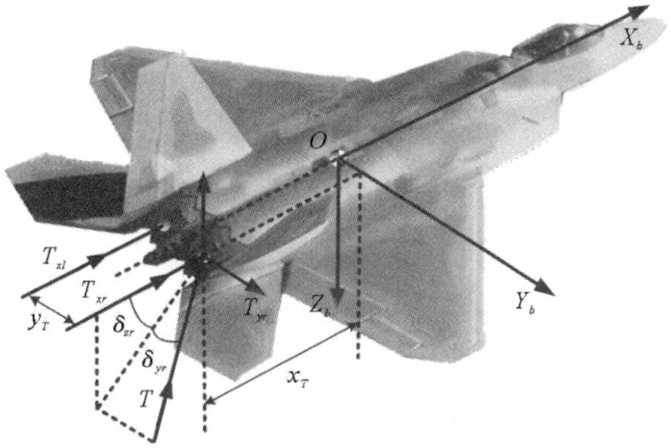

图 3.22　推力矢量控制及其相关角度定义

由图可知，推力及其产生的力矩可以表示为

$$\begin{bmatrix} T_{sx} \\ T_{sy} \\ T_{sz} \end{bmatrix} = \begin{bmatrix} T_{xl}+T_{xr} \\ T_{yl}+T_{yr} \\ T_{zl}+T_{zr} \end{bmatrix} = \begin{bmatrix} T\cos\delta_{yl}\cos\delta_{zl}+T\cos\delta_{yr}\cos\delta_{zr} \\ T\sin\delta_{yl}+T\sin\delta_{yr} \\ -T\cos\delta_{yl}\sin\delta_{zl}-T\cos\delta_{yr}\sin\delta_{zr} \end{bmatrix} \tag{3.13}$$

$$\begin{bmatrix} L_T \\ M_T \\ N_T \end{bmatrix} = Tx_T\begin{bmatrix} 0 \\ -\cos\delta_{yl}\sin\delta_{zl}-\cos\delta_{yr}\sin\delta_{zr} \\ -\sin\delta_{yl}-\sin\delta_{yr} \end{bmatrix} + \frac{Ty_T}{2}\begin{bmatrix} \cos\delta_{yl}\sin\delta_{zl}-\cos\delta_{yr}\sin\delta_{zr} \\ 0 \\ \cos\delta_{yl}\cos\delta_{zl}-\cos\delta_{yr}\cos\delta_{zr} \end{bmatrix} \tag{3.14}$$

飞机的作动器包括气动舵和发动机尾喷管，两者均采用带有位置和速率限幅的一阶惯性环节描述。作动器的相关参数和模型结构分别见表 3.1 和如图 3.23 所示，图中，ω_τ 表示作动器带宽，x_c，x 分别为作动器的输入和输出信号。

表 3.1　作动器相关参数

控制量	带宽 /(rad · s^{-1})	位置限幅 /(°)	速率限幅 /(° · s^{-1})
δ_a	40	[−20,20]	[−120,120]
δ_e	40	[−20,20]	[−150,150]
δ_r	40	[−25,25]	[−180,180]
$\delta_{yl},\delta_{yr},\delta_{zl},\delta_{zr}$	30	[−20,20]	[−100,100]

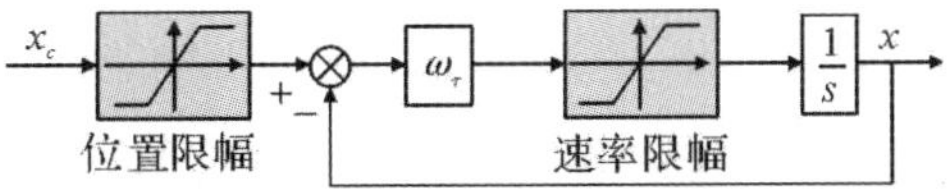

图 3.23　作动器模型结构框图

3.6 动力学开环特性分析

为了考察非定常气动效应对飞机动力学和运动特性的影响，本节针对动力学模型进行开环仿真分析。在 $H=2\ 000$ m 条件下以水平直线飞行为基准对飞机六自由度模型进行配平，横侧向状态和控制输入均为零，小迎角和中等迎角下的纵向配平状态和控制输入分别为

$$\alpha = 7.50°,\ V_t = 139.50\ \text{m/s},\ \delta_e = -3.43°,\ \delta_{th} = 0.19 \tag{3.15}$$

$$\alpha = 29.66°,\ V_t = 64.95\ \text{m/s},\ \delta_e = -10.03°,\ \delta_{th} = 0.68 \tag{3.16}$$

在上述两种初始条件下，给升降舵加入幅值为 5° 的方波扰动，横侧向控制输入均保持为零，状态响应如图 3.24 和图 3.25 所示。图中，非定常模型为式(3.9) 所示的气动模型，准定常模型为不包含非定常状态的气动模型。

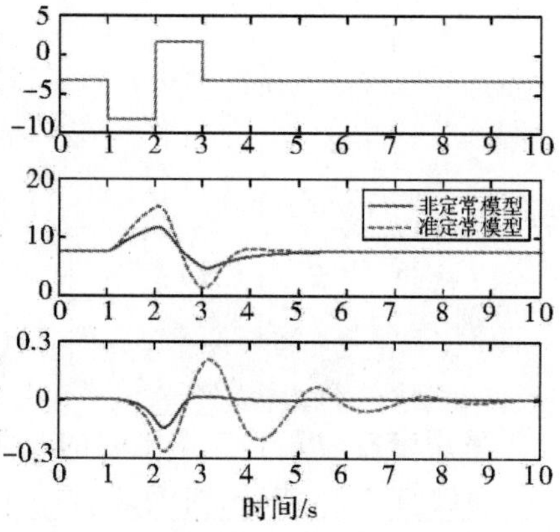

图 3.24　状态响应曲线(小迎角)

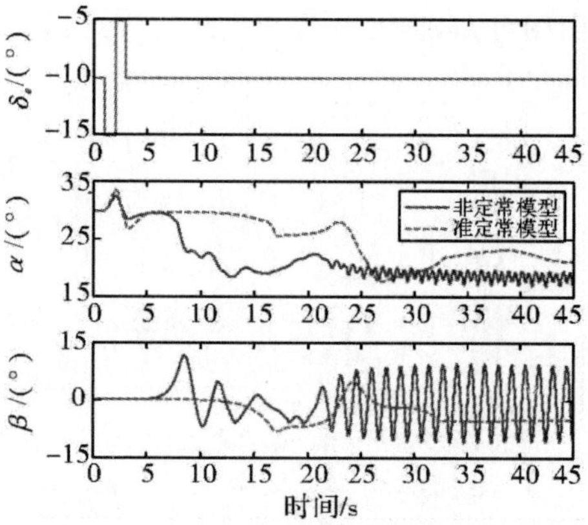

图 3.25　状态响应曲线(中等迎角)

从图 3.24 中可以看出，在小迎角条件下，当考虑非定常气动效应时，状态响应的幅度更小且收敛的速度更快。对于准定常模型，侧滑角响应出现了一定程度的波动，且需要较长时间才能收敛到初始状态。这与文献[48]中的仿真结果是吻合的。从图 3.25 中可以看出，当初始迎角增大到接近30° 时，两种模型对应的迎角和侧滑角响应均出现了较大幅度变化，且扰动消失后系统无法恢复到扰动前的状态。对于非定常模型，由于考虑了气流分离和涡破碎等因素引起的非定常效应，纵向扰动使得横侧向通道出现了稳定的极限环，导致飞机产生了类似于机翼摇晃的非指令运动，这表明非定常模型能够在一定程度上反映飞机的真实运动特性。与准定常模型相比，非定常模型更适合描述飞机大迎角条件下的动力学特性。

3.7 机翼摇晃的预测与抑制

机翼摇晃是一种发生在中到大迎角条件下的非指令运动，是飞机运动参数变化与机体表面流态变化（涡的生成、破碎、分离和重新附着等）相互作用的结果，与非线性非定常气动效应密切相关。由于机翼摇晃现象综合反映了横侧向动力学耦合作用，具有较强的代表性，因此本节主要以机翼摇晃为例，开展飞机横侧向耦合动力学特性分析。机翼摇晃影响了飞机的起飞／着陆性能，限制了飞行包线，甚至可能导致飞行安全问题。因此，现代战斗机在设计过程中对机翼摇晃非常重视，包括 F－15，F－16，F－18 和 F－22 等在内的国外先进战斗机都针对该问题进行了大量的理论分析、风洞试验以及飞行试验[151]。现代战斗机为了提高机动能力，常处于大迎角飞行状态，而且飞机的质量逐渐向机身集中，绕纵轴的滚转惯量减小，横向稳定性降低，导致飞机发生机翼摇晃的可能性大幅增加。因此，开展机翼摇晃的预测与抑制研究具有重要意义。

机翼摇晃可以从空气的流动机理和飞行状态的时间历程两方面进行分析。目前针对机翼摇晃的研究主要采用第二种方法，即通过理论建模、求解运动方程对机翼摇晃进行预测，然后设计突变控制器进行抑制。在机翼摇晃预测方面，建立合适的数学模型是实现准确预测的关键，目前描述机翼摇晃所采用的模型包括单自由度模型和多自由度模型。文献[152]建立了以滚转角为状态量的单自由度模型，通过对比数值仿真和物理实验，在一定程度上实现了机翼摇晃的预测。但是该模型只针对单个机翼自由滚现象且完全忽略了偏航和俯仰运动，无法描述整机的机翼摇晃运动。文献[153]基于完整的战机模型，以滚转角和侧滑角为状态建立了描述机翼摇晃的多自由度模型。但是模型参数计算复杂，且对状态量有严格地限制，不便于动力学分析。从机理建模的角度考虑，多自由度模型在理论上能够更加准确地描述机翼摇晃运动，虽然在建模及模型解析方面存在一定困难，但仍然具有较大的探索空间。在机翼摇晃抑制方面，目前研究较多的主要是基于单自由度模型的非线性控制方法[154-156]，针对多自由度模型的非线性控制仍然十分少见[157]。

本节针对机翼摇晃的预测与抑制问题，首先将根据其主要动态特性建立新的便于动力学分析的横侧向多自由度模型，然后基于反步法设计突变控制器，并利用分支分析方法对系统的开环和闭环动力学特性进行定量分析，最后通过开环和闭环仿真对分支分析的结果进行验证。

3.7.1 分支分析方法

对于带参数的非线性动力学系统

$$\dot{\boldsymbol{x}} = \boldsymbol{f}(\boldsymbol{x},\zeta,\boldsymbol{u}) \tag{3.17}$$

式中：$\boldsymbol{x} \in \mathbb{R}^n$ 为状态变量；$\boldsymbol{f}(\cdot)$ 为光滑向量函数，控制量的维数为 m；$\zeta \in \mathbb{R}$ 为连续可变的控制量；$\boldsymbol{u} \in \mathbb{R}^{m-1}$ 为固定不变的控制量。当给定 ζ 和 $\boldsymbol{u}$ 时，满足 $\dot{\boldsymbol{x}} = \boldsymbol{f}(\boldsymbol{x},\zeta,\boldsymbol{u}) = \boldsymbol{0}$ 的 $\boldsymbol{x}_e$ 称为系统

的平衡解。平衡解包括定常解和周期解两种，两者均为ζ的函数。系统的拓扑结构在参数ζ达到某个临界值时会发生根本性变化，产生新的定常解或周期解，这种现象称为分支现象，对应的平衡点称为分支点。当参数ζ连续变化时，可以求得一系列的平衡点和分支点，所有的平衡点构成平衡面，所有分支点在操纵平面内的投影构成分支面。

分支点通常可以分为静态分支点和动态分支点。在静态分支点处，式(3.17)的平衡解数目或稳定性会发生改变。在动态分支点处，系统会产生周期解或周期解的稳定性会发生改变，典型的动态分支有Hopf分支，机翼摇晃属于Hopf分支[76]。平衡解的稳定性可以利用连续算法求解平衡点处Jacobian矩阵的特征值进行判断。关于连续算法的相关概念和基本思想可以参考文献[76,158]，在此不做详细介绍。

在飞行动力学中，分支现象有着大量的体现。飞机的稳定性在分支点处发生变化，常常导致飞机出现一些非指令运动现象，如机翼摇晃、急滚、失速和尾旋等。分支分析方法可以计算动力学系统随控制参数或状态变化的平衡解，通过分析这些平衡解的稳定性，判断其稳定范围，从而揭示动力学系统的全局特性[159]，这对于动力学分析和控制律设计具有重要的指导意义。

3.7.2 机翼摇晃模型

在机翼摇晃过程中，滚转振荡和偏航振荡占主导地位，俯仰运动对其影响较小[160]。因此，假设纵向运动在此过程中可以实现稳定控制，采用横侧向方程描述机翼摇晃运动。在不考虑推力矢量控制情况下，机翼摇晃数学模型可以表述为

$$\dot{\beta} = p\sin\alpha - \frac{QS}{mV_t}(C_X\cos\alpha\sin\beta - C_Y\cos\beta + C_Z\sin\alpha\sin\beta) - \frac{2T\cos\alpha\sin\beta}{mV_t} - r\cos\alpha + \frac{G}{mV_t}(\cos\alpha\sin\beta\sin\theta + \cos\beta\cos\theta\sin\varphi - \sin\alpha\sin\beta\cos\theta\cos\varphi) \tag{3.18}$$

$$\dot{\varphi} = p + r\cos\varphi\tan\theta \tag{3.19}$$

$$\dot{p} = C_3QSbC_l + C_4QSbC_n \tag{3.20}$$

$$\dot{r} = C_4QSbC_l + C_9QSbC_n \tag{3.21}$$

注释3.1 与文献[160-161]中建立的多自由度模型不同，式(3.18)～式(3.21)保留了横侧向运动的非线性，减小了模型简化误差，且在一定程度上考虑了纵向运动对横侧向的影响，这对于分析不同迎角下的机翼摇晃运动特性是非常有利的。

3.7.3 机翼摇晃的预测

在$H=3\ 200\ \text{m}$，$V_t=59\ \text{m/s}$条件下对飞机六自由度模型进行配平，配平结果为$\alpha=30.20°$，$\delta_e=-8.27°$，$\delta_{th}=0.73$。采用分支分析方法对动力学系统式(3.18)～式(3.21)进行分析，其中纵向运动参数T,Q根据配平值计算得到。假设$\theta=\alpha$，以α为控制参数，用连续算法求解系统的平衡解，得到开环($\delta_a=\delta_r=0°$)条件下的分支图如图3.26所示。图中细实线、虚线

和粗实线分别表示稳定的平衡解、不稳定的平衡解以及稳定周期解的最大幅值，五角星为 Hopf 分支点，空心圆圈为叉形分支点。

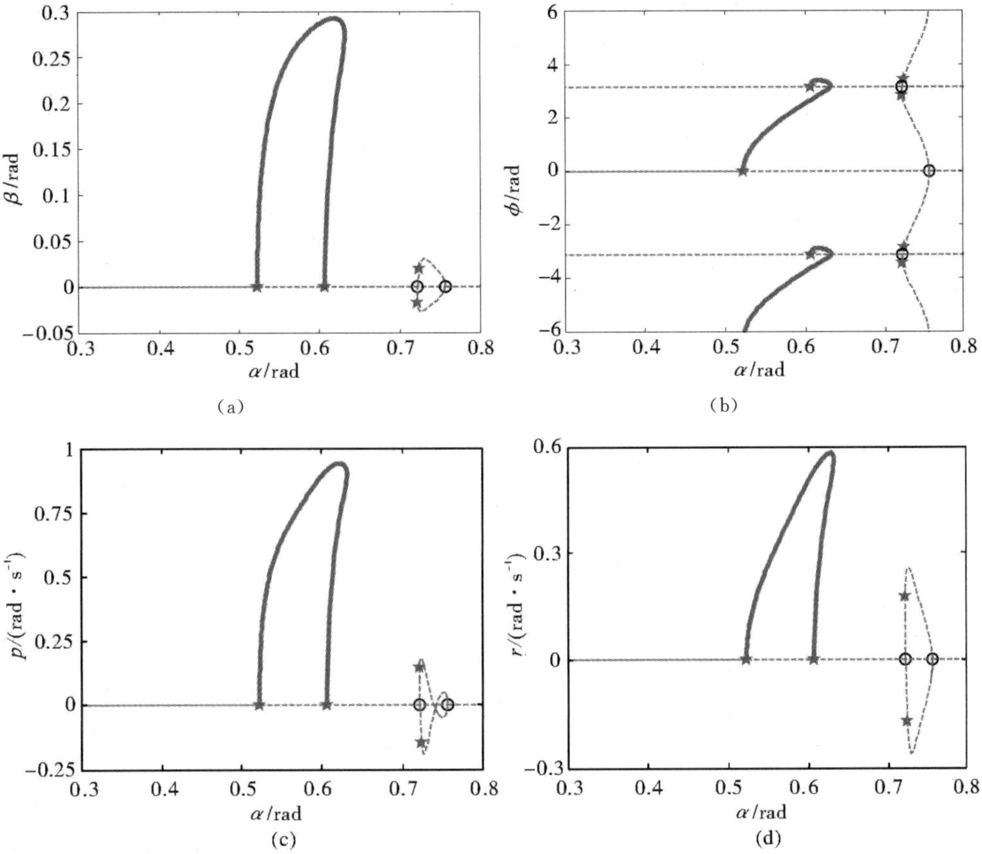

(a)　(b)

(c)　(d)

图 3.26　系统的开环分析分支图

(a) 侧滑角平衡图；(b) 滚转角平衡图；(c) 滚转角速度平衡图；(d) 偏航角速度平衡图

由图 3.26 可知，在迎角小于 0.52 rad(约30°) 条件下系统只有一个稳定的平衡解，当迎角超过 0.52 rad 后，系统发生 Hopf 分支，原来稳定的平衡解失稳，同时分叉出一个稳定的周期解，对应于机翼摇晃运动。随着迎角的继续增加，机翼摇晃的幅值迅速增大，在迎角超过 0.61 rad 后，稳定的周期解退化为不稳定的平衡解。此外，当迎角处于 0.7 ~ 0.75 rad 时，系统还存在一个随状态周期变化的不稳定分支。

为了验证开环分支分析结果，当 $V_t = 59$ m/s 时，在 $H = 2\ 950$ m 和 3 250 m 两种条件下进行配平，得到迎角分别为29.4° 和30.4° 的两个配平点，将这两点的状态参数作为系统的初值，纵向运动通过控制律实现稳定控制，仿真步长取 10 ms，给侧滑角和滚转角分别加入 3° 和 4° 的初始扰动，状态响应曲线如图 3.27 ~ 图 3.30 所示。

从图 3.26 中可以看出，当初始迎角为29.4° 时，虽然 β 和 φ 均受到扰动，但是经过较长时间的振荡后仍然能够收敛到平衡点。当初始迎角增加到30.4° 时，横侧向状态在初始扰动的影响下，经过一段时间的过渡过程后，振荡的幅值和频率均保持不变，系统形成稳定的极限环，此时飞机进入机翼摇晃阶段。由此可知，机翼摇晃对应的临界迎角介于29.4°～30.4°之间，这与开环分支分析的结果是相吻合的。因此，所建立的横侧向多自由度模型能够有效描述机翼摇晃现象，通过分支分析可以实现对机翼摇晃临界迎角的准确预测。此外，通过对比可以发现，图3.30中的侧滑角响应与如图3.25所示的六自由度模型开环仿真结果比较接近，说明所建立的横侧向多自由度模型能够有效反映飞机的真实运动特性。

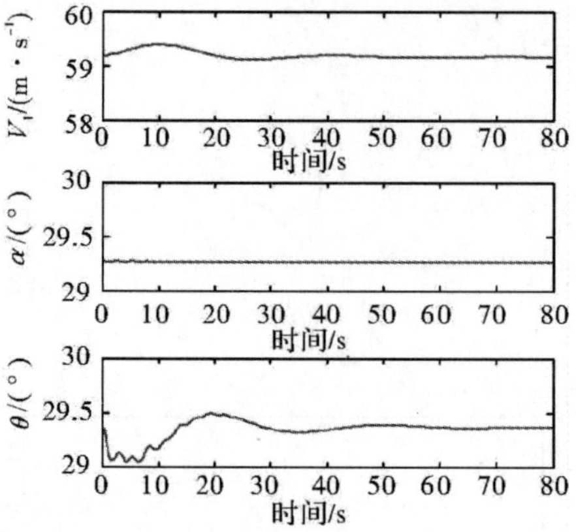

图 3.27　纵向状态响应曲线($\alpha=29.4°$)

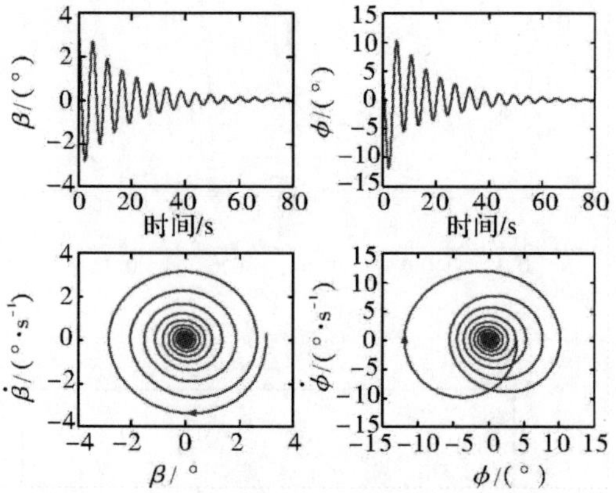

图 3.28　横侧向状态响应曲线($\alpha=29.4°$)

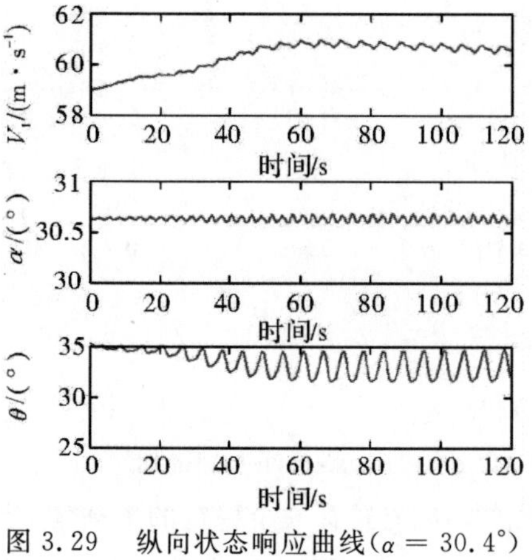

图 3.29　纵向状态响应曲线($\alpha=30.4°$)

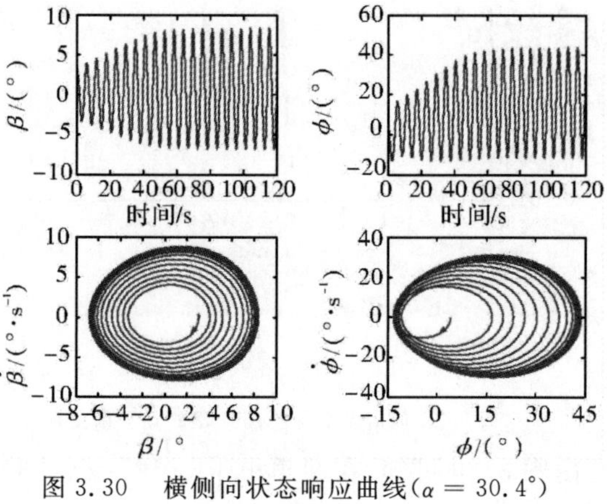

图 3.30　横侧向状态响应曲线($\alpha=30.4°$)

3.7.4　机翼摇晃的抑制

考虑到气动建模误差和外界扰动导致机翼摇晃模型不可避免存在不确定性，不失一般性，将机翼摇晃模型表述为

$$\left.\begin{aligned}\dot{\boldsymbol{x}}_1&=\boldsymbol{f}_{10}+\boldsymbol{G}_{10}\boldsymbol{x}_2+\boldsymbol{\Delta}_{x1}\\\dot{\boldsymbol{x}}_2&=\boldsymbol{f}_{20}+\boldsymbol{G}_{20}\boldsymbol{u}+\boldsymbol{\Delta}_{x2}\end{aligned}\right\}\tag{3.22}$$

式中：$\boldsymbol{x}_1=[\beta\quad\varphi]^{\mathrm{T}}$；$\boldsymbol{x}_2=[p\quad r]^{\mathrm{T}}$；$\boldsymbol{u}=[\delta_a\quad\delta_r]^{\mathrm{T}}$；$\boldsymbol{\Delta}_{x1}$，$\boldsymbol{\Delta}_{x2}$ 为模型不确定性；$\boldsymbol{f}_{10}=[f'_\beta\quad 0]^{\mathrm{T}}$；$\boldsymbol{f}_{20}=[f'_p\quad f'_r]^{\mathrm{T}}$；$f'_\beta$，$f'_p$，$f'_r$，$\boldsymbol{G}_{10}$，$\boldsymbol{G}_{20}$ 的表示形式为

$$f'_\beta=\frac{1}{mV_t}[-(QSC_{X0}+2T)\cos\alpha\sin\beta+QSC_{Y0}\cos\beta-QSC_{Z0}\sin\alpha\sin\beta]+$$

$$\frac{G}{mV_t}(\cos\alpha\sin\beta\sin\theta+\cos\beta\sin\varphi\cos\theta-\sin\alpha\sin\beta\cos\varphi\cos\theta)$$

$$f_p'=QS[C_3b(C_{l0}+C_{lp}\bar{p}+C_{lr}\bar{r})+C_4b(C_{n0}+C_{np}\bar{p}+C_{nr}\bar{r})-C_4\bar{c}d_x(C_{Y0}+C_{Yp}\bar{p}+C_{Yr}\bar{r})]$$

$$f_r'=QS[C_4b(C_{l0}+C_{lp}\bar{p}+C_{lr}\bar{r})+C_9b(C_{n0}+C_{np}\bar{p}+C_{nr}\bar{r})-C_9\bar{c}d_x(C_{Y0}+C_{Yp}\bar{p}+C_{Yr}\bar{r})]$$

$$\boldsymbol{G}_{10}=\begin{bmatrix}\frac{QSbC_{Yp}\cos\beta}{2mV_t^2}+\sin\alpha & \frac{QSbC_{Yr}\cos\beta}{2mV_t^2}-\cos\alpha\\ 1 & \cos\varphi\tan\theta\end{bmatrix}$$

$$\boldsymbol{G}_{20}=QSb\begin{bmatrix}C_3C_{l\delta_a}+C_4C_{n\delta_a} & C_3C_{l\delta_r}+C_4C_{n\delta_r}\\ C_4C_{l\delta_a}+C_9C_{n\delta_a} & C_4C_{l\delta_r}+C_9C_{n\delta_r}\end{bmatrix}$$

式中，$d_x=x_{cgr}-x_{cg}$。

控制的目标是在模型不确定性和舵面位置限幅的影响下，基于反步法设计突变控制器，使系统在跟踪给定参考指令的同时实现对机翼摇晃运动的有效抑制。为简化控制器设计，首先给出以下假设和引理。

假设 3.1　对于模型不确定性 $\boldsymbol{\Delta}_{x1}=[\Delta_1\quad \Delta_2]^{\mathrm{T}}$ 和 $\boldsymbol{\Delta}_{x2}=[\Delta_3\quad \Delta_4]^{\mathrm{T}}$，存在已知的正常数 ρ_i，$i=1,2,3,4$，使得 $|\Delta_i|\leqslant\rho_i$ 成立。

引理 3.1[162]　对于任意 $\varepsilon_0>0$ 和 $x\in\mathbf{R}$，以下不等式恒成立：

$$|x|\leqslant k_0\varepsilon_0+x\cdot\tanh(x/\varepsilon_0),\ k_0=0.2758$$

定义跟踪误差为

$$\left.\begin{aligned}\boldsymbol{e}_1&=\boldsymbol{x}_1-\boldsymbol{x}_{1c}\\ \boldsymbol{e}_2&=\boldsymbol{x}_2-\boldsymbol{x}_{2c}\end{aligned}\right\}\tag{3.23}$$

式中：$\boldsymbol{x}_{1c}=[\beta_c\quad \varphi_c]^{\mathrm{T}}$ 表示姿态角输入指令；$\boldsymbol{x}_{2c}$ 表示角速度虚拟控制指令。

基于反步法设计突变控制器：

$$\begin{cases}\boldsymbol{x}_{2c}=\boldsymbol{G}_{10}^{-1}[-\boldsymbol{f}_{10}+\dot{\boldsymbol{x}}_{1c}-\boldsymbol{A}_1\boldsymbol{e}_1-\mathrm{Tanh}(\boldsymbol{e}_1)\boldsymbol{\rho}_1]\\ \boldsymbol{u}=\boldsymbol{G}_{20}^{-1}[-\boldsymbol{f}_{20}+\dot{\boldsymbol{x}}_{2c}-\boldsymbol{G}_1^T\boldsymbol{e}_1-\boldsymbol{A}_2\boldsymbol{e}_2-\mathrm{Tanh}(\boldsymbol{e}_2)\boldsymbol{\rho}_2]\end{cases}\tag{3.24}$$

式中：$\boldsymbol{A}_1,\boldsymbol{A}_2>\boldsymbol{0}$ 为控制增益，$\mathrm{Tanh}(\boldsymbol{e}_1)=\mathrm{diag}\{\tanh(e_{11}/\varepsilon_1),\tanh(e_{12}/\varepsilon_2)\}$，$\boldsymbol{e}_1=[e_{11}\quad e_{12}]^{\mathrm{T}}$，$\boldsymbol{\rho}_1=[\rho_1\quad \rho_2]^{\mathrm{T}}$，$\mathrm{Tanh}(\boldsymbol{e}_2)=\mathrm{diag}\{\tanh(e_{21}/\varepsilon_3),\tanh(e_{22}/\varepsilon_4)\}$，$\boldsymbol{e}_2=[e_{21}\quad e_{22}]^{\mathrm{T}}$，$\boldsymbol{\rho}_2=[\rho_3\quad \rho_4]^{\mathrm{T}}$，$\varepsilon_i>0$，$i=1,2,3,4$。

根据式(3.22)～式(3.24)可得

$$\left.\begin{aligned}\dot{\boldsymbol{e}}_1&=-\boldsymbol{A}_1\boldsymbol{e}_1+\boldsymbol{G}_1\boldsymbol{e}_2+\boldsymbol{\Delta}_{x1}-\mathrm{Tanh}(\boldsymbol{e}_1)\rho_1\\ \dot{\boldsymbol{e}}_2&=-\boldsymbol{A}_2\boldsymbol{e}_2+\boldsymbol{G}_1^T\boldsymbol{e}_1+\boldsymbol{\Delta}_{x2}-\mathrm{Tanh}(\boldsymbol{e}_2)\rho_2\end{aligned}\right\}\tag{3.25}$$

定义 Lyapunov 函数 $V=\boldsymbol{e}_1^{\mathrm{T}}\boldsymbol{e}_1/2+\boldsymbol{e}_2^{\mathrm{T}}\boldsymbol{e}_2/2$，根据引理 3.1 和式(3.25)可得

$$\begin{aligned}\dot{V}=&-\boldsymbol{e}_1^{\mathrm{T}}\boldsymbol{A}_1\boldsymbol{e}_1+\boldsymbol{e}_1^{\mathrm{T}}[\boldsymbol{\Delta}_{x1}-\mathrm{Tanh}(\boldsymbol{e}_1)\rho_1]-\boldsymbol{e}_2^{\mathrm{T}}\boldsymbol{A}_2\boldsymbol{e}_2+\boldsymbol{e}_2^{\mathrm{T}}[\boldsymbol{\Delta}_{x2}-\mathrm{Tanh}(\boldsymbol{e}_2)\rho_2]\leqslant\\ &-\boldsymbol{e}_1^{\mathrm{T}}\boldsymbol{A}_1\boldsymbol{e}_1-\boldsymbol{e}_2^{\mathrm{T}}\boldsymbol{A}_2\boldsymbol{e}_2+k_0\boldsymbol{e}_1^{\mathrm{T}}\varepsilon_1+k_0\boldsymbol{e}_2^{\mathrm{T}}\varepsilon_2\leqslant\\ &-\left[\lambda_{\min}(\boldsymbol{A}_1)-\frac{k_0}{2}\right]\|\boldsymbol{e}_1\|^2-\left[\lambda_{\min}(\boldsymbol{A}_2)-\frac{k_0}{2}\right]\|\boldsymbol{e}_2\|^2+\frac{k_0}{2}(\|\varepsilon_1\|^2+\|\varepsilon_2\|^2)\end{aligned}\tag{3.26}$$

式中：$\lambda_{\min}(\cdot)$ 表示矩阵的最小特征值，$\boldsymbol{\varepsilon}_1=[\varepsilon_1\quad\varepsilon_2]^{\mathrm{T}}$，$\boldsymbol{\varepsilon}_2=[\varepsilon_3\quad\varepsilon_4]^{\mathrm{T}}$。根据Lyapunov稳定性定理可知，选择适当的矩阵 $\boldsymbol{A}_1$，$\boldsymbol{A}_2$ 可以使 $\boldsymbol{e}_1$，$\boldsymbol{e}_2$ 收敛到零附近较小的邻域内。

为了考察机翼摇晃的抑制效果，针对突变控制器式(3.24)和横侧向多自由度模型式(3.18)～式(3.21)组成的闭环系统，采用分支分析方法进行动力学分析。控制器参数取值为 $\boldsymbol{A}_1=\mathrm{diag}\{3,3\}$，$\boldsymbol{A}_2=\mathrm{diag}\{6,6\}$，$\varepsilon_i=0.005$，其他条件与开环仿真保持一致，通过分支分析得到闭环系统在零参考输入($\beta_c=0$，$\varphi_c=0$)条件下的分支图如图3.31所示。

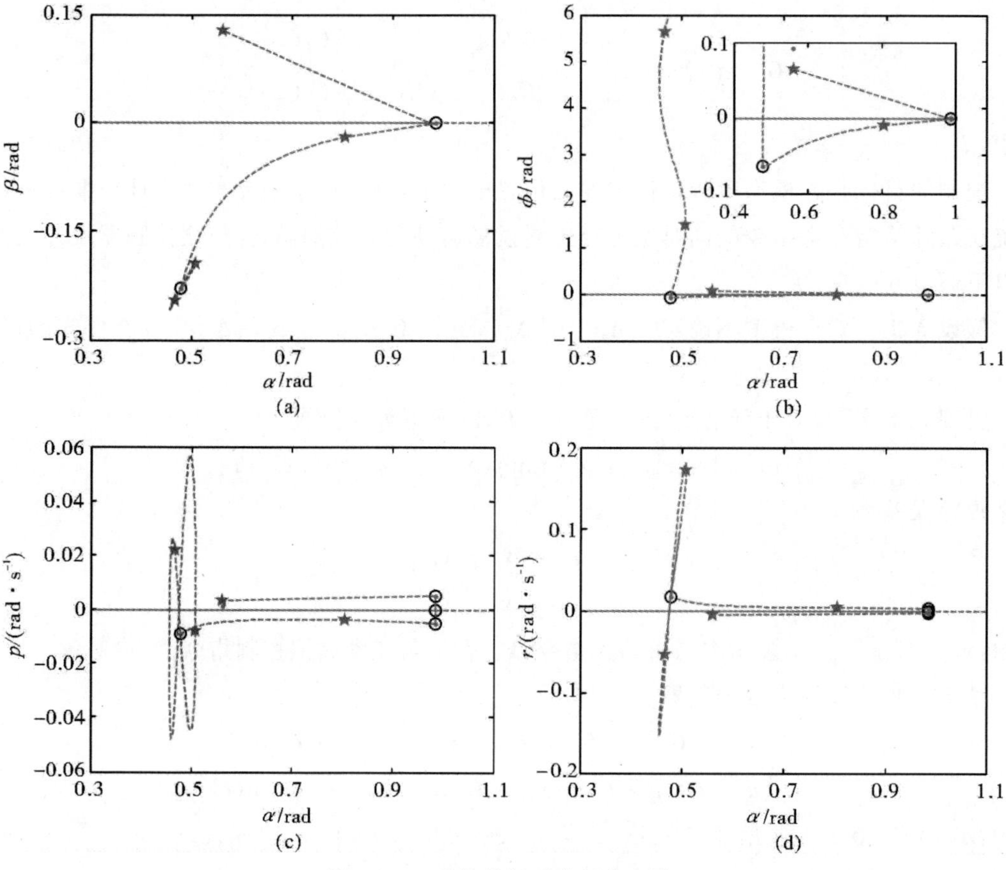

图 3.31　系统的闭环分析分支图

(a) 侧滑角平衡图；(b) 滚转角平衡图；(c) 滚转角速度平衡图；(d) 偏航角速度平衡图

由图3.31可知，开环系统存在的随侧滑角和滚转角周期变化的不稳定分支左移到0.45～0.5 rad迎角之间，由于在此区域内零平衡解是稳定的，所以系统的状态不受该分支的影响。在突变控制器的作用下，系统的稳定区域大幅度增加，当迎角处于0～0.98 rad范围内时，系统的状态最终都能够收敛到零附近较小的邻域内，开环系统存在的极限环消失，机翼摇晃非指令运动得到了有效抑制。在当迎角大于0.98 rad(约56.5°)后，系统发生分叉，由于该区域内唯一存在的零平衡解不稳定，所以闭环系统出现发散。

下述通过闭环仿真对闭环分支分析的结果进行验证。系统的初始状态与闭环分支分析保持一致，初始时刻给侧滑角和滚转角加入幅值分别为3°和4°的扰动，侧滑角和滚转角参考指令保持为零，给定斜率分别为1°/s，1.5°/s和2°/s的3种斜坡形式的迎角参考指令，在 C_Y，C_l，

C_n 中加入幅值分别为 0.005,0.01 和 0.005,频率均为 1 Hz 的正弦扰动信号,控制效果如图 3.32 ~ 图 3.35 所示。

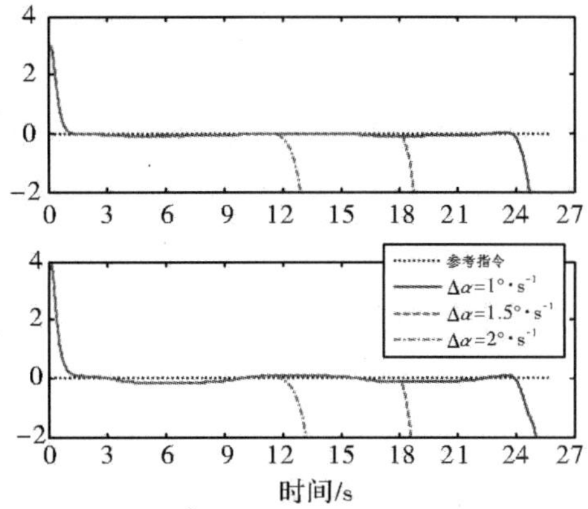

图 3.32　横侧向指令跟踪

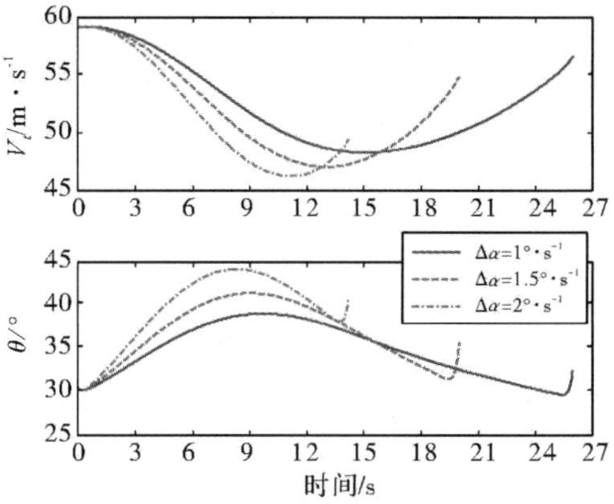

图 3.33　纵向状态响应

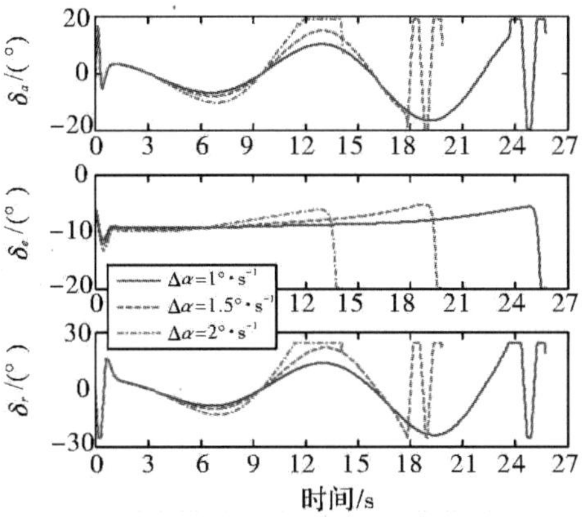

图 3.34　气动舵面偏转角度

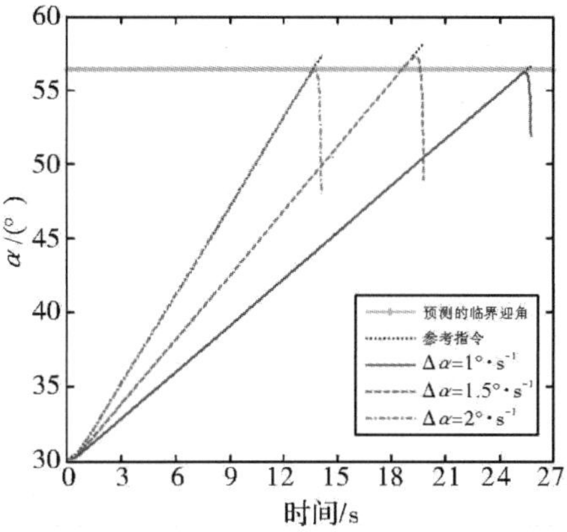

图 3.35　迎角指令跟踪

从图 3.32 ~ 图 3.35 中可以看出,侧滑角和滚转角在舵面达到饱和前均具有较好的指令跟踪效果。但是随着迎角的逐渐增加,实现侧滑角和滚转角稳定跟踪所需要的控制量逐渐增大,副翼和方向舵最终出现饱和,从而导致横侧向指令跟踪开始出现偏离。由于通道间耦合作用的影响,在副翼和方向舵出现饱和后很短的时间内,升降舵随即出现饱和,进而导致迎角跟踪也出现发散。在 3 种不同斜率条件下,迎角跟踪出现发散的位置与闭环分支分析预测的系统失稳对应的临界迎角相差均不超过 1°,这充分验证了闭环分支分析的有效性。此时,由于飞机处于大迎角飞行状态,气动舵面的操纵效率较低且舵面偏转受到限制,无法提供足够的控制能量,需要通过推力矢量系统提供辅助控制才能保证闭环系统的稳定性和控制性能。

3.8　小　　结

本章基于线性叠加原理建立了飞机的动力学模型,研究了机翼摇晃运动的预测与抑制。首先,从支撑迎角、振荡频率和运动历程等方面研究了单自由度大幅振荡和耦合振荡运动的气动特性。然后，利用线性叠加模型、单自由度大幅振荡试验数据和耦合振荡试验数据建立了耦合运动的气动模型。结果表明，与准定常叠加模型相比，在一定的机构偏转角范围内，非定常叠加模型能够有效反映耦合运动的气动特性，具有较好的适用性。随后，基于建立的耦合运动气动模型给出了飞机的动力学、推力矢量和作动器模型。最后，以机翼摇晃为例，研究了横侧向非指令运动的预测和抑制问题。研究表明，所建立的横侧向多自由度模型能够有效描述机翼摇晃运动，基于分支分析方法和突变控制器设计可以实现对机翼摇晃运动的准确预测和有效抑制。

第4章　基于参考模型的内回路鲁棒解耦控制

4.1　引　　言

在过失速机动过程中，飞机的气动力和力矩不仅线性度差，还会出现迟滞效应，其飞行动力学涉及大范围的非线性、非定常和强耦合特性。内回路处于闭环系统的最内环，建模误差和参数摄动的影响尤为突出，其解耦控制和鲁棒稳定性是整个飞行控制系统设计的基础。对于内回路而言，非线性和强耦合特性会增加飞机的操纵难度。过失速机动要求通过控制器设计消除非线性和耦合因素的影响，使内回路闭环系统具有较好的线性度和操纵稳特性[92-93]。本章针对过失速机动过程中存在的非线性和强耦合问题，提出一种内回路鲁棒解耦控制方法。在设计过程中保留各通道对应的气动阻尼力矩，利用参考模型设计标称控制器，然后针对气动力矩系数和推力存在的参数摄动进行鲁棒补偿，使闭环系统的传递函数逼近参考模型。

4.2　内回路控制模型

飞机内回路模型可以表示为

$$\dot{\omega} = -\boldsymbol{J}^{-1}\boldsymbol{S}(\omega)\boldsymbol{J}\omega + \boldsymbol{J}^{-1}(\boldsymbol{M}_{\mathrm{A}} + \boldsymbol{M}_{\mathrm{T}}) \tag{4.1}$$

式中：$\boldsymbol{\omega} = [p \quad q \quad r]^{\mathrm{T}}$ 表示绕机体轴的角速度；$\boldsymbol{M}_{\mathrm{A}}$，$\boldsymbol{M}_{\mathrm{T}}$ 分别为空气动力和推力矢量产生的力矩，$\boldsymbol{J}$ 和 $\boldsymbol{S}(\omega)$ 分别为惯量矩阵和 ω 的反对称矩阵，则有

$$\boldsymbol{J} = \begin{bmatrix} J_x & 0 & -J_{xz} \\ 0 & J_y & 0 \\ -J_{xz} & 0 & J_z \end{bmatrix},\quad \boldsymbol{S}(\omega) = \begin{bmatrix} 0 & -r & q \\ r & 0 & -p \\ -q & p & 0 \end{bmatrix}$$

气动力矩 $\boldsymbol{M}_{\mathrm{A}}$ 可以表示为力矩系数与飞行状态和气动舵偏角的乘积，则有

$$\boldsymbol{M}_{\mathrm{A}} = \boldsymbol{\Theta}_1(\boldsymbol{x})\varphi(\boldsymbol{x}) + \boldsymbol{\Theta}_2(\boldsymbol{x})\delta_{\mathrm{A}} \tag{4.2}$$

式中：$\boldsymbol{x}$ 表示飞行状态；$\varphi(\boldsymbol{x}) = [1 \quad \bar{p} \quad \bar{q} \quad \bar{r}]^{\mathrm{T}}$；$\boldsymbol{\delta}_{\mathrm{A}} = [\delta_a \quad \delta_e \quad \delta_r]^{\mathrm{T}}$，矩阵 $\boldsymbol{\Theta}_1(\boldsymbol{x})$，$\boldsymbol{\Theta}_2(\boldsymbol{x})$ 的表示形式为

$$\boldsymbol{\Theta}_1(\boldsymbol{x}) = QSL\begin{bmatrix} C_{l0} & C_{lp} & 0 & C_{lr} \\ C_{m0} + C_{Z0}d_x & 0 & C_{mq} + C_{Zq}d_x & 0 \\ C_{n0} - C_{Y0}d_x\bar{c}/b & C_{np} - C_{Yp}d_x\bar{c}/b & 0 & C_{nr} - C_{Yr}d_x\bar{c}/b \end{bmatrix}$$

$$\boldsymbol{\Theta}_2(\boldsymbol{x}) = QS\boldsymbol{L}\begin{bmatrix} C_{l\delta_a} & 0 & C_{l\delta_r} \\ 0 & C_{m\delta_e} + C_{Z\delta_e} d_x & 0 \\ C_{n\delta_a} - C_{Y\delta_a} d_x \bar{c}/b & 0 & C_{n\delta_r} - C_{Y\delta_r} d_x \bar{c}/b \end{bmatrix}$$

式中，$\boldsymbol{L} = \mathrm{diag}\{b, \bar{c}, b\}$。

由于发动机尾喷管的最大偏角为20°，在此范围内满足 $\sin\delta \approx \delta$，$\cos\delta \approx 1$，因此根据式(3.14)可知，发动机推力产生的力矩 $\boldsymbol{M}_{\mathrm{T}}$ 可以表示为

$$\boldsymbol{M}_{\mathrm{T}} \approx \begin{bmatrix} 0 & 0 & Ty_{\mathrm{T}}/2 & -Ty_{\mathrm{T}}/2 \\ 0 & 0 & -Tx_{\mathrm{T}} & -Tx_{\mathrm{T}} \\ -Tx_{\mathrm{T}} & -Tx_{\mathrm{T}} & 0 & 0 \end{bmatrix}\delta_{\mathrm{T}} = \boldsymbol{\Theta}_3(\boldsymbol{x})\delta_{\mathrm{T}} \tag{4.3}$$

式中：$\boldsymbol{\delta}_{\mathrm{T}} = [\delta_{yl} \quad \delta_{yr} \quad \delta_{zl} \quad \delta_{zr}]^{\mathrm{T}}$。

考虑气动力矩系数和推力存在的不确定性，相应的系数矩阵可以表示为

$$\boldsymbol{\Theta}_i(\boldsymbol{x}) = \bar{\boldsymbol{\Theta}}_i(\boldsymbol{x}) + \Delta\boldsymbol{\Theta}_i(\boldsymbol{x}, t),\ i = 1,2,3 \tag{4.4}$$

式中：t 为时间；$\bar{\boldsymbol{\Theta}}_i(\boldsymbol{x})$ 表示标称值；$\Delta\boldsymbol{\Theta}_i(\boldsymbol{x},t)$ 表示摄动值。

根据式(4.1)～式(4.4)可以将飞机内回路模型改写为

$$\dot{\omega} = \bar{\boldsymbol{f}}_\omega(\boldsymbol{x}) + \Delta\boldsymbol{f}_\omega(\boldsymbol{x},t) + [\bar{\boldsymbol{G}}_\omega(\boldsymbol{x}) + \Delta\boldsymbol{G}_\omega(\boldsymbol{x},t)]\boldsymbol{\delta} \tag{4.5}$$

式中：$\bar{\boldsymbol{f}}_\omega(\boldsymbol{x}) = -\boldsymbol{J}^{-1}\boldsymbol{S}(\omega)\boldsymbol{J}\omega + \boldsymbol{J}^{-1}\bar{\boldsymbol{\Theta}}_1(\boldsymbol{x})\varphi(\boldsymbol{x})$，$\Delta\boldsymbol{f}_\omega(\boldsymbol{x},t) = \boldsymbol{J}^{-1}\Delta\boldsymbol{\Theta}_1(\boldsymbol{x},t)\varphi(\boldsymbol{x})$，$\boldsymbol{\delta} = [\boldsymbol{\delta}_A^{\mathrm{T}} \quad \boldsymbol{\delta}_{\mathrm{T}}^{\mathrm{T}}]^{\mathrm{T}}$，$\bar{\boldsymbol{G}}_\omega(\boldsymbol{x}) = \boldsymbol{J}^{-1}[\bar{\boldsymbol{\Theta}}_2(\boldsymbol{x}), \bar{\boldsymbol{\Theta}}_3(\boldsymbol{x})]$，$\Delta\boldsymbol{G}_\omega(\boldsymbol{x},t) = \boldsymbol{J}^{-1}[\Delta\boldsymbol{\Theta}_2(\boldsymbol{x},t), \Delta\boldsymbol{\Theta}_3(\boldsymbol{x},t)]$。

4.3 控制结构框架

根据时标分离原理，飞行控制系统可以分解为内外回路分别进行设计。本章主要针对内回路存在的非线性和强耦合问题进行鲁棒解耦控制器设计，系统的控制结构如图4.1所示。图中，$\alpha_r, \beta_r, p_{sr}$ 为飞行员给定的参考指令，$\alpha_c, \beta_c, p_{sc}$ 表示经过预处理后的输入指令，$\boldsymbol{u}_{cm}, \boldsymbol{u}_{lin}, \boldsymbol{u}_{rm}$ 分别为力矩补偿指令、线性控制指令和鲁棒补偿指令，δ_c, δ 分别为执行机构偏转指令和实际偏转角度。

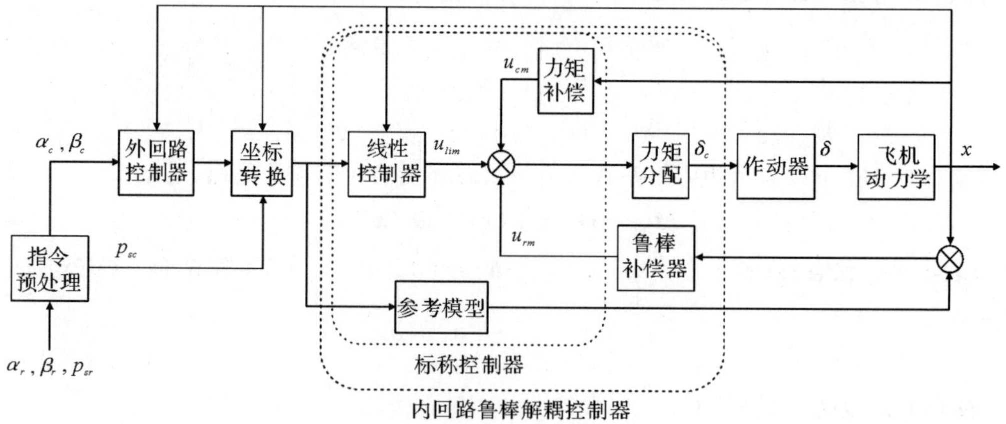

图4.1　内回路鲁棒解耦控制结构框图

控制系统由内、外回路控制器组成,外回路控制器采用动态逆方法设计,输入为气流角指令,输出为绕稳定轴的俯仰和偏航角速度指令,然后通过坐标转换得到绕机体轴的角速度指令。内回路控制器主要由力矩补偿模块、线性控制器、参考模型、鲁棒补偿器和力矩分配模块五部分组成。控制的流程为:首先,根据飞机当前的状态计算消除惯性耦合力矩、交叉耦合力矩和其他非线性气动力矩所需的控制量。其次,通过力矩补偿模块对其进行补偿。再次,针对补偿后的线性参数系统进行控制,利用参考模型确定线性控制器参数。最后,设计鲁棒补偿器对参数摄动引起的模型不确定性进行控制补偿,使标称控制器和飞机动力学组成的闭环系统传递函数逼近参考模型,从而保证飞机具有良好的操稳特性。

4.4　标称控制器设计

4.4.1　力矩补偿策略

根据图 4.1 可知,标称控制器的设计包括力矩补偿和线性控制器设计两部分。暂不考虑力矩分配问题,系统的标称模型可以表述为

$$\begin{aligned}\dot{\boldsymbol{\omega}} &= -\boldsymbol{J}^{-1}\boldsymbol{S}(\omega)\boldsymbol{J}\omega + \boldsymbol{J}^{-1}\overline{\boldsymbol{\Theta}}_1(\boldsymbol{x})\varphi(\boldsymbol{x}) - \overline{\boldsymbol{K}}(\boldsymbol{x})\omega + \overline{\boldsymbol{K}}(\boldsymbol{x})\omega + \boldsymbol{u}_{cm} + \boldsymbol{u}_{lin} = \\ &\boldsymbol{f}_0(\boldsymbol{x}) + \overline{\boldsymbol{K}}(\boldsymbol{x})\omega + \boldsymbol{u}_{cm} + \boldsymbol{u}_{lin}\end{aligned} \tag{4.6}$$

式中:$\boldsymbol{f}_0(\boldsymbol{x}) = \overline{\boldsymbol{f}}_\omega(\boldsymbol{x}) - \overline{\boldsymbol{K}}(\boldsymbol{x})\omega$ 表示需要进行补偿的相关力矩,包括惯性耦合力矩和交叉耦合力矩,$\overline{\boldsymbol{K}}(\boldsymbol{x}) = \mathrm{diag}\{\bar{k}_1, \bar{k}_2, \bar{k}_3\}$ 为 $\boldsymbol{K}(\boldsymbol{x})$ 的标称值,其中 $\bar{k}_1 = h_{11}\bar{l}_p + h_{13}\bar{n}_p$,$\bar{k}_2 = h_{22}\overline{m}_q$,$\bar{k}_3 = h_{31}\bar{l}_r + h_{33}\bar{n}_r$ 为各通道对应的阻尼系数,h_{ij},$i,j = 1,2,3$ 为惯量矩阵 $\boldsymbol{J}^{-1}$ 的第 i 行、第 j 列分量,$\bar{l}_p$,$\bar{n}_p$,$\overline{m}_q$,$\bar{l}_r$,$\bar{n}_r$ 的表示形式为

$$\begin{aligned}&\bar{l}_p = QSbC_{lp},\ \bar{n}_p = QSb(C_{np} - C_{Yp}d_x\bar{c}/b)\\ &\overline{m}_q = QS\bar{c}(C_{mq} + C_{Zq}d_x)\\ &\bar{l}_r = QSbC_{lr},\ \bar{n}_r = QSb(C_{nr} - C_{Yr}d_x\bar{c}/b)\end{aligned}$$

考虑到阻尼力矩反映了飞机本体固有的阻尼特性且具有线性特征,因此在力矩补偿过程中予以保留,则补偿力矩为

$$\boldsymbol{u}_{cm} = -\boldsymbol{f}_0(\boldsymbol{x}) = \boldsymbol{J}^{-1}\boldsymbol{S}(\omega)\boldsymbol{J}\omega - \boldsymbol{J}^{-1}\overline{\boldsymbol{\Theta}}_1(\boldsymbol{x})\varphi(\boldsymbol{x}) + \overline{\boldsymbol{K}}(\boldsymbol{x})\omega \tag{4.7}$$

由于标称矩阵 $\overline{\boldsymbol{\Theta}}_1(\boldsymbol{x})$,$\overline{\boldsymbol{K}}(\boldsymbol{x})$ 可以根据模型计算得到,因此通过力矩补偿可以抵消惯性耦合力矩和交叉耦合力矩对系统的影响,当飞机进行过失速机动时,在执行机构不出现饱和的情况下可以有效消除各通道间的强耦合作用。

由式(4.6) 和式(4.7),可得

$$\dot{\omega} = \overline{\boldsymbol{K}}(\boldsymbol{x})\omega + \boldsymbol{u}_{lin} \tag{4.8}$$

常规动态逆方法通过非线性补偿得到一个理想的积分系统,即 $\dot{\omega} = \boldsymbol{u}_{lin}$,而由式(4.8) 可知,当保留阻尼力矩项时,相对应地得到一个一阶惯性环节。该惯性环节保留了系统固有的阻

尼特性，以 $\boldsymbol{u}_{lin}$ 为控制量可以进一步设计线性控制器保证系统具有良好的闭环控制性能。

4.4.2 线性控制器设计

当线性控制器采用比例控制时，系统的闭环传递函数稳态增益不等于 1，角速度对参考指令的跟踪存在稳态误差。因此考虑加入误差的积分项，即线性控制器采用“比例 + 积分”形式，则控制力矩 $\boldsymbol{u}_{lin}$ 为

$$\boldsymbol{u}_{lin}=\boldsymbol{K}_{\mathrm{P}}(\omega_{\mathrm{c}}-\omega)+\boldsymbol{K}_{\mathrm{I}}\int_0^t(\omega_{\mathrm{c}}-\omega)\mathrm{d}\tau \tag{4.9}$$

式中：$\boldsymbol{\omega}_{\mathrm{c}}=[p_{\mathrm{c}}\quad q_{\mathrm{c}}\quad r_{\mathrm{c}}]^{\mathrm{T}}$ 为角速度输入指令，$\boldsymbol{K}_{\mathrm{P}}=\mathrm{diag}\{k_{\mathrm{P1}},k_{\mathrm{P2}},k_{\mathrm{P3}}\}$，$\boldsymbol{K}_{\mathrm{I}}=\mathrm{diag}\{k_{\mathrm{I1}},k_{\mathrm{I2}},k_{\mathrm{I3}}\}$ 分别为比例和积分系数，且满足 $k_{Pi},k_{Ii}>0$。

将式(4.9) 代入式(4.8) 中，进行 Laplace 变换得到系统的传递函数为

$$\boldsymbol{G}(s)=\frac{\omega(s)}{\omega_{\mathrm{c}}(s)}=\mathrm{diag}\{G_1(s),G_2(s),G_3(s)\} \tag{4.10}$$

式中：$G_i(s)=\dfrac{k_{Pi}s+k_{Ii}}{s^2+(k_{Pi}-\bar{k}_i)s+k_{Ii}}$，$i=1,2,3$。

根据式(4.10) 可知，通过调整比例系数和积分系数，可以使系统具有良好的控制效果。但是考虑到线性控制器的参数整定过程较为繁琐，因此根据参考模型直接确定比例系数和积分系数。为了使角速度的跟踪效果达到较高的飞行品质要求，选取理想的二阶参考模型，则有

$$G_i^c(s)=\frac{\omega_{ni}^2}{s^2+2\zeta_i\omega_{ni}s+\omega_{ni}^2},\ i=1,2,3 \tag{4.11}$$

式中：ζ_i,ω_{ni} 分别为阻尼比和自然角频率。

由于线性控制器中含有积分环节，系统各通道的传递函数带有附加零点。因此，为了与式(4.10) 中的传递函数形式相匹配，对式(4.11) 进行修改，得到用于线性控制器设计的参考模型为

$$G_i^r(s)=\frac{\tau_i s+\omega_{\mathrm{n}i}^2}{s^2+2\zeta_i\omega_{\mathrm{n}i}s+\omega_{\mathrm{n}i}^2},\ i=1,2,3 \tag{4.12}$$

式中：τ_i 表示与零点相关的设计参数。如果给定参考模型的阻尼比和自然角频率，通过对比式(4.10) 和式(4.12) 可以确定线性控制器的比例和积分系数：

$$k_{\mathrm{P}i}=2\zeta_i\omega_{\mathrm{n}i}+\bar{k}_i,\ k_{\mathrm{I}i}=\omega_{\mathrm{n}i}^2 \tag{4.13}$$

4.4.3 阻尼项的影响分析

与传统动态逆方法相比，保留阻尼项的设计方法由于采用了“比例 + 积分”形式的线性控制器，相当于在闭环传递函数中引入了附加零点，下面从频域和时域两方面对附加零点的影响进行分析。

(1) 频域影响分析。由式(4.10)、式(4.12) 和式(4.13) 可得

$$\tau_i=k_{\mathrm{P}i}=2\zeta_i\omega_{\mathrm{n}i}+\bar{k}_i \tag{4.14}$$

根据式(4.14)可以进一步确定参考模型的零点，则有

$$s_{\mathrm{zero},i}=-\frac{\omega_{\mathrm{n}i}^2}{2\zeta_i\omega_{\mathrm{n}i}+\bar{k}_i} \tag{4.15}$$

考虑到 $k_{\mathrm{P}i}=2\zeta_i\omega_{\mathrm{n}i}+\bar{k}_i>0$，因此该零点位于 s 域的左半平面，即附加零点的引入不会产生非最小相位问题。

(2) 时域影响分析。将式(4.12)拆分可得

$$G_i^r(s)=G_i^c(s)+T_{zi}sG_i^c(s) \tag{4.16}$$

式中：$T_{zi}=\tau_i/\omega_{\mathrm{n}i}^2$。

令

$$\omega_1(s)=\mathrm{diag}\{G_1^c(s),G_2^c(s),G_3^c(s)\}\omega_{\mathrm{c}}(s) \tag{4.17}$$

则有

$$\omega(s)=\mathrm{diag}\{G_1^r(s),G_2^r(s),G_3^r(s)\}\omega_c(s)=\omega_1(s)+\mathrm{diag}\{T_{z1},T_{z2},T_{z3}\}s\omega_1(s) \tag{4.18}$$

对式(4.18)进行 Laplace 逆变换可得

$$\omega(t)=\omega_1(t)+\mathrm{diag}\{T_{z1},T_{z2},T_{z3}\}\dot{\omega}_1(t) \tag{4.19}$$

式中：$\omega_1(t)$ 为理想参考模型对输入指令的状态响应，系统的实际状态响应相当于在 $\omega_1(t)$ 的基础上叠加了 $\omega_1(t)$ 的导数成分[163]。因此 T_{zi} 越小，$\dot{\omega}_1(t)$ 对 $\omega(t)$ 的影响就越小，系统的状态响应就越接近于 $\omega_1(t)$，即由标称控制器和飞机动力学组成的闭环系统越接近于理想的参考模型。

4.5　鲁棒补偿器设计

本节在标称控制的基础上进一步考虑气动力矩系数和推力存在参数摄动的情况，通过设计鲁棒补偿器实现对不确定性的控制补偿。在设计过程中采用传统设计思路，将非定常气动效应归入气动力矩系数摄动中进行统一处理。考虑到实际系统的能量均为有限值，参数摄动的幅值和变化速度均受到能量的限制。因此，针对参数摄动引起的模型不确定性，给出以下假设。

假设 4.1[164]　由气动力矩系数和推力不确定性引起的相关矩阵摄动满足：

$$\Delta\boldsymbol{\Theta}_i(\boldsymbol{x},t)=\sigma_{\boldsymbol{\Theta}_i}(t)\overline{\boldsymbol{\Theta}}_i(\boldsymbol{x}),\ i=1,2,3$$

式中，$\sigma_{\boldsymbol{\Theta}_i}(t)$ 为摄动值相对于标称值的偏差函数，即 $\sigma_i(t)=\eta_i\sin(\omega_i t)\mathrm{e}^{\xi_i t}$，$i=\boldsymbol{\Theta}_1,\boldsymbol{\Theta}_2,\boldsymbol{\Theta}_3$，$\eta_i$ 为摄动的最大幅值，满足 $\eta_i\leqslant 1$，ω_i 为摄动的变化频率，$\xi_i<0$ 表示摄动幅值的衰减速度。通过改变 η_i，ω_i 和 ξ_i 的取值，$\Delta\boldsymbol{\Theta}_i(\boldsymbol{x},t)$ 可以模拟常值摄动和高频扰动等多种形式的模型不确定性。在下述设计过程中，假设参数摄动的最大幅值保持不变($\xi_i=0$)，ω_i 则根据内回路带宽进行选取。

为了实现对参数摄动的有效抑制，在标称控制的基础上增加鲁棒补偿器，则式(4.6)可以表示为

$$\dot{\boldsymbol{\omega}}=\boldsymbol{f}_0(\boldsymbol{x})+\boldsymbol{J}^{-1}\Delta\boldsymbol{\Theta}_1(\boldsymbol{x},t)\varphi(\boldsymbol{x})+\overline{\boldsymbol{K}}(\boldsymbol{x})\omega+[\overline{\boldsymbol{G}}_\omega(\boldsymbol{x})+\Delta\boldsymbol{G}_\omega(\boldsymbol{x},t)]\overline{\boldsymbol{G}}_\omega^+(\boldsymbol{x})(\boldsymbol{u}_{cm}+\boldsymbol{u}_{lin}+\boldsymbol{u}_{rm}) \tag{4.20}$$

式中：$\overline{\boldsymbol{G}}_\omega^+(\boldsymbol{x})$ 为 $\overline{\boldsymbol{G}}_\omega(\boldsymbol{x})$ 的伪逆矩阵。

为了简化鲁棒补偿器设计，考虑 $\sigma_{\Theta_2}(t)=\sigma_{\Theta_3}(t)$，根据式(4.5)，则有

$$\Delta\boldsymbol{G}_\omega(\boldsymbol{x},t)=\sigma_{\boldsymbol{\Theta}_2}(t)\boldsymbol{J}^{-1}[\overline{\boldsymbol{\Theta}}_2(\boldsymbol{x}),\overline{\boldsymbol{\Theta}}_3(\boldsymbol{x})]=\sigma_{\boldsymbol{\Theta}_2}(t)\overline{\boldsymbol{G}}_\omega(\boldsymbol{x}) \tag{4.21}$$

将式(4.7)、式(4.9)和式(4.21)代入式(4.20)，可得

$$\dot{\omega}=\overline{\boldsymbol{K}}(\boldsymbol{x})\omega+\boldsymbol{K}_\mathrm{P}(\omega_\mathrm{c}-\omega)+\boldsymbol{K}_\mathrm{I}\int_0^t(\omega_c-\omega)\mathrm{d}\tau+\boldsymbol{u}_{rm}+\boldsymbol{\Delta} \tag{4.22}$$

式中：$\boldsymbol{\Delta}$ 为模型不确定性，表示形式为

$$\boldsymbol{\Delta}=[\Delta_1\quad\Delta_2\quad\Delta_3]^\mathrm{T}=\sigma_{\boldsymbol{\Theta}_1}(t)\boldsymbol{J}^{-1}\overline{\boldsymbol{\Theta}}_1(\boldsymbol{x})\varphi(\boldsymbol{x})+\sigma_{\boldsymbol{\Theta}_2}(t)(\boldsymbol{u}_{cm}+\boldsymbol{u}_{lin}+\boldsymbol{u}_{rm}) \tag{4.23}$$

根据假设4.1可知，$\sigma_{\boldsymbol{\Theta}_1}(t)$，$\sigma_{\boldsymbol{\Theta}_2}(t)$ 均为有界函数，气动力矩和推力摄动引起的模型不确定性有界。因此，假设 $\Delta_i<\rho_i$，$i=1,2,3$，其中 $\rho_i>0$ 表示各通道的不确定性上界。由式(4.23)可知，$\varphi(x)$ 为已知量，$\overline{\boldsymbol{\Theta}}_1(\boldsymbol{x})$ 可以通过模型计算得到，因此，根据前一周期的力矩指令 $\boldsymbol{u}_{cm}$，$\boldsymbol{u}_{lin}$，$\boldsymbol{u}_{rm}$ 可以近似估计得到 ρ_1，ρ_2，ρ_3。

由式(4.12)可知，内回路的期望动态为

$$\dot{\omega}_\mathrm{d}=\overline{\boldsymbol{K}}(\boldsymbol{x})\boldsymbol{\omega}_\mathrm{d}+\boldsymbol{K}_\mathrm{P}(\omega_\mathrm{c}-\omega_\mathrm{d})+\boldsymbol{K}_\mathrm{I}\int_0^t(\omega_\mathrm{c}-\omega_\mathrm{d})\mathrm{d}\tau \tag{4.24}$$

式中：$\omega_\mathrm{d}=[p_\mathrm{d}\quad q_\mathrm{d}\quad r_\mathrm{d}]^\mathrm{T}$ 为期望的角速度响应，系统的初始状态满足 $\omega_\mathrm{d}(0)=\omega_\mathrm{c}(0)$。

根据式(4.22)和式(4.24)可知，角速度误差系统动态满足：

$$\dot{\omega}_\mathrm{e}=-[\boldsymbol{K}_\mathrm{P}-\overline{\boldsymbol{K}}(\boldsymbol{x})]\omega_\mathrm{e}-\boldsymbol{K}_\mathrm{I}\int_0^t\omega_\mathrm{e}\mathrm{d}\tau+\boldsymbol{u}_{rm}+\boldsymbol{\Delta} \tag{4.25}$$

式中：$\omega_\mathrm{e}=\omega-\omega_\mathrm{d}$ 表示实际角速度与期望角速度之间的误差。

设计鲁棒补偿指令 $\boldsymbol{u}_{rm}$，则有

$$\boldsymbol{u}_{rm}=[\boldsymbol{K}_\mathrm{P}-\overline{\boldsymbol{K}}(\boldsymbol{x})-\boldsymbol{C}]\omega_\mathrm{e}+\boldsymbol{K}_\mathrm{I}\int_0^t\omega_\mathrm{e}\mathrm{d}\tau-\mathrm{Tanh}(\omega_e)\boldsymbol{\varepsilon} \tag{4.26}$$

式中：$\boldsymbol{C}=\mathrm{diag}\{c_1,c_2,c_3\}$，$c_i>0$，$i=1,2,3$；$\boldsymbol{\varepsilon}=[\varepsilon_1\quad\varepsilon_2\quad\varepsilon_3]^\mathrm{T}$，$\varepsilon_i\geqslant\rho_i$；$\boldsymbol{\omega}_\mathrm{e}=[p_\mathrm{e}\quad q_\mathrm{e}\quad r_\mathrm{e}]^\mathrm{T}$，$\mathrm{Tanh}(\omega_\mathrm{e})=\mathrm{diag}\{\tanh(p_e/\varepsilon_1),\tanh(q_e/\varepsilon_2),\tanh(r_e/\varepsilon_3)\}$。

定义 Lyapunov 函数 $V=\boldsymbol{\omega}_\mathrm{e}^\mathrm{T}\boldsymbol{\omega}_\mathrm{e}/2$，根据式(4.25)、式(4.26)和引理3.1可得

$$\begin{aligned}\dot{V}=\boldsymbol{\omega}_\mathrm{e}^\mathrm{T}\dot{\boldsymbol{\omega}}_\mathrm{e}=\boldsymbol{\omega}_e^\mathrm{T}[-\boldsymbol{C}\boldsymbol{\omega}_e-\mathrm{Tanh}(\boldsymbol{\omega}_e)\boldsymbol{\varepsilon}+\boldsymbol{\Delta}]\leqslant-\boldsymbol{\omega}_e^\mathrm{T}\boldsymbol{C}\boldsymbol{\omega}_e-k_0\boldsymbol{\omega}_e^\mathrm{T}\boldsymbol{\varepsilon}\\ \leqslant-\left[\lambda_{\min}(\boldsymbol{C})-\frac{k_0}{2}\right]\|\boldsymbol{\omega}_e\|^2+\frac{k_0}{2}\|\boldsymbol{\varepsilon}\|^2\end{aligned} \tag{4.27}$$

根据 Lyapunov 稳定性定理可知，通过选择合适的增益矩阵 $\boldsymbol{C}$ 可以使角速度响应误差渐近收敛到零附近较小的邻域内。因此，通过对参数摄动引起的模型不确定性进行鲁棒补偿，可以使内回路闭环系统的传递函数逼近参考模型。

力矩分配模块采用伪逆法进行设计，气动舵面和发动机尾喷管的偏转指令可以表示为

$$\delta_c=\overline{\boldsymbol{G}}_\omega^+(\boldsymbol{x})(\boldsymbol{u}_{cm}+\boldsymbol{u}_{lin}+\boldsymbol{u}_{rm}) \tag{4.28}$$

考虑到当 $\alpha\geqslant55°$ 时气动舵面的操纵效率基本上维持在较低水平，因此在控制分配过程中，当 $\alpha\geqslant55°$ 时将气动舵面强制置于中立位置，只通过推力矢量进行控制，此时发动机尾喷管的偏转指令可以表示为

$$\delta_{Tc}=[\boldsymbol{J}^{-1}\overline{\boldsymbol{\Theta}}_3(\boldsymbol{x})]^+(\boldsymbol{u}_{cm}+\boldsymbol{u}_{lin}+\boldsymbol{u}_{rm}) \tag{4.29}$$

4.6　仿真结果分析

4.6.1　标称控制仿真分析

如果在力矩补偿过程中抵消阻尼项，线性控制器同样采用“比例＋积分”形式，且仍然利用与式(4.12)具有相同极点的参考模型确定线性控制器参数，则有

$$k'_{\mathrm{P}i}=2\zeta_i\omega_{\mathrm{n}i},\ k'_{\mathrm{I}i}=\omega_{\mathrm{n}i}^2,\ i=1,2,3 \tag{4.30}$$

闭环系统的参考模型可以表示为

$$G'_i(s)=\frac{2\zeta_i\omega_{\mathrm{n}i}s+\omega_{\mathrm{n}i}^2}{s^2+2\zeta_i\omega_{\mathrm{n}i}s+\omega_{\mathrm{n}i}^2},\ i=1,2,3 \tag{4.31}$$

在仿真过程中，选择相同的阻尼比和自然角频率使各通道的参考模型具有相同的极点。由于飞行状态可以精确测量得到，经过力矩补偿后的标称系统为线性解耦系统，滚转、俯仰和偏航 3 个通道具有相似的特性。为了比较设计过程中保留与抵消阻尼项两种情况下的控制能量消耗，根据能量、力矩与角速度的关系定义控制能量指标[165]如下：

$$E=\int_0^{t_f}(|L_c||\Delta p|+|M_c||\Delta q|+|N_c||\Delta r|)\mathrm{d}t \tag{4.32}$$

式中：t_f 表示仿真结束时刻；L_c，M_c，N_c 分别为滚转、俯仰和偏航通道的控制力矩；Δp，Δq，Δr 分别为各个控制周期内的滚转、俯仰和偏航角速度变化量。

在 $H=2\ 000$ m 条件下，分别选取 $\alpha=7.5°,27.5°,47.5°,67.5°$ 作为配平状态，得到 4 个配平点的参数见表 4.1。由于配平条件为水平直线飞行，横侧向配平状态均为零，因此表中只给出了纵向配平参数。由于 A，B 两点的配平迎角较小，配平时不需要推力矢量，故对应的 δ_z 为零。

表 4.1　配平点参数

配平点	α/(°)	V_t/(m·s^{-1})	δ_e/(°)	δ_z/(°)	δ_{th}	$\bar{k}_1$	$\bar{k}_2$	$\bar{k}_3$
A	7.5	139.50	−3.43	0	0.18	−2.16	−0.90	−0.30
B	27.5	67.40	−8.13	0	0.57	−0.69	−0.47	−0.21
C	47.5	43.69	0.56	−0.34	0.70	−0.39	−0.36	−0.20
D	67.5	34.98	−6.26	−0.58	0.84	−0.17	−0.20	−0.03

当参考模型的阻尼比取 0.7，自然角频率取 6 rad/s 时，在滚转、俯仰和偏航通道均给定幅值为10°/s 的阶跃参考指令，其中滚转通道的频域和时域响应如图 4.2 和图 4.3 所示，4 个配平点处的控制能量消耗如图 4.4 所示。

由于抵消阻尼项时系统的传递函数与只与阻尼比和自然角频率有关，因此四个配平点处的频域响应和时域响应均相同。由图 4.2 和图 4.3 可知，当保留阻尼项时，相角裕度增大，系统

的稳定性增强，在时域中则表现为上升时间增加，超调量减小。这是由于在保留阻尼项的设计过程中，附加零点的引入使得闭环系统具有相对较大的阻尼比。由图 4.4 可知，在力矩补偿过程中保留阻尼项可以在一定程度上减小控制能量消耗。由于无须对各通道对应的气动阻尼力矩进行补偿，控制力矩较小，而且由于闭环系统具有较高的阻尼比，对于同样的参考输入指令，角速度响应的幅度更小(见图 4.3)，因此根据式(4.32) 可知，保留阻尼项的设计方法可以有效减小控制能量消耗，这对于过失速机动是非常有利的。

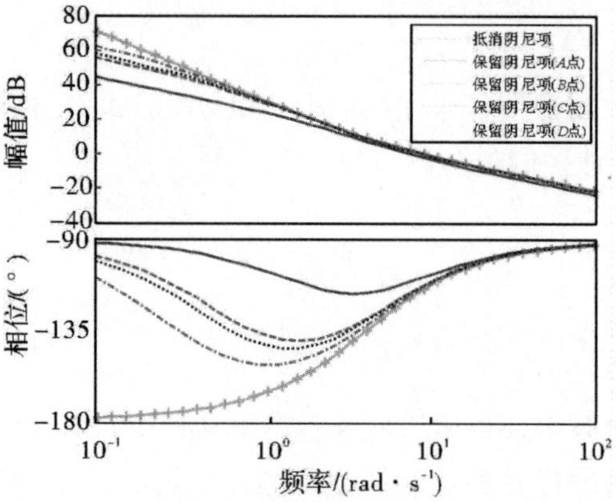

图 4.2　频域响应曲线

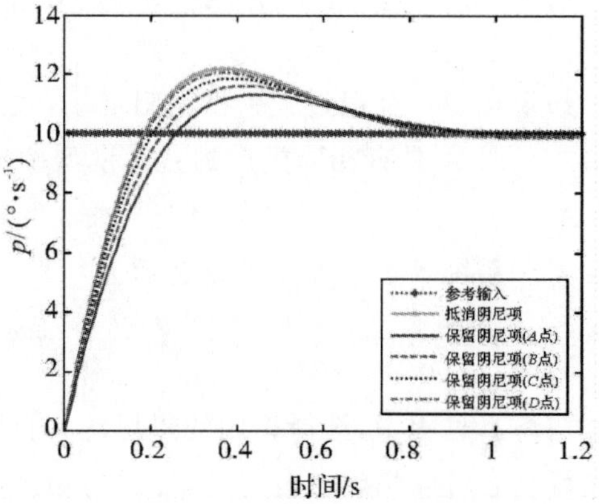

图 4.3　阶跃响应曲线

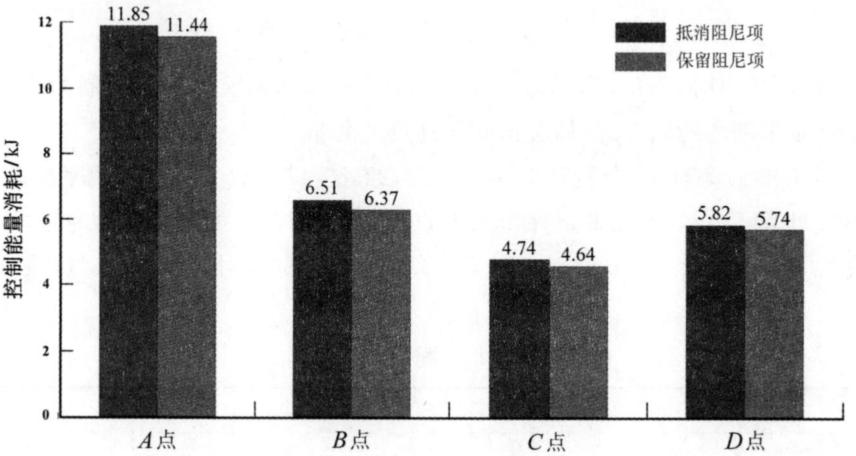

图 4.4　控制能量消耗对比

4.6.2　鲁棒性仿真分析

在控制系统设计过程中，外回路控制器采用动态逆方法设计，内回路控制器采用所提出的鲁棒解耦控制方法设计。为了考察鲁棒解耦控制方法的过失速机动控制性能，采用 Herbst 机动进行仿真验证。侧滑角参考指令保持为零，给定迎角和绕稳定轴滚转角速度参考指令[166]如下：

$$\alpha_r(t)=\begin{cases}[37.5-30\cos(0.33t)]\dfrac{\pi}{180}, & t<9.54\\ \dfrac{67.5\,\pi}{180}, & 9.54\leqslant t<15.9\\ \{46.5-21\cos[0.31(t-5.76)]\}\dfrac{\pi}{180}, & t\geqslant 15.9\end{cases} \tag{4.33}$$

$$p_{sr}(t)=51.5\,\frac{\pi}{180}e^{-\frac{(t-12.72)^2}{2.8}} \tag{4.34}$$

为了验证控制器的鲁棒性，在气动力矩系数和推力中加入参数摄动，表 4.2 给出了参数摄动的幅值和频率。首先在相关矩阵中加入表 4.2 中的第一种摄动，选择表 4.1 中的 A 点作为初始状态，仿真步长取 10 ms，各通道的参考模型保持不变，鲁棒补偿器参数为 $\boldsymbol{C}=\mathrm{diag}\{5,8,5\}$，指令跟踪效果如图 4.5 和图 4.6 所示。

表 4.2　气动力矩系数和推力相关矩阵摄动

编　号	摄动幅值 /(%)			摄动频率 (rad・s^{-1})		
	σ_{Θ_1}	σ_{Θ_2}	σ_{Θ_3}	σ_{Θ_1}	σ_{Θ_2}	σ_{Θ_3}
1	30	10	10	4	3	3
2	60	20	20	7	5	5

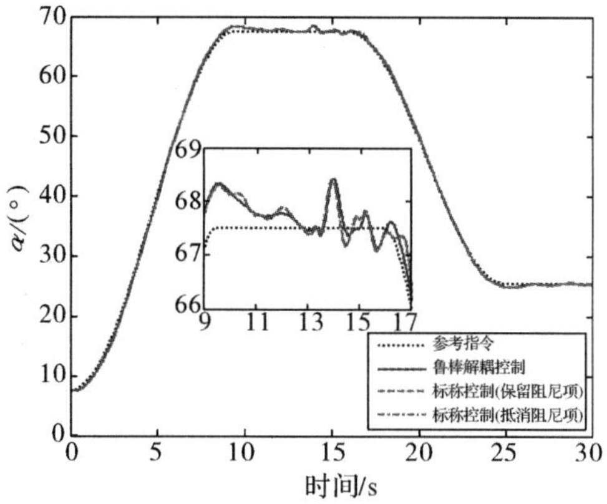

图 4.5　迎角指令跟踪曲线(摄动一)

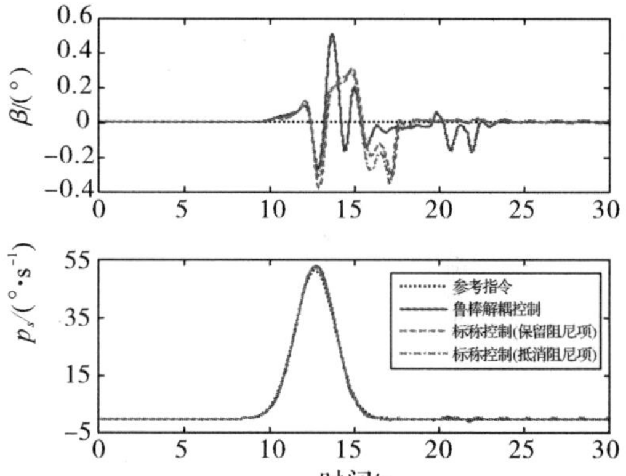

图 4.6　横侧向指令跟踪曲线(摄动一)

从图中 4.5 和图 4.6 可以看出，由于受到参数摄动的影响，系统的状态响应出现了小幅振荡，但是 3 种控制器均能实现对参考输入指令的有效跟踪，对于较小幅度和较低频率的参数摄动具有一定的鲁棒性。

为了进一步验证控制器的鲁棒性，适当增加参数摄动的幅值和频率，加入表 4.2 中的第二种参数摄动，其余控制参数保持不变，指令跟踪效果如图 4.7 和图 4.8 所示，其中鲁棒解耦控制方法的过失速机动控制效果如图 4.9 ~ 图 4.13 所示。

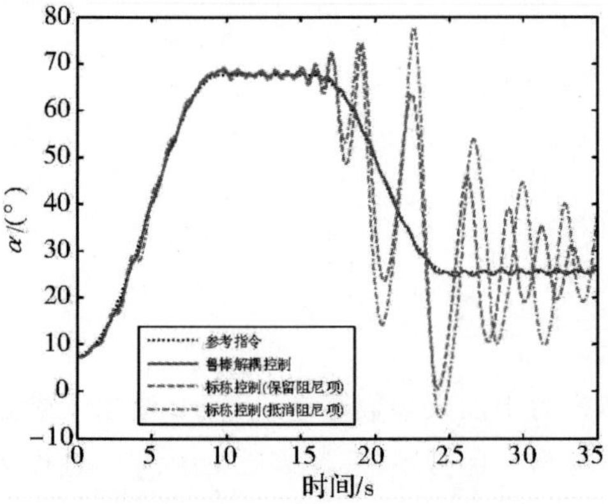

图 4.7　迎角指令跟踪曲线(摄动二)

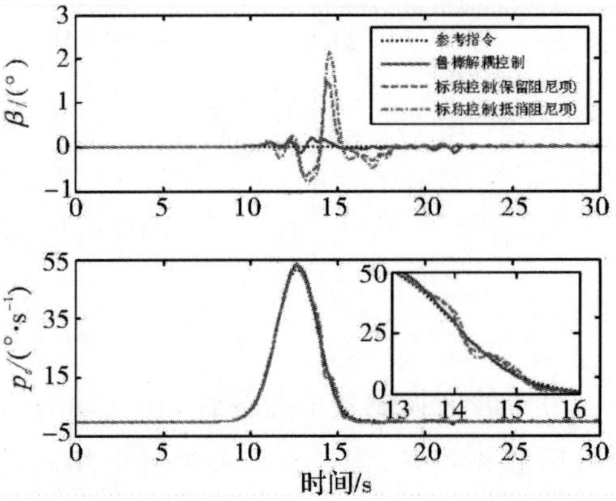

图 4.8　横侧向指令跟踪曲线(摄动二)

由图 4.7 和图 4.8 可知，对于较大幅度和较高频率的参数摄动，标称控制的效果明显恶化，迎角指令的跟踪出现了剧烈振荡。当采用保留阻尼项的标称控制器时，由于闭环系统具有较大的阻尼比，跟踪误差的收敛速度相对较快。当加入鲁棒补偿器后，控制效果明显改善，振荡幅度大幅减小，系统能够较好地跟踪参考指令，这充分说明所提出的鲁棒解耦控制方法对于参数摄动具有较强的鲁棒性。

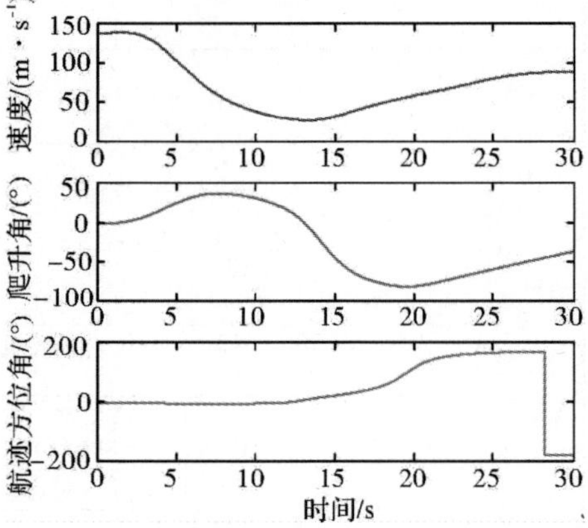

4.9　速度、爬升角和航迹方位角变化曲线

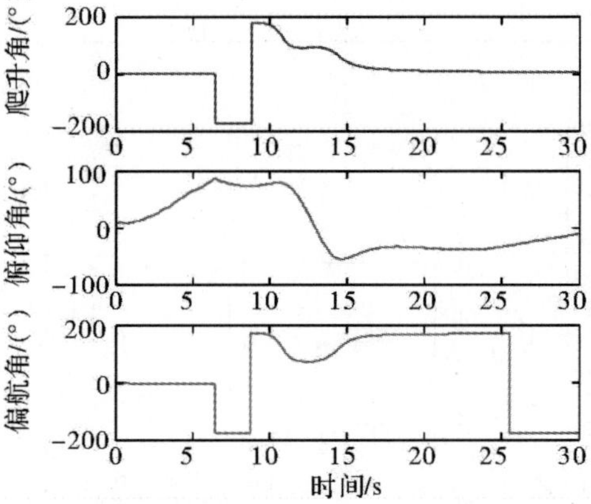

图 4.10　姿态角变化曲线

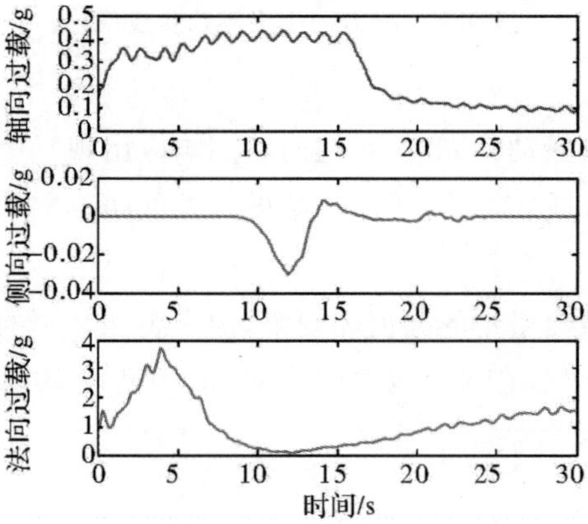

图 4.11　过载变化曲线

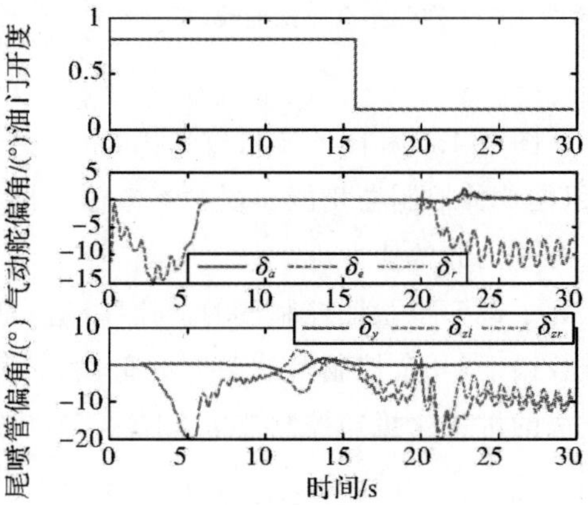

图 4.12　油门开度与执行机构偏转角度

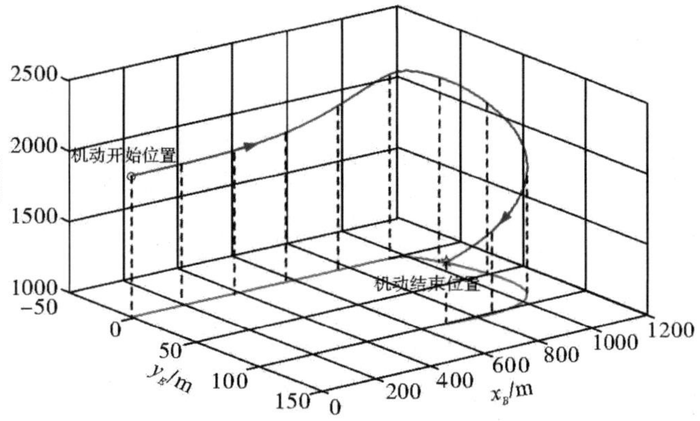

图 4.13　Herbst 机动三维轨迹

从图 4.9 和图 4.13 中可以看出，飞机在 12 s 左右开始转弯，经过大约 16 s 航迹方位角增大到180°，飞行方向完成180°转向，由于航迹方位角范围为[−180°，180°]，因此当角度超过180°时会发生360°跳变。同理，由于俯仰角范围为[−90°，90°]，当解算得到的俯仰角超过该范围时，滚转角和偏航角会相应地发生180°跳变。在 Herbst 机动过程中，机体 3 个轴的过载始终处于飞行员可以承受的合理范围内。在前 16 s 内，由于飞机需要快速爬升到大迎角并进行滚转机动，因此发动机油门开度增加到 0.8 以提供足够的推力和俯仰 / 滚转控制力矩。在俯仰机动过程中，尾喷管纵向偏转角度出现了饱和，但是由于饱和持续时间很短，迎角跟踪误差的变化很小。值得注意的是，在俯仰机动过程中迎角的变化对横侧向通道的影响很小，横侧向操纵面的偏转角度几乎为零；在滚转机动过程中，从 δ_{zl} 和 δ_{zr} 的变化曲线可以看出，纵向通道的控制力矩变化较小，这说明通过力矩补偿能够有效消除通道间的耦合，从而实现解耦控制。

4.7　小　　结

本章针对过失速机动过程中存在的非线性和强耦合问题，研究了基于参考模型的内回路鲁棒解耦控制方法。该方法在力矩补偿过程中，保留了反映飞机本体固有阻尼特性的气动阻尼力矩，基于参考模型对线性控制器的参数进行整定，在此基础上加入鲁棒补偿器补偿系统的不确定性。该方法实现了系统动态性能的设计和模型不确定性的鲁棒补偿相分离，简化了控制结构。研究结果表明，该方法能够在一定程度上降低控制能量消耗且具有较强的鲁棒性，可以使飞机在较大幅度和频率的参数摄动条件下实现 Herbst 机动。

第5章　基于不确定性估计与补偿的鲁棒约束控制

5.1　引　　言

战斗机在过失速机动过程中遇到的非定常气动效应、模型不确定和执行机构饱和等问题，给飞行控制系统设计带来了很大挑战。首先，对于非定常气动效应而言，由于建模难度较大，为了回避该问题，在控制律设计过程中通常的做法是将非定常气动效应当作建模误差，与参数摄动和外界干扰等作为模型不确定性统一处理。该方法能够在一定程度上简化控制器设计，但是在已经建立了非定常气动模型的情况下，该方法难免会造成控制系统设计的保守性。为此，本章将非定常气动效应和其他模型不确定性分开处理，基于不确定等价自适应方法实现对非定常气动状态观测。其次，对于执行机构饱和问题，为了使控制系统在抑制饱和影响的同时具备较强的鲁棒性，通过构造辅助系统和 sigmoid 函数近似的方法实现对执行机构位置和速率饱和的补偿。

5.2　基于浸入与不变流形的自适应控制

对于传统的基于确定等价关系的自适应控制而言，即便在估计误差收敛到零以后，当系统受到扰动时估计值仍然会偏离真实值，闭环系统的控制性能始终受外界扰动的影响。然而，基于不确定等价关系的自适应控制却可以避免上述问题。该方法是由 Astolfi 等人基于流形吸引性概念提出的一种新的非线性自适应控制方法，其核心是浸入与不变流形（Immersion and Invariance，I&I）理论[167-168]。近年来，该方法以其显著的自适应性能赢得了广泛的关注，并逐渐在飞行控制[169-171]、机电系统控制[172]和机器人控制[173]等领域得到应用。基于I&I理论的自适应控制与传统自适应控制的区别在于其估计值包括动态更新值和非线性函数两部分，可以为自适应律的设计提供一定的灵活性；而且当系统的轨迹浸入不变吸引流形后，闭环系统具有确定的控制性能，不受外界干扰等因素的影响[174]。

为了便于阐述，首先介绍基于I&I理论的系统稳定方法。该方法通过选择浸入映射使原系统的轨迹成为目标系统在该映射下的像，然后设计控制律使目标系统的像为不变吸引流形，从而保证原系统的稳定性。该方法可以表述为下述定理。

定理 5.1[168]　考虑非线性系统

$$\dot{\boldsymbol{x}} = f(\boldsymbol{x}) + \boldsymbol{g}(\boldsymbol{x})\boldsymbol{u} \tag{5.1}$$

式中：$\boldsymbol{x} \in \mathbb{R}^n$ 为状态，$\boldsymbol{u} \in \mathbb{R}^m$ 为控制输入。控制的目标是实现系统镇定，即设计状态反馈控制律 $\boldsymbol{u} = \upsilon(\boldsymbol{x})$ 使 $\boldsymbol{x}_*$ 为闭环系统的渐近稳定平衡点。假设存在光滑映射 $\alpha(\cdot): \mathbb{R}^p \to \mathbb{R}^p$，$\pi(\cdot): \mathbb{R}^p \to \mathbb{R}^n$，$c(\cdot): \mathbb{R}^n \to \mathbb{R}^m$，$\varphi(\cdot): \mathbb{R}^n \to \mathbb{R}^{n-p}$ 和 $\upsilon(\cdot): \mathbb{R}^{n\times(n-p)} \to \mathbb{R}^m$，其中，$p < n$ 使得以下条件成立：

(a) 存在目标系统 $\dot{\xi} = \alpha(\xi)$，$\xi \in \mathbb{R}^p$，其渐近稳定平衡点 ξ_* 满足 $\boldsymbol{x}_* = \pi(\xi_*)$。

(b) 对于所有 $\xi \in \mathbb{R}^p$，浸入条件 $\boldsymbol{f}[\pi(\xi)] + \boldsymbol{g}[\pi(\xi)]\boldsymbol{c}[\pi(\xi)] = \partial\pi/\partial\xi\alpha(\xi)$ 均成立。

(c) 存在 $\xi \in \mathbb{R}^p$ 和流形 M，满足 $M = \{\boldsymbol{x} \in \mathbb{R}^n \mid \varphi(\boldsymbol{x}) = \boldsymbol{0}\} = \{\boldsymbol{x} \in \mathbb{R}^n \mid x = \pi(\xi)\}$。

(d) 系统 $\dot{\boldsymbol{z}} = \partial\varphi/\partial\boldsymbol{x}[\boldsymbol{f}(\boldsymbol{x}) + \boldsymbol{g}(\boldsymbol{x})\upsilon(\boldsymbol{x},\boldsymbol{z})]$ 和 $\dot{\boldsymbol{x}} = \boldsymbol{f}(\boldsymbol{x}) + \boldsymbol{g}(\boldsymbol{x})\upsilon(\boldsymbol{x},\boldsymbol{z})$ 的所有状态均有界，且满足 $\lim\limits_{t\to\infty}\boldsymbol{z}(t) = \boldsymbol{0}$。

则 $\boldsymbol{x}_*$ 为闭环系统 $\dot{\boldsymbol{x}} = \boldsymbol{f}(\boldsymbol{x}) + \boldsymbol{g}(\boldsymbol{x})\upsilon[\boldsymbol{x},\varphi(\boldsymbol{x})]$ 的渐近稳定平衡点。证明过程略。

I&I 理论不仅可以用于确定系统的镇定 / 跟踪控制，在非线性不确定系统的控制方面，基于 I&I 理论的自适应控制方法也显示出了巨大的潜力。该方法首先定义一个显性流形，如果系统状态满足该流形约束，则闭环系统具有确定的控制性能，不受未知参数和外界扰动的影响[51]。在设计过程中，通过选择合适的参数自适应律可以确保构造的流形具有吸引性，从而使得偏离流形的系统轨迹能够渐近地满足流形的约束，并且一旦系统的状态浸入流形后将不再偏离该流形。下面阐述基于 I&I 理论的自适应控制方法。

下述节析具有线性参数化形式的非线性不确定系统

$$\dot{\boldsymbol{x}} = f(\boldsymbol{x},\boldsymbol{u}) + \boldsymbol{\Phi}^{\mathrm{T}}(\boldsymbol{x})\boldsymbol{\theta} \tag{5.2}$$

式中：$\boldsymbol{x} \in \mathbb{R}^n$ 表示状态；$\boldsymbol{u} \in \mathbb{R}^m$ 为控制输入；$\boldsymbol{\theta} \in \mathbb{R}^q$ 为未知常值参数，系统的不确定项 $\boldsymbol{\Phi}^{\mathrm{T}}(\boldsymbol{x})\theta$ 满足：

$$\boldsymbol{\Phi}^{\mathrm{T}}(\boldsymbol{x})\theta = \begin{bmatrix} \boldsymbol{\varphi}_1^{\mathrm{T}}(x_1) & \cdots & 0 \\ \vdots & & \vdots \\ 0 & \cdots & \boldsymbol{\varphi}_n^{\mathrm{T}}(x_n) \end{bmatrix} \begin{bmatrix} \theta_1 \\ \vdots \\ \theta_n \end{bmatrix} \tag{5.3}$$

式中：$\boldsymbol{\theta}_i \in \mathbb{R}^{q_i}$；$\sum\limits_{i=1}^{n} q_i = q$。

控制的目标是设计状态反馈控制律和参数自适应律使闭环系统稳定且渐近收敛到平衡点 $\boldsymbol{x}^*$。对于系统(5.2)，如果参数 θ 已知，该控制问题退化为定理 5.1 所示的确定系统的稳定问题。为了突出重点，假设存在状态反馈控制律 $\boldsymbol{u} = \upsilon(\boldsymbol{x},\boldsymbol{\theta})$ 使闭环系统稳定且满足 $\lim\limits_{t\to\infty}\boldsymbol{x} = \boldsymbol{x}_*$，剩余问题为如何实现对未知参数 θ 的估计。

假设参数估计值 $\hat{\boldsymbol{\theta}}$ 满足：

$$\hat{\boldsymbol{\theta}} = \boldsymbol{w} + \boldsymbol{\rho},\ \dot{\boldsymbol{w}} = \tilde{\boldsymbol{\omega}} \tag{5.4}$$

式中：$\boldsymbol{w}$ 为动态更新值，即参数 $\boldsymbol{\theta}$ 的部分估计；$\boldsymbol{\rho}$ 和 $\tilde{\boldsymbol{\omega}}$ 均为待设计的非线性函数。

构造估计误差流形 M：

$$M = \{(\boldsymbol{x},\boldsymbol{w}) \in \mathbb{R}^{n\times q} \mid \boldsymbol{w}+\boldsymbol{\rho}-\boldsymbol{\theta}=\boldsymbol{0}\} \tag{5.5}$$

为实现对参数 $\boldsymbol{\theta}$ 的精确估计，需要将系统(5.2)的轨迹约束在流形 M 上，即 $\dot{\boldsymbol{x}} = \boldsymbol{f}(\boldsymbol{x},\boldsymbol{u}) + \boldsymbol{\Phi}^{\mathrm{T}}(\boldsymbol{x})(\boldsymbol{w}+\boldsymbol{\rho})$，并且使流形 M 具有吸引性和不变性，即确保估计误差收敛并保持为零。为此，设计非线性函数：

$$\bar{\omega} = -\frac{\partial \boldsymbol{\rho}}{\partial \boldsymbol{x}}[\boldsymbol{f}(\boldsymbol{x},\boldsymbol{u}) + \boldsymbol{\Phi}^{\mathrm{T}}(\boldsymbol{w}+\boldsymbol{\rho})] \tag{5.6}$$

$$\rho_i(x_i) = \gamma_i \int_0^{x_i} \varphi_i(\tau)\mathrm{d}\tau \tag{5.7}$$

式中：$\rho_i(x_i)$ 为 ρ 的分量，$\gamma_i > 0$，$i = 1,2,\cdots,n$。

定义参数估计误差 $\boldsymbol{e}_\theta = \boldsymbol{w}+\boldsymbol{\rho}-\boldsymbol{\theta}$，则误差动态为

$$\dot{\boldsymbol{e}}_\theta = -\boldsymbol{\Phi}(\boldsymbol{x})\boldsymbol{\Gamma}\boldsymbol{\Phi}^{\mathrm{T}}(\boldsymbol{x})\boldsymbol{e}_\theta \tag{5.8}$$

式中：$\Gamma = \mathrm{diag}\{\gamma_1,\gamma_2,\cdots,\gamma_n\}$。由式(5.8)可知，估计误差有界且满足：

$$\lim_{t\to\infty}[\boldsymbol{\Phi}^{\mathrm{T}}(\boldsymbol{x})(\boldsymbol{w}+\rho) - \boldsymbol{\Phi}^{\mathrm{T}}(\boldsymbol{x})\theta] = \boldsymbol{0} \tag{5.9}$$

如果系数矩阵 $\boldsymbol{\Phi}(\boldsymbol{x})$ 的分量不为零，系统的所有轨迹均满足流形 M 的约束，且根据式(5.8)可知 $\boldsymbol{e}_\theta$ 最终收敛并保持为零，M 为不变吸引流形。

在上述设计过程中，通过假设 $\boldsymbol{\Phi}(\boldsymbol{x})$ 为对角阵且对角线元素只与相应的状态有关，从而简化了函数 ρ 的构造过程。当 $\boldsymbol{\Phi}(\boldsymbol{x})$ 不满足该条件时，在构造 ρ 时需要求解偏微分方程，对于多变量系统，设计过程非常复杂甚至无法实现[175]。近年来，将滤波器和基于I&I理论的自适应控制相结合的方法逐渐成为研究热点。该方法通过对 $\boldsymbol{\Phi}(\boldsymbol{x})$ 进行低通滤波，巧妙地避免了偏微分方程的求解问题，突破了基于 I&I 理论的自适应控制方法在多变量系统中的应用限制[173-174,176-177]。

5.3 基于I&I理论的鲁棒自适应反步控制

5.3.1 非定常气动状态观测

假设战斗机的姿态控制模型可以表示为以下线性参数化形式：

$$\left.\begin{aligned}
\dot{\boldsymbol{x}}_1 &= \boldsymbol{f}_1(\boldsymbol{x}) + \boldsymbol{W}_1(\boldsymbol{x})\eta + \overline{\boldsymbol{G}}_1\bar{\boldsymbol{x}}_2 + \boldsymbol{D}_1(\boldsymbol{x}_1)\boldsymbol{\theta}_1 \\
\dot{\boldsymbol{x}}_2 &= \boldsymbol{f}_2(\boldsymbol{x}) + \boldsymbol{W}_2(\boldsymbol{x})\eta + \boldsymbol{G}_2(\boldsymbol{x})\delta + \boldsymbol{D}_2(\boldsymbol{x}_1)\boldsymbol{\theta}_2 \\
\dot{\eta} &= \boldsymbol{h}(\boldsymbol{x}) - \boldsymbol{B}(\boldsymbol{x}_1)\eta
\end{aligned}\right\} \tag{5.10}$$

式中：$\boldsymbol{x}_1 = [\alpha,\beta]^{\mathrm{T}}$；$\boldsymbol{x}_2 = [p_s,q_s,r_s]^{\mathrm{T}}$ 分别为气流角和绕稳定轴的角速度；$\boldsymbol{x} = [\boldsymbol{x}_1^{\mathrm{T}},\boldsymbol{x}_2^{\mathrm{T}}]^{\mathrm{T}}$ 表示可测状态；$\boldsymbol{\eta} = [\eta_Y,\eta_Z,\eta_l,\eta_m,\eta_n]^{\mathrm{T}}$ 表示不可测状态，$\overline{\boldsymbol{G}}_1 = \mathrm{diag}\{1,-1\}$，$\bar{\boldsymbol{x}}_2 = [q_s,r_s]^{\mathrm{T}}$，$\boldsymbol{\delta} = [\delta_a,\delta_e,\delta_r,\delta_{yl},\delta_{yr},\delta_{zl},\delta_{zr}]^{\mathrm{T}}$ 为控制输入，$\boldsymbol{\theta}_1 = [\Delta C_X,\Delta C_Y,\Delta C_Z]^{\mathrm{T}}$ 和 $\boldsymbol{\theta}_2 = [\Delta C_l,\Delta C_m,\Delta C_n]^{\mathrm{T}}$ 为

气动力/力矩系数中的常值未知不确定参数，$\boldsymbol{h}(\boldsymbol{x})=[-a_Y\dot{\beta},-a_Z\dot{\alpha},-a_l\dot{\beta},-a_m\dot{\alpha},-a_n\dot{\beta}]^{\mathrm{T}}$，$\boldsymbol{B}(\boldsymbol{x}_1)=\mathrm{diag}\{b_Y,b_Z,b_l,b_m,b_n\}$，$a_i=(a_i^p+a_i^r)/2$，$b_i=(b_i^p+b_i^r)/2$，$i=Y,l,n$，$\boldsymbol{f}_1(\boldsymbol{x})$，$\boldsymbol{f}_2(\boldsymbol{x})$，$\boldsymbol{W}_1(\boldsymbol{x})$，$\boldsymbol{W}_2(\boldsymbol{x})$，$\mathrm{G}_2(\boldsymbol{x})$，$\boldsymbol{D}_1(\boldsymbol{x}_1)$，$\boldsymbol{D}_2(\boldsymbol{x}_1)$ 的表示形式见附录。由于辨识得到的非定常气动状态均具有收敛性，因此 $\boldsymbol{B}(\boldsymbol{x}_1)$ 为正定矩阵，该性质可以在一定程度上为状态观测器的设计提供便利。在观测器设计之前先给出以下假设。

假设 5.1　对于 $\boldsymbol{W}_1(\boldsymbol{x})$，$\boldsymbol{W}_2(\boldsymbol{x})$，存在正常数 $\tau_{1i},\tau_{2i},\tau_{3i}$，$i=1,2$ 使得 $\|\boldsymbol{W}_i(\boldsymbol{x})\|\leqslant\tau_{1i}$，$\|\dot{\boldsymbol{W}}_i(\boldsymbol{x})\|\leqslant\tau_{2i}$ 和 $\|\ddot{\boldsymbol{W}}_i(\boldsymbol{x})\|\leqslant\tau_{3i}$ 对所有 $\boldsymbol{x}\in\Omega_0\subset\mathbb{R}^5$ 均成立，Ω_0 为包含原点的紧集[178]。

为实现非定常气动状态观测，构造状态滤波器，则有

$$\left.\begin{aligned}\dot{\hat{\boldsymbol{x}}}_1&=\boldsymbol{f}_1(x)+\boldsymbol{W}_1(x)\eta+\overline{\boldsymbol{G}}_1\overline{x}_2+\boldsymbol{D}_1(\boldsymbol{x}_1)\hat{\boldsymbol{\theta}}_1+\boldsymbol{K}_1\boldsymbol{z}_1\\\dot{\hat{\boldsymbol{x}}}_2&=\boldsymbol{f}_2(\mathrm{x})+\boldsymbol{W}_2(x)\hat{\eta}+\boldsymbol{G}_2(\boldsymbol{x})\delta+\boldsymbol{D}_2(\boldsymbol{x}_2)\hat{\boldsymbol{\theta}}_2+\boldsymbol{K}_2\boldsymbol{z}_2\end{aligned}\right\}\tag{5.11}$$

式中：$\boldsymbol{K}_1,\boldsymbol{K}_2>0$ 为状态滤波器增益；$\hat{\eta}$ 为 η 的估计；$\boldsymbol{z}_1=\boldsymbol{x}_1-\hat{\boldsymbol{x}}_1$ 和 $\boldsymbol{z}_2=\boldsymbol{x}_2-\boldsymbol{x}_2$ 表示状态滤波误差；$\hat{\boldsymbol{\theta}}_1$ 和和 $\hat{\boldsymbol{\theta}}_2$ 分别为 $\boldsymbol{\theta}_1,\boldsymbol{\theta}_2$ 的估计，其自适应律将在 5.3.3 节中进行设计。

根据式(5.10)和式(5.11)可知，滤波误差动态满足：

$$\left.\begin{aligned}\dot{\boldsymbol{z}}_1&=-\boldsymbol{K}_1\boldsymbol{z}_1+\boldsymbol{W}_1(\boldsymbol{x})\tilde{\eta}+\boldsymbol{D}_1(\boldsymbol{x}_1)\tilde{\boldsymbol{\theta}}_1\\\dot{\boldsymbol{z}}_2&=-\boldsymbol{K}_2\boldsymbol{z}_2+\boldsymbol{W}_2(\boldsymbol{x})\tilde{\eta}+\boldsymbol{D}_2(\boldsymbol{x}_1)\tilde{\boldsymbol{\theta}}_2\end{aligned}\right\}\tag{5.12}$$

式中：$\tilde{\eta}=\eta-\eta$ 为观测误差；$\tilde{\boldsymbol{\theta}}_1=\boldsymbol{\theta}_1-\hat{\boldsymbol{\theta}}_1$ 和 $\tilde{\boldsymbol{\theta}}_2=\boldsymbol{\theta}_2-\hat{\boldsymbol{\theta}}_2$ 为参数估计误差。

根据 I&I 理论设计状态观测器，则有

$$\hat{\eta}=\varphi_0+\mu_0[\boldsymbol{z},\boldsymbol{W}(\boldsymbol{x})]\tag{5.13}$$

式中：φ_0 为状态 η 的部分估计；$\mu_0[\boldsymbol{z},\boldsymbol{W}(\boldsymbol{x})]$ 为待设计的非线性函数；$\boldsymbol{z}=[\boldsymbol{z}_1^{\mathrm{T}},\boldsymbol{z}_2^{\mathrm{T}}]$；$\boldsymbol{W}(\boldsymbol{x})=[\boldsymbol{W}_1^{\mathrm{T}}(\boldsymbol{x}),\boldsymbol{W}_2^{\mathrm{T}}(\boldsymbol{x})]^{\mathrm{T}}$。由式(5.12)和式(5.13)可知，观测误差动态满足：

$$\begin{aligned}\dot{\tilde{\eta}}=\boldsymbol{h}(\boldsymbol{x})-\boldsymbol{B}(\boldsymbol{x}_1)\eta-\dot{\varphi}_0-\sum_{i=1}^{2}\frac{\partial\mu_0[\boldsymbol{z},\boldsymbol{W}(\boldsymbol{x})]}{\partial\boldsymbol{z}_i}[-\boldsymbol{K}_i\boldsymbol{z}_i+\boldsymbol{W}_i(\boldsymbol{x})\tilde{\eta}+\boldsymbol{D}_i(\boldsymbol{x}_1)\tilde{\boldsymbol{\theta}}_i]\\-\sum_{i=1}^{2}\frac{\partial\mu_0[\boldsymbol{z},\boldsymbol{W}(\boldsymbol{x})]}{\partial\boldsymbol{W}_i(\boldsymbol{x})}\dot{\boldsymbol{W}}_i(\boldsymbol{x})\end{aligned}\tag{5.14}$$

为保证观测误差收敛，令

$$\frac{\partial\mu_0[\boldsymbol{z},\boldsymbol{W}(\boldsymbol{x})]}{\partial\boldsymbol{z}_1}=\gamma_0\boldsymbol{W}_1^{\mathrm{T}}(\boldsymbol{x}),\ \frac{\partial\mu_0[\boldsymbol{z},\boldsymbol{W}(\boldsymbol{x})]}{\partial\boldsymbol{z}_2}=\gamma_0\boldsymbol{W}_2^{\mathrm{T}}(\boldsymbol{x})\tag{5.15}$$

式中：$\gamma_0>0$。由于 $\boldsymbol{W}_1(\boldsymbol{x})$，$\boldsymbol{W}_2(\boldsymbol{x})$ 与 $\boldsymbol{z}_1,\boldsymbol{z}_2$ 无直接关联，因此 $\mu_0[\boldsymbol{z},\boldsymbol{W}(\boldsymbol{x})]$ 可设计为

$$\mu_0[\boldsymbol{z},\boldsymbol{W}(\boldsymbol{x})]=\gamma_0\boldsymbol{W}_1^{\mathrm{T}}(\boldsymbol{x})\boldsymbol{z}_1+\gamma_0\boldsymbol{W}_2^{\mathrm{T}}(\boldsymbol{x})\boldsymbol{z}_2\tag{5.16}$$

将式(5.16)代入式(5.14)，可得

$$\dot{\tilde{\eta}}=\boldsymbol{h}(\boldsymbol{x})-\boldsymbol{B}(\boldsymbol{x}_1)\eta-\dot{\varphi}_0-\gamma_0\sum_{i=1}^{2}\boldsymbol{W}_i^{\mathrm{T}}(\boldsymbol{x})[-\boldsymbol{K}_i\mathrm{z}_i+\boldsymbol{W}_i(\boldsymbol{x})\tilde{\eta}+\boldsymbol{D}_i(\boldsymbol{x}_1)\tilde{\boldsymbol{\theta}}_i]-\gamma_0\sum_{i=1}^{2}\dot{\boldsymbol{W}}_i^{\mathrm{T}}(\boldsymbol{x})\boldsymbol{z}_i\tag{5.17}$$

由于 $\dot{\boldsymbol{W}}_i(\boldsymbol{x})$ 中含有不可测状态 η 和未知参数 $\boldsymbol{\theta}_1,\boldsymbol{\theta}_2$，在设计过程中无法直接使用，故采用二阶滤波器对 $\boldsymbol{W}_i(\boldsymbol{x})$ 滤波以获取其近似导数，滤波器结构如图 5.1 所示。图中，x_c，x_F 分别为输入和输出信号，滤波器初始状态满足 $x_F(0) = x_c(0)$，$\dot{x}_F(0) = 0$。

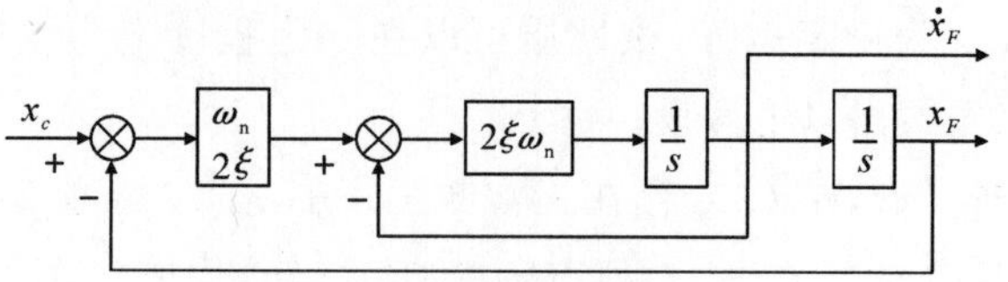

图 5.1　二阶滤波器结构框图

由式(5.17) 可知，自适应律可以设计为

$$\dot{\varphi}_0 = \boldsymbol{h}(\boldsymbol{x}) - \boldsymbol{B}(\boldsymbol{x}_1)\hat{\eta} + \sum_{i=1}^{2}[\gamma_0\boldsymbol{W}_i^T(\boldsymbol{x})\boldsymbol{K}_i\boldsymbol{z}_i - \gamma_0\dot{\boldsymbol{W}}_{iF}^T(\boldsymbol{x})\boldsymbol{z}_i + \boldsymbol{W}_i^T(\boldsymbol{x})\boldsymbol{z}_i] \quad (5.18)$$

式中：$\boldsymbol{W}_{iF}(x)$ 为 $\boldsymbol{W}_i(x)$ 的低通滤波信号。将式(5.18) 代入式(5.17)，可得

$$\dot{\tilde{\eta}} = -\gamma_0\sum_{i=1}^{2}[\boldsymbol{W}_i^{\mathrm{T}}(\boldsymbol{x})\boldsymbol{W}_i(\boldsymbol{x})\tilde{\boldsymbol{\eta}} + \boldsymbol{W}_i^{\mathrm{T}}(\boldsymbol{x})\boldsymbol{D}_i(\boldsymbol{x}_1)\tilde{\boldsymbol{\theta}}_i] + \sum_{i=1}^{2}[\gamma_0\Delta\dot{\boldsymbol{W}}_i^{\mathrm{T}}(\boldsymbol{x})\boldsymbol{z}_i - \boldsymbol{W}_i^{\mathrm{T}}(\boldsymbol{x})\boldsymbol{z}_i] - \boldsymbol{B}(\boldsymbol{x}_1)\tilde{\boldsymbol{\eta}} \quad (5.19)$$

式中：$\Delta\boldsymbol{W}_i = \boldsymbol{W}_{iF}(\boldsymbol{x}) - \boldsymbol{W}_i(\boldsymbol{x})$。根据假设 5.1 可知，存在依赖于 $\tau_{21},\tau_{22},\tau_{31},\tau_{32}$ 和 ζ,ω_n 的正常数 m_1,m_2，使得 $\|\Delta\dot{\boldsymbol{W}}_i\| \leqslant m_i,\ i = 1,2$[179]。

为了分析观测误差的稳定性，定义 Lyapunov 函数：

$$V_1 = \frac{1}{2}\tilde{\boldsymbol{\eta}}^{\mathrm{T}}\tilde{\boldsymbol{\eta}} + \frac{1}{2}\boldsymbol{z}_1^T\boldsymbol{z}_1 + \frac{1}{2}\boldsymbol{z}_2^T\boldsymbol{z}_2 \quad (5.20)$$

由式(5.12) 和式(5.19) 可得

$$\dot{v}_1 = -\sum_{i=1}^{2}[\gamma_0\tilde{\boldsymbol{\eta}}^{\mathrm{T}}\boldsymbol{W}_i^{\mathrm{T}}(\boldsymbol{x})\boldsymbol{D}_i(\boldsymbol{x}_1)\tilde{\boldsymbol{\theta}}_i - \gamma_0\tilde{\boldsymbol{\eta}}^{\mathrm{T}}\Delta\dot{\boldsymbol{W}}_i^{\mathrm{T}}(\boldsymbol{x})\boldsymbol{z}_i - \boldsymbol{z}_i^{\mathrm{T}}\boldsymbol{D}_i(\boldsymbol{x}_1)\tilde{\boldsymbol{\theta}}_i] - \sum_{i=1}^{2}[\gamma_0\tilde{\boldsymbol{\eta}}^{\mathrm{T}}\boldsymbol{W}_i^{\mathrm{T}}(\boldsymbol{x})\boldsymbol{W}_i(\boldsymbol{x})\tilde{\boldsymbol{\eta}} + \boldsymbol{z}_i^{\mathrm{T}}\boldsymbol{K}_i\boldsymbol{z}_i] - \tilde{\boldsymbol{\eta}}^{\mathrm{T}}\boldsymbol{B}(\boldsymbol{x}_1)\tilde{\boldsymbol{\eta}} \quad (5.21)$$

根据杨氏不等式，可得

$$\left.\begin{aligned}
&\tilde{\boldsymbol{\eta}}^{\mathrm{T}}\boldsymbol{W}_i^{\mathrm{T}}(\boldsymbol{x})\boldsymbol{D}_i(\boldsymbol{x}_1)\tilde{\boldsymbol{\theta}}_i \leqslant \|\boldsymbol{W}_i(\boldsymbol{x})\tilde{\eta}\|\,\|\boldsymbol{D}_i(\boldsymbol{x}_1)\tilde{\boldsymbol{\theta}}_i\| \leqslant a_1\|\boldsymbol{W}_i(\boldsymbol{x})\tilde{\eta}\|^2 + \frac{1}{4a_1}\|\boldsymbol{D}_i(\boldsymbol{x}_1)\tilde{\boldsymbol{\theta}}_i\|^2\\
&\tilde{\boldsymbol{\eta}}^{\mathrm{T}}\Delta\boldsymbol{W}_i^{\mathrm{T}}(\boldsymbol{x})\boldsymbol{z}_i \leqslant m_i\|\boldsymbol{z}_i\|\,\|\tilde{\eta}\| \leqslant a_2\|\boldsymbol{z}_i\|^2 + \frac{m_i^2}{4a_2}\|\tilde{\eta}\|^2\\
&\boldsymbol{z}_i^{\mathrm{T}}\boldsymbol{D}_i(\boldsymbol{x}_1)\tilde{\boldsymbol{\theta}}_i \leqslant \|\boldsymbol{z}_i\|\,\|\boldsymbol{D}_i(\boldsymbol{x}_1)\tilde{\boldsymbol{\theta}}_i\| \leqslant a_3\|\boldsymbol{z}_i\|^2 + \frac{1}{4a_3}\|\boldsymbol{D}_i(\boldsymbol{x}_1)\tilde{\boldsymbol{\theta}}_i\|^2
\end{aligned}\right\}$$

式中：$a_1 \in (0,1)$，$a_2,a_3 > 0$。

由于 $\|\boldsymbol{W}(\boldsymbol{x})\tilde{\boldsymbol{\eta}}\|^2 = \|\boldsymbol{W}_1(\boldsymbol{x})\tilde{\boldsymbol{\eta}}\|^2 + \|\boldsymbol{W}_2(\boldsymbol{x})\tilde{\boldsymbol{\eta}}\|^2$，式(5.21) 可改写为

$$\dot{V}_1 \leqslant -\gamma_0(\|\boldsymbol{W}_1(\boldsymbol{x})\tilde{\boldsymbol{\eta}}\|^2 + \|\boldsymbol{W}_2(\boldsymbol{x})\tilde{\boldsymbol{\eta}}\|^2) - \lambda_{\min}(\boldsymbol{K}_1)\|\boldsymbol{z}_1\|^2 + a_1\gamma_0(\|\boldsymbol{W}_1(\boldsymbol{x})\tilde{\boldsymbol{\eta}}\|^2 + \|\boldsymbol{W}_2(\boldsymbol{x})\tilde{\boldsymbol{\eta}}\|^2) + \frac{\gamma_0}{4a_1}(\|\boldsymbol{D}_1(\boldsymbol{x}_1)\tilde{\boldsymbol{\theta}}_1\|^2 + \|\boldsymbol{D}_2(\boldsymbol{x}_1)\tilde{\boldsymbol{\theta}}_2\|^2) + \gamma_0 a_2(\|\boldsymbol{z}_1\|^2 + \|\boldsymbol{z}_2\|^2) +$$

$$
\begin{aligned}
&\frac{\gamma_0 m_1^2}{4a_2}\|\tilde{\eta}\|^2+\frac{\gamma_0 m_2^2}{4a_2}\|\tilde{\eta}\|^2-\lambda_{\min}(\boldsymbol{K}_2)\|\boldsymbol{z}_2\|^2+a_3(\|\boldsymbol{z}_1\|^2+\|\boldsymbol{z}_2\|^2)+\\
&\frac{1}{4a_3}(\|\boldsymbol{D}_1(\boldsymbol{x}_1)\tilde{\boldsymbol{\theta}}_1\|^2+\|\boldsymbol{D}_2(\boldsymbol{x}_1)\tilde{\boldsymbol{\theta}}_2\|^2)-\lambda_{\min}[\boldsymbol{B}(\boldsymbol{x}_1)]\|\tilde{\eta}\|^2\leqslant-\gamma_0(1-a_1)\\
&\|\boldsymbol{W}(\boldsymbol{x})\tilde{\eta}\|^2-\left\{\lambda_{\min}[\boldsymbol{B}(\boldsymbol{x}_1)]-\frac{\gamma_0(m_1^2+m_2^2)}{4a_2}\right\}\|\tilde{\eta}\|^2+(\frac{\gamma_0}{4a_1}+\frac{1}{4a_3})\\
&\|\boldsymbol{D}_1(\boldsymbol{x}_1)\tilde{\boldsymbol{\theta}}_1\|^2-[\lambda_{\min}(\boldsymbol{K}_1)-\gamma_0 a_2-a_3]\|\boldsymbol{z}_1\|^2-[\lambda_{\min}(\boldsymbol{K}_2)-\gamma_0 a_2-a_3]\\
&\|\boldsymbol{z}_2\|^2+\left(\frac{\gamma_0}{4a_1}+\frac{1}{4a_3}\right)\|\boldsymbol{D}_2(\boldsymbol{x}_1)\tilde{\boldsymbol{\theta}}_2\|^2
\end{aligned}
\tag{5.22}
$$

如果通过参数估计保证 $\boldsymbol{D}_1(\boldsymbol{x}_1)\tilde{\boldsymbol{\theta}}_1=\boldsymbol{0}$，$\boldsymbol{D}_2(\boldsymbol{x}_1)\tilde{\boldsymbol{\theta}}_2=\boldsymbol{0}$，并且选择合适的参数使得

$$
\lambda_{\min}[\boldsymbol{B}(x_1)]-\frac{\gamma_0(m_1^2+m_2^2)}{4a_2}>0,\ \lambda_{\min}(\boldsymbol{K}_1)-\gamma_0 a_2-a_3>0,\ \lambda_{\min}(\boldsymbol{K}_2)-\gamma_0 a_2-a_3>0
\tag{5.23}
$$

可得 $\dot{V}_1\leqslant 0$，状态观测误差渐近收敛到零。

上述基于 I&I 理论的状态观测器设计的优势主要体现在以下两方面：① 在设计过程中通过将滤波器与 I&I 理论相结合，可以直接采用矩阵滤波信号的导数进行自适应律设计，巧妙地避免了偏微分方程的求解；② 在以往的研究中，I&I 理论通常被用于估计常值参数，所提出的基于 I&I 的观测器设计实现了对时变状态的估计，拓展了 I&I 理论的应用范围。

注释 5.1　根据第 3 章建立的非定常气动模型可知，横侧向气动系数 C_Y，C_l，C_n 中包含了分别由滚转运动和偏航运动产生的两种不同动态的非定常气动效应。为了便于开展基于 I&I 理论的控制方法研究，在式(5.10)所示的控制模型中假设 C_Y，C_l，C_n 包含的非定气动效应可以分别用单一动态 η_Y，η_l，η_n 进行等效，且忽略等效误差的影响。这种等效产生的建模误差将在第 6 章的控制方法研究中进行考虑。

5.3.2　约束滤波反步控制器设计

在过失速机动过程中，气动参数不确定性导致动力学模型的建模精度不高，此外，当战斗机在大迎角条件下进行大角速率机动时，短时间内需要的控制能量较大，执行机构可能出现饱和。针对这两个问题，开展基于 I&I 理论的鲁棒自适应约束反步控制器设计，通过控制补偿实现对参考指令 α_r，β_r 和 p_{sr} 的稳定跟踪。

由于 $\boldsymbol{x}_1\subset\boldsymbol{x}\in\Omega_0$，连续函数矩阵 $\boldsymbol{D}_i(\boldsymbol{x}_1)$，$\dot{\boldsymbol{D}}_i(\boldsymbol{x}_1)$ 在紧集 Ω_0 上均有界。为便于控制器设计，首先给出以下假设。

假设 5.2　对于矩阵 $\boldsymbol{D}_1(\boldsymbol{x}_1)$，$\boldsymbol{D}_2(\boldsymbol{x}_1)$，存在正常数 κ_{1i}，κ_{2i}，$i=1,2$ 使得 $\|\boldsymbol{D}_i(\boldsymbol{x}_1)\|\leqslant\kappa_{1i}$，$\|\dot{\boldsymbol{D}}_i(\boldsymbol{x}_1)\|\leqslant\kappa_{2i}$ 对于所有 $\boldsymbol{x}_1\in\Omega_0$ 均成立。

定义跟踪误差：

$$
\left.\begin{aligned}
\boldsymbol{e}_1&=\boldsymbol{x}_1-\boldsymbol{x}_{1c}\\
\bar{\boldsymbol{e}}_2&=\bar{\boldsymbol{x}}_2-\bar{x}_{2c}
\end{aligned}\right\}
\tag{5.24}
$$

式中：$\boldsymbol{x}_{1c}=[\alpha_c,\beta_c]^T$ 为气流角输入指令；$\overline{\boldsymbol{x}}_{2c}=[q_{sc},r_{sc}]^T$ 为虚拟控制指令 $\overline{\boldsymbol{x}}_{2d}=[q_{sd},r_{sd}]^T$ 的滤波信号。

为了避免对虚拟指令直接求导产生“微分膨胀”问题，采用图 5.1 所示的二阶滤波器对 $\overline{\boldsymbol{x}}_{2d}$ 进行低通滤波。由于滤波器动态使得输入输出信号之间存在误差，为了对该滤波误差进行补偿，定义滤波补偿动态：

$$\dot{\xi}_1=-\boldsymbol{A}_1\xi_1-\boldsymbol{R}_1\int_0^t\xi_1\,\mathrm{d}t+\overline{\boldsymbol{G}}_1(\overline{\boldsymbol{x}}_{2c}-\overline{\boldsymbol{x}}_{2d})+\overline{\boldsymbol{G}}_1\xi_2 \tag{5.25}$$

式中：$\boldsymbol{A}_1>0$ 为气流角控制增益，$\boldsymbol{R}_1>\boldsymbol{0}$，$\boldsymbol{G}_1=[\boldsymbol{0}_{2\times1},\overline{\boldsymbol{G}}_1]$，$\xi_2$ 将在下文中定义。

定义补偿误差：

$$\left.\begin{aligned}\varepsilon_1&=\boldsymbol{e}_1-\xi_1\\ \varepsilon_2&=\boldsymbol{e}_2-\xi_2\end{aligned}\right\} \tag{5.26}$$

式中：$\boldsymbol{e}_2=[p_s-p_{sc},\ \overline{\boldsymbol{e}}_2^T]^T$，$p_{sc}$ 表示绕稳定轴的滚转角速度输入指令。

根据式(5.10) 和式(5.24) 可得

$$\dot{\boldsymbol{e}}_1=\boldsymbol{f}_1(\boldsymbol{x})+\boldsymbol{W}_1(\boldsymbol{x})\eta+\boldsymbol{D}_1(\boldsymbol{x}_1)\boldsymbol{\theta}_1-\dot{\boldsymbol{x}}_{1c}+\overline{\boldsymbol{G}}_1\overline{\boldsymbol{e}}_2+\mathrm{G}_1(\overline{\boldsymbol{x}}_{2c}-\overline{\boldsymbol{x}}_{2d})+\mathrm{G}_1\overline{\boldsymbol{x}}_{2d} \tag{5.27}$$

期望的角速度虚拟控制指令 $\overline{\boldsymbol{x}}_{2d}$ 可以设计为

$$\overline{\boldsymbol{x}}_{2d}=\overline{\boldsymbol{G}}_1^{-1}\left[-\boldsymbol{f}_1(\boldsymbol{x})-\boldsymbol{W}_1(\boldsymbol{x})\hat{\eta}-\boldsymbol{D}_1(\boldsymbol{x}_1)\hat{\boldsymbol{\theta}}_1+\dot{\boldsymbol{x}}_{1c}-\boldsymbol{A}_1\boldsymbol{e}_1-\boldsymbol{R}_1\int_0^t\boldsymbol{e}_1\,\mathrm{d}t\right] \tag{5.28}$$

则补偿误差动态满足：

$$\dot{\boldsymbol{\varepsilon}}_1=\boldsymbol{W}_1(\boldsymbol{x})\tilde{\eta}+\boldsymbol{D}_1(\boldsymbol{x}_1)\tilde{\boldsymbol{\theta}}_1+\boldsymbol{G}_1\boldsymbol{\varepsilon}_2-\boldsymbol{A}_1\varepsilon_1-\boldsymbol{R}_1\int_0^t\boldsymbol{\varepsilon}_1\,\mathrm{d}t \tag{5.29}$$

同理，对于角速度动态，执行机构偏转角指令可以设计为

$$\delta_c=\boldsymbol{G}_2^+(\boldsymbol{x})\left[-\boldsymbol{f}_2(\boldsymbol{x})-\boldsymbol{W}_2(\boldsymbol{x})\hat{\eta}-\boldsymbol{D}_2(\boldsymbol{x}_1)\hat{\boldsymbol{\theta}}_2+\dot{\boldsymbol{x}}_{2c}-\boldsymbol{A}_2\boldsymbol{e}_2-\boldsymbol{R}_2\int_0^t\boldsymbol{e}_2\,\mathrm{d}t-\boldsymbol{G}_1^T\boldsymbol{\varepsilon}_1\right] \tag{5.30}$$

式中：$\boldsymbol{x}_{2c}=[p_{sc},\overline{\boldsymbol{x}}_{2c}^T]^T$。

由于执行机构含有位置和速率限幅，当控制器产生的控制指令超过位置或速率限幅时，执行机构饱和会导致控制性能下降。为了对饱和产生的影响进行补偿，定义滤波补偿动态：

$$\dot{\xi}_2=-\boldsymbol{A}_2\xi_2-\boldsymbol{R}_2\int_0^t\xi_2\,\mathrm{d}t+\boldsymbol{G}_2(\boldsymbol{x})(\delta-\delta_c) \tag{5.31}$$

式中：$\boldsymbol{A}_2>\boldsymbol{0}$ 为角速度控制增益，$\boldsymbol{R}_2>\boldsymbol{0}$。

根据式(5.10)、式(5.30) 和式(5.31)，可得

$$\dot{\boldsymbol{\varepsilon}}_2=\boldsymbol{W}_2(\boldsymbol{x})\tilde{\eta}+\boldsymbol{D}_2(\boldsymbol{x}_1)\tilde{\boldsymbol{\theta}}_2-\boldsymbol{G}_1^T\boldsymbol{\varepsilon}_1-\boldsymbol{A}_2\boldsymbol{\varepsilon}_2-\boldsymbol{R}_2\int_0^t\boldsymbol{\varepsilon}_2\,\mathrm{d}t \tag{5.32}$$

定义 Lyapunov 函数：

$$V_2=\frac{1}{2}\sum_{i=1}^{2}\boldsymbol{\varepsilon}_i^T\boldsymbol{\varepsilon}_i+\frac{1}{2}\sum_{i=1}^{2}\left(\int_0^t\boldsymbol{\varepsilon}_i\,\mathrm{d}t\right)^T\boldsymbol{R}_i\left(\int_0^t\boldsymbol{\varepsilon}_i\,\mathrm{d}t\right) \tag{5.33}$$

根据式(5.29) 和式(5.32) 可得

$$\begin{aligned}\dot{V}_2=&\boldsymbol{\varepsilon}_1^T[\boldsymbol{W}_1(\boldsymbol{x})\tilde{\eta}+\boldsymbol{D}_1(\boldsymbol{x}_1)\tilde{\boldsymbol{\theta}}_1-\boldsymbol{A}_1\boldsymbol{\varepsilon}_1]+\boldsymbol{\varepsilon}_2^T[\boldsymbol{W}_2(\boldsymbol{x})\tilde{\eta}+\boldsymbol{D}_2(\boldsymbol{x}_1)\tilde{\boldsymbol{\theta}}_2-\boldsymbol{A}_2\boldsymbol{\varepsilon}_2]\leqslant\\ &b_1\|\boldsymbol{\varepsilon}_1\|^2+\frac{1}{4b_1}\|\boldsymbol{W}_1(\boldsymbol{x})\tilde{\eta}\|^2+b_2\|\boldsymbol{\varepsilon}_1\|^2+\frac{1}{4b_2}\|\boldsymbol{D}_1(\boldsymbol{x}_1)\tilde{\boldsymbol{\theta}}_1\|^2-\lambda_{\min}(\boldsymbol{A}_1)\|\boldsymbol{\varepsilon}_1\|^2+\end{aligned}$$

$$b_1\|\boldsymbol{\varepsilon}_2\|^2+\frac{1}{4b_1}\|\boldsymbol{W}_2(\boldsymbol{x})\tilde{\eta}\|^2+b_2\|\boldsymbol{\varepsilon}_2\|^2+\frac{1}{4b_2}\|\boldsymbol{D}_2(\boldsymbol{x}_1)\tilde{\boldsymbol{\theta}}_2\|^2-\lambda_{\min}(\boldsymbol{A}_2)\|\boldsymbol{\varepsilon}_2\|^2\leqslant$$
$$-[\lambda_{\min}(\boldsymbol{A}_1)-b_1-b_2]\|\boldsymbol{\varepsilon}_1\|^2-[\lambda_{\min}(\boldsymbol{A}_2)-b_1-b_2]\|\boldsymbol{\varepsilon}_2\|^2+$$
$$\frac{1}{4b_1}(\|\boldsymbol{W}_1(\boldsymbol{x})\tilde{\eta}\|^2+\|\boldsymbol{W}_2(\boldsymbol{x})\tilde{\eta}\|^2)+\frac{1}{4b_2}(\|\boldsymbol{D}_1(\boldsymbol{x}_1)\tilde{\boldsymbol{\theta}}_1\|^2+\|\boldsymbol{D}_2(\boldsymbol{x}_1)\tilde{\boldsymbol{\theta}}_2\|^2) \tag{5.34}$$

式中：$b_1,b_2>0$。

5.3.3　不确定参数估计

本节基于 I&I 理论对不确定参数进行自适应估计，通过设计自适应律和非线性函数确保估计误差为不变吸引流形。与基于 I&I 理论的非定常气动状态观测器设计思路不同，在参数估计过程中直接采用气流角导数进行自适应律设计，从而避免复杂的偏微分方程求解问题。

根据 I&I 理论构造参数估计：

$$\hat{\boldsymbol{\theta}}_1=\varphi_1+\mu_1[\boldsymbol{\varepsilon}_1,\boldsymbol{D}_1(\boldsymbol{x}_1)] \tag{5.35}$$

式中：φ_1 为 $\boldsymbol{\theta}_1$ 的部分估计；$\mu_1[\boldsymbol{\varepsilon}_1,\boldsymbol{D}_1(\boldsymbol{x}_1)]$ 为待设计的非线性函数。

根据式(5.29) 可知，θ_1 的估计误差动态满足：

$$\dot{\tilde{\boldsymbol{\theta}}}_1=-\dot{\varphi}_1-\frac{\partial\mu_1[\boldsymbol{\varepsilon}_1,\boldsymbol{D}_1(\boldsymbol{x}_1)]}{\partial\boldsymbol{\varepsilon}_1}\left[\boldsymbol{W}_1(\boldsymbol{x})\tilde{\eta}+\boldsymbol{D}_1(\boldsymbol{x}_1)\tilde{\boldsymbol{\theta}}_1+\boldsymbol{G}_1\boldsymbol{\varepsilon}_2-\boldsymbol{A}_1\boldsymbol{\varepsilon}_1-\boldsymbol{R}_1\int_0^t\boldsymbol{\varepsilon}_1\mathrm{d}t\right]-$$
$$\frac{\partial\mu_1[\boldsymbol{\varepsilon}_1,\boldsymbol{D}_1(\boldsymbol{x}_1)]}{\partial\boldsymbol{D}_1(\boldsymbol{x}_1)}\left[\frac{\partial\boldsymbol{D}_1(\boldsymbol{x}_1)}{\partial\alpha}\dot{\alpha}+\frac{\partial\boldsymbol{D}_1(\boldsymbol{x}_1)}{\partial\beta}\dot{\beta}\right] \tag{5.36}$$

为保证估计误差收敛，选择非线性函数：

$$\boldsymbol{\mu}_1[\boldsymbol{\varepsilon}_1,\boldsymbol{D}_1(\boldsymbol{x}_1)]=\gamma_1\boldsymbol{D}_1^T(\boldsymbol{x}_1)\boldsymbol{\varepsilon}_1 \tag{5.37}$$

式中：$\gamma_1>0$ 为自适应增益。

设计参数自适应律：

$$\dot{\varphi}_1=\gamma_1\boldsymbol{D}_1^{\mathrm{T}}(\boldsymbol{x}_1)\left[-\boldsymbol{G}_1\boldsymbol{\varepsilon}_2+\boldsymbol{A}_1\boldsymbol{\varepsilon}_1+\boldsymbol{R}_1\int_0^t\boldsymbol{\varepsilon}_1\mathrm{d}t\right]-\gamma_1\left[\frac{\partial\boldsymbol{D}_1(\boldsymbol{x}_1)}{\partial\alpha}\dot{\alpha}+\frac{\partial\boldsymbol{D}_1(\boldsymbol{x}_1)}{\partial\beta}\dot{\beta}\right]^{\mathrm{T}}\boldsymbol{\varepsilon}_1 \tag{5.38}$$

将式(5.38) 代入式(5.36)，可得

$$\dot{\tilde{\boldsymbol{\theta}}}_1=-\gamma_1\boldsymbol{D}_1^T(\boldsymbol{x}_1)\boldsymbol{D}_1(\boldsymbol{x}_1)\tilde{\boldsymbol{\theta}}_1-\gamma_1\boldsymbol{D}_1^T(\boldsymbol{x}_1)\boldsymbol{W}_1(\boldsymbol{x})\tilde{\eta} \tag{5.39}$$

同理，构造参数 θ_2 的估计：

$$\hat{\boldsymbol{\theta}}_2=\varphi_2+\mu_2[\boldsymbol{\varepsilon}_2,\boldsymbol{D}_2(\boldsymbol{x}_1)] \tag{5.40}$$

设计如下非线性函数和自适应律：

$$\mu_2[\boldsymbol{\varepsilon}_2,\boldsymbol{D}_2(\boldsymbol{x}_1)]=\gamma_2\boldsymbol{D}_2^T(\boldsymbol{x}_1)\boldsymbol{\varepsilon}_2 \tag{5.41}$$

$$\dot{\varphi}_2=\gamma_2\boldsymbol{D}_2^{\mathrm{T}}(\boldsymbol{x}_1)\left[\boldsymbol{G}_1^{\mathrm{T}}\boldsymbol{\varepsilon}_1+\boldsymbol{A}_2\boldsymbol{\varepsilon}_2+\boldsymbol{R}_2\int_0^t\boldsymbol{\varepsilon}_2\mathrm{d}t\right]-\gamma_2\left[\frac{\partial\boldsymbol{D}_2(\boldsymbol{x}_1)}{\partial\alpha}\dot{\alpha}+\frac{\partial\boldsymbol{D}_2(\boldsymbol{x}_1)}{\partial\beta}\dot{\beta}\right]^{\mathrm{T}}\boldsymbol{\varepsilon}_2 \tag{5.42}$$

式中：$\gamma_2>0$。则参数 θ_2 的估计误差动态满足：

$$\dot{\tilde{\boldsymbol{\theta}}}_2=-\gamma_2\boldsymbol{D}_2^T(\boldsymbol{x}_1)\boldsymbol{D}_2(\boldsymbol{x}_1)\tilde{\boldsymbol{\theta}}_2-\gamma_2\boldsymbol{D}_2^T(\boldsymbol{x}_1)\boldsymbol{W}_2(\boldsymbol{x})\tilde{\eta} \tag{5.43}$$

定义 Lyapunov 函数：

$$V_3=\frac{1}{2}\tilde{\boldsymbol{\theta}}_1^T\tilde{\boldsymbol{\theta}}_1+\frac{1}{2}\tilde{\boldsymbol{\theta}}_2^T\tilde{\boldsymbol{\theta}}_2 \tag{5.44}$$

根据式(5.39)和式(5.43)，可得

$$\begin{aligned}\dot{V}_3=&-\sum_{i=1}^{2}\left[\gamma_i\tilde{\boldsymbol{\theta}}_i^{\mathrm{T}}\boldsymbol{D}_i^{\mathrm{T}}(\boldsymbol{x}_1)\boldsymbol{D}_i(\boldsymbol{x}_1)\tilde{\boldsymbol{\theta}}_i+\gamma_i\tilde{\boldsymbol{\theta}}_i^{\mathrm{T}}\boldsymbol{D}_i^{\mathrm{T}}(\boldsymbol{x}_1)\boldsymbol{W}_i(\boldsymbol{x})\tilde{\eta}\right]\leqslant\\&-(\gamma_1-c_1\gamma_1)\parallel\boldsymbol{D}_1(\boldsymbol{x}_1)\tilde{\boldsymbol{\theta}}_1\parallel^2-(\gamma_2-c_2\gamma_2)\parallel\boldsymbol{D}_2(\boldsymbol{x}_1)\tilde{\boldsymbol{\theta}}_2\parallel^2+\\&\frac{\gamma_1}{4c_1}\parallel\boldsymbol{W}_1(\boldsymbol{x})\tilde{\eta}\parallel^2+\frac{\gamma_2}{4c_2}\parallel\boldsymbol{W}_2(\boldsymbol{x})\tilde{\eta}\parallel^2\end{aligned} \tag{5.45}$$

式中：$c_1,c_2\in(0,1)$。

综上所述，控制系统主要包括非定常气动状态观测、约束滤波反步控制和参数自适应估计三部分。闭环系统的控制结构如图 5.2 所示。

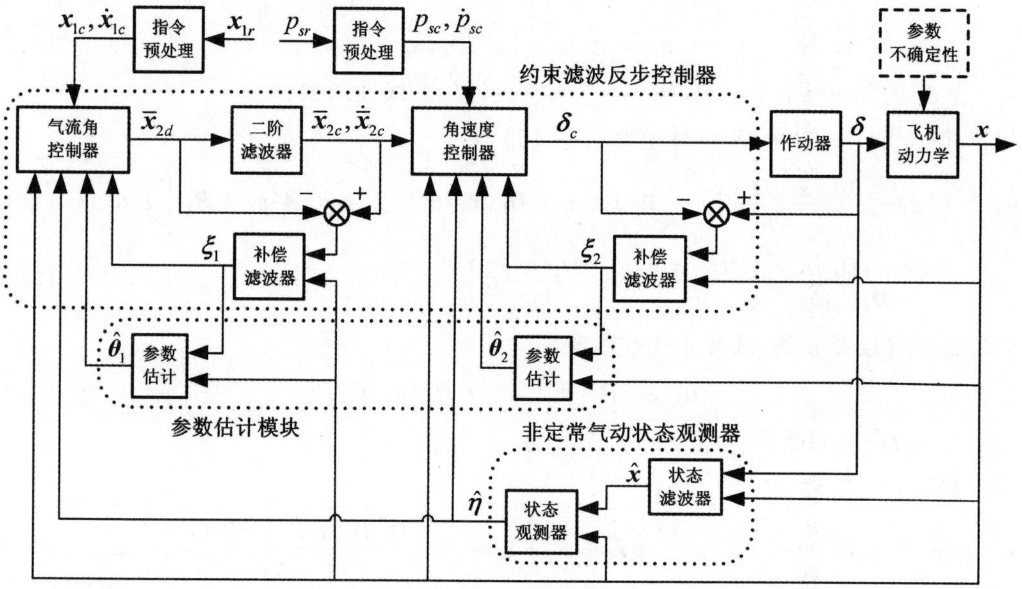

图 5.2　基于 I&I 理论的鲁棒自适应反步控制结构框图

注释 5.2　如果状态观测器(5.13)能够实现对非定常气动状态的准确估计($\tilde{\eta}=0$)，则式(5.39)、式(5.43)可以化简为$\dot{\tilde{\boldsymbol{\theta}}}_i(t)=-\gamma_i\boldsymbol{D}_i^T[\boldsymbol{x}_1(t)]\boldsymbol{D}_i[\boldsymbol{x}_1(t)]\tilde{\boldsymbol{\theta}}_i(t)$，$i=1,2$。当系统在某一时刻 t_1 满足 $\tilde{\boldsymbol{\theta}}_i(t_1)=\boldsymbol{0}$ 时，则对于所有的 $t\geqslant t_1$，$\tilde{\boldsymbol{\theta}}_i(t)=\boldsymbol{0}$ 恒成立，则参数 $\boldsymbol{\theta}_i$ 的估计误差流形 $\Omega_i=\{(\boldsymbol{x},\eta,t)\mid\varphi_i+\mu_i[\boldsymbol{\varepsilon}_i,\boldsymbol{D}_i(\boldsymbol{x}_1)]-\boldsymbol{\theta}_i=\boldsymbol{0}\}$具有不变性，此时 $\varphi_i+\mu_i[\boldsymbol{\varepsilon}_i,\boldsymbol{D}_i(\boldsymbol{x}_1)]$ 能够实现对 $\boldsymbol{\theta}_i$ 的精确估计。

注释 5.3　与 5.3.1 小节中基于 I&I 理论的观测器设计思路不同，在参数估计过程中，由于采用矩阵 $\boldsymbol{D}_1(\boldsymbol{x}_1)$，$\boldsymbol{D}_2(\boldsymbol{x}_1)$ 的滤波信号进行自适应律设计只能得到估计误差有界的结论，为了确保估计误差为不变吸引流形，在设计 $\dot{\varphi}_1$，$\dot{\varphi}_2$ 的过程中，认为 $\dot{\alpha}$，$\dot{\beta}$ 可以直接获取，从而避免求

解偏微分方程。虽然 $\dot{\alpha}$,$\dot{\beta}$ 无法直接测量得到，但是在实际飞行控制系统中，根据测量得到的飞行状态信息，利用以下关系式可以实时解算得到 $\dot{\alpha}$,$\dot{\beta}$，即

$$\dot{\alpha}=\frac{\dot{w}u-\dot{u}w}{u^2\sec^2\alpha},\quad \dot{\beta}=\frac{V_t\cos\beta}{}-\frac{(u\dot{u}+\dot{w}+w\dot{w})v}{V_t^3\cos\beta} \tag{5.46}$$

式中：u,v,w 可以通过惯性测量单元测量得到，则有

$$\dot{u}=rv-qw+a_{xb}\quad \dot{v}=pw-ru+a_{yb}\quad \dot{w}=qu-pv+a_{zb} \tag{5.47}$$

式中：a_{xb},a_{yb},a_{zb} 可以通过加速度计直接测量得到。

5.3.4　稳定性分析

本节采用 Lyapunov 方法对状态观测器、约束滤波反步控制器、参数估计模块和动力学组成的闭环系统进行稳定性分析。闭环系统的稳定性可表述为如下定理。

定理 5.2　对于姿态运动动力学模型式(5.10)，如果假设式(5.1) 和假设式(5.2) 成立，则在状态观测器式(5.13)，约束滤波反步控制器式(5.28)、式(5.30) 和参数估计式(5.35)、式(5.40) 的作用下，$\boldsymbol{W}(\boldsymbol{x})\tilde{\eta},\tilde{\eta},\boldsymbol{z}_1,\boldsymbol{z}_2,\varepsilon_1,\varepsilon_2,\boldsymbol{D}_1(\boldsymbol{x}_1)\tilde{\boldsymbol{\theta}}_1$ 和 $\boldsymbol{D}_2(\boldsymbol{x}_1)\tilde{\boldsymbol{\theta}}_2$ 渐近收敛到零。

证明：定义 Lyapunov 函数：

$$V_4=V_1+V_2+V_3 \tag{5.48}$$

联立式(5.22)、式(5.34) 和式(5.45)，可得

$$\begin{aligned}\dot{v}_4\leqslant&-\left(\gamma_0-a_1\gamma_0-\frac{1}{4b_1}\right)\|\boldsymbol{W}(\boldsymbol{x})\tilde{\eta}\|^2-\left\{\lambda_{\min}[\boldsymbol{B}(\boldsymbol{x}_1)]-\frac{\gamma_0(m_1^2+m_2^2)}{4a_2}-\frac{\gamma_1\tau_{11}^2}{4c_1}-\frac{\gamma_2\tau_{12}^2}{4c_2}\right\}\\&\|\tilde{\eta}\|^2-[\lambda_{\min}(\boldsymbol{K}_1)-\gamma_0a_2-a_3]\|\boldsymbol{z}_1\|^2-[\lambda_{\min}(\boldsymbol{K}_2)-\gamma_0a_2-a_3]\|\boldsymbol{z}_2\|^2-\\&[\lambda_{\min}(\boldsymbol{A}_1)-b_1-b_2]\|\boldsymbol{\varepsilon}_1\|^2-[\lambda_{\min}(\boldsymbol{A}_2)-b_1-b_2]\|\boldsymbol{\varepsilon}_2\|^2-\left(\gamma_1-c_1\gamma_1-\frac{\gamma_0}{4a_1}-\right.\\&\left.\frac{1}{4a_3}-\frac{1}{4b_2}\right)\|\boldsymbol{D}_1(\boldsymbol{x}_1)\tilde{\boldsymbol{\theta}}_1\|^2-\left(\gamma_2-c_2\gamma_2-\frac{\gamma_0}{4a_1}-\frac{1}{4a_3}-\frac{1}{4b_2}\right)\|\boldsymbol{D}_2(\boldsymbol{x}_1)\tilde{\boldsymbol{\theta}}_2\|^2\end{aligned} \tag{5.49}$$

为了保证闭环系统的稳定性，选择矩阵 $\mathrm{A}_1,\mathrm{A}_2,\boldsymbol{K}_1,\boldsymbol{K}_2$ 和参数 $\gamma_0,\gamma_1,\gamma_2$ 使得：

$$\lambda_{\min}[\boldsymbol{B}(\boldsymbol{x}_1)]>\frac{\gamma_0(m_1^2+m_2^2)}{4a_2}+\frac{\gamma_1\tau_{11}^2}{4c_1}+\frac{\gamma_2\tau_{12}^2}{4c_2} \tag{5.50}$$

$$\lambda_{\min}(\boldsymbol{K}_1)>\gamma_0a_2+a_3,\ \lambda_{\min}(\boldsymbol{K}_2)>a_2\gamma_0+a_3,\ \lambda_{\min}(\boldsymbol{A}_1)>b_1+b_2,\ \lambda_{\min}(\boldsymbol{A}_2)>b_3+b_4 \tag{5.51}$$

$$\gamma_0(1-a_1)>\frac{1}{4b_1},\gamma_1(1-c_1)>\frac{\gamma_0}{4a_1}+\frac{1}{4a_3}+\frac{1}{4b_2},\ \gamma_2(1-c_2)>\frac{\gamma_0}{4a_1}+\frac{1}{4a_3}+\frac{1}{4b_2} \tag{5.52}$$

则有 $\dot{V}_4\leqslant0$。根据式(5.48) 和式(5.49)，可得

$$\left.\begin{aligned}&(\tilde{\eta},\boldsymbol{z}_1,\boldsymbol{z}_2,\boldsymbol{\varepsilon}_1,\boldsymbol{\varepsilon}_2,\tilde{\boldsymbol{\theta}}_1,\tilde{\boldsymbol{\theta}}_2)\in L_\infty\\&[\boldsymbol{W}(\boldsymbol{x})\tilde{\eta},\tilde{\eta},\boldsymbol{z}_1,\boldsymbol{z}_2,\boldsymbol{\varepsilon}_1,\boldsymbol{\varepsilon}_2,\boldsymbol{D}_1(\boldsymbol{x}_1)\tilde{\boldsymbol{\theta}}_1,\boldsymbol{D}_2(\boldsymbol{x}_1)\tilde{\boldsymbol{\theta}}_2]\in L_2\end{aligned}\right\} \tag{5.53}$$

由假设5.1和假设5.2可知，$\boldsymbol{W}(\boldsymbol{x})$，$\boldsymbol{D}_1(\boldsymbol{x}_1)$，$\boldsymbol{D}_2(\boldsymbol{x}_1)$及其一阶导数均有界，因此$\boldsymbol{W}(\boldsymbol{x})\tilde{\eta}$，$\tilde{\eta}$，$\boldsymbol{z}_1$，$\boldsymbol{z}_2$，$\varepsilon_1$，$\varepsilon_2$，$\boldsymbol{D}_1(\boldsymbol{x}_1)\tilde{\boldsymbol{\theta}}_1$ 和 $\boldsymbol{D}_2(\boldsymbol{x}_1)\tilde{\boldsymbol{\theta}}_2$ 均渐近收敛到零。证毕。

定义流形：

$$\Omega_6 = \Omega_0 \cap \Omega_3 \cap \Omega_4 \cap \Omega_5 \tag{5.54}$$

式中：$\Omega_3 = \{\boldsymbol{W}(\boldsymbol{x})[\eta - \varphi_0 + \mu_0[\boldsymbol{z},\boldsymbol{W}(\boldsymbol{x})]] = \boldsymbol{0}\}$，$\Omega_4 = \{\boldsymbol{D}_1(\boldsymbol{x}_1)[\boldsymbol{\theta}_1 - \varphi_1 + \mu_1[\boldsymbol{\varepsilon}_1,\boldsymbol{D}_1(\boldsymbol{x}_1)]] = \boldsymbol{0}\}$，$\Omega_5 = \{\boldsymbol{D}_2(\boldsymbol{x}_1)[\boldsymbol{\theta}_2 - \varphi_2 + \mu_2[\boldsymbol{\varepsilon}_2,\boldsymbol{D}_2(\boldsymbol{x}_1)]] = \boldsymbol{0}\}$。

根据定理5.2可知，$\boldsymbol{W}(\boldsymbol{x})\tilde{\eta}$，$\boldsymbol{D}_1(\boldsymbol{x}_1)\tilde{\boldsymbol{\theta}}_1$ 和 $\boldsymbol{D}_2(\boldsymbol{x}_1)\tilde{\boldsymbol{\theta}}_2$ 渐近收敛到零，则 Ω_6 为吸引流形。在该流形上，系统(5.10) 退化为确定系统，闭环系统的控制性能不受参数不确定性的影响。

注释 5.4　在控制系统设计过程中，参数 a_1，a_2，a_3，b_1，b_2，c_1，c_2 仅用于系统的稳定性分析，而非实际控制器设计参数。由于正定矩阵 $\boldsymbol{B}(\boldsymbol{x}_1)$ 只依赖于气流角，无法直接通过控制参数进行调节，因此，在稳定性分析过程中应当适当增大 a_2，c_1，c_2 的取值以保证式(5.50) 成立。

注释 5.5　对于跟踪误差的稳定性，分两种情况进行讨论：

(1) 当执行机构未出现饱和时，补偿滤波器输入信号 $\bar{\boldsymbol{x}}_{2c} - \bar{\boldsymbol{x}}_{2d}$ 和$\delta - \delta_c$ 均有界，通过选择较大的滤波器自然角频率和控制增益 $\boldsymbol{A}_1$，$\boldsymbol{A}_2$ 可以使滤波补偿状态收敛到零附近较小的邻域内，因此由定理(5.2) 和式(5.26) 可知跟踪误差有界。

(2) 当执行机构出现饱和时，控制的首要目标是保证系统的稳定，避免自适应过程受控制饱和的影响而出现发散。当饱和发生时，输入信号 $\delta - \delta_c$ 的增大使得滤波补偿状态 ξ_2 迅速增大，但是补偿误差 $\boldsymbol{z}_1$，$\boldsymbol{z}_2$ 仍然收敛到零，通过利用补偿误差代替跟踪误差进行自适应律设计，可以使自适应过程不受饱和的影响。

5.3.5　仿真结果分析

1. 自适应律对比分析

为了考察不确定等价自适应律(Non-certainty equivalent adaptive law, NCEA) 的参数估计效果及闭环控制性能，采用确定性等价自适应律(Certainty equivalent adaptive law, CEA) 进行对比分析。在 Matlab/Simulink 仿真环境中，控制步长取为 5 ms，以 $H = 2\ 000$ m，$V_t = 139.5$ m/s 下的配平值作为飞机的初始运动状态，对应的迎角、升降舵偏角和推力分别为 $\alpha = 7.50°$，$\delta_e = -3.43°$，$T = 18\ 196$ N。观测器参数为 $\boldsymbol{K}_1 = 20\boldsymbol{I}_{2\times2}$，$\boldsymbol{K}_2 = 20\boldsymbol{I}_{3\times3}$，$\gamma_0 = 0.5$，控制增益为 $\boldsymbol{A}_1 = 3\boldsymbol{I}_{2\times2}$，$\boldsymbol{A}_2 = 6\boldsymbol{I}_{3\times3}$，积分系数分别为 $\boldsymbol{R}_1 = 0.1\boldsymbol{I}_{2\times2}$，$\boldsymbol{R}_2 = 0.2\boldsymbol{I}_{3\times3}$。指令预处理、虚拟指令滤波和状态观测滤波均采用图 5.1 所示的二阶滤波器，滤波器阻尼比均为 1，自然角频率分别为 4 rad/s，15 rad/s，30 rad/s。两种自适应律对应的参数初值均取为 0。对于 NCEA，自适应增益分别为 $\gamma_1 = 1000$，$\gamma_2 = 0.002$。对于 CEA，参数自适应律设计为

$$\dot{\tilde{\theta}}_1 = \gamma_3 \boldsymbol{D}_1^{\mathrm{T}}(\boldsymbol{x}_1)\boldsymbol{\varepsilon}_1, \quad \dot{\tilde{\theta}}_2 = \gamma_4 \boldsymbol{D}_2^{\mathrm{T}}(\boldsymbol{x}_1)\varepsilon_2 \tag{5.55}$$

式中：γ_3，$\gamma_4 > 0$ 为自适应增益。由于自适应增益对瞬态控制性能的影响较大，因此为了增加仿

真的说服力，采用以下 3 组增益进行对比分析：①$\gamma_3=200$，$\gamma_4=0.001$；②$\gamma_3=1000$，$\gamma_4=0.002$；③$\gamma_3=2\,000$，$\gamma_4=0.01$。

为了便于对比，选择式(2.23)所示的均方根误差和式(4.32)所示的控制能量作为评价指标。在仿真过程中，横侧向输入指令 β_c，p_{sc} 保持为零，只针对纵向通道控制性能进行研究。在纵向气动参数中加入 $\Delta C_Z=0.1$ 和 $\Delta C_m=0.05$ 的常值不确定性以模拟气动建模误差。两种自适应律在相同自适应增益条件下的控制性能评价指标统计结果见表 5.1，指令跟踪和参数估计效果如图 5.3 ～ 图 5.5 所示，图 5.6 给出了 NCEA 对应的参数估计和误差范数变化曲线。

表 5.1　控制性能评价指标统计结果

自适应律		RMSE/(°)	控制能量 /kJ	最大误差 /(°)	最大 δ_e/(°)	最大 δ_z(°)
NCEA		0.32	255	1.65	12.15	8.05
CEA	情形一	1.07	290	4.44	20.00	9.31
	情形二	0.62	302	2.99	20.00	9.23
	情形三	0.45	308	2.12	19.75	9.36

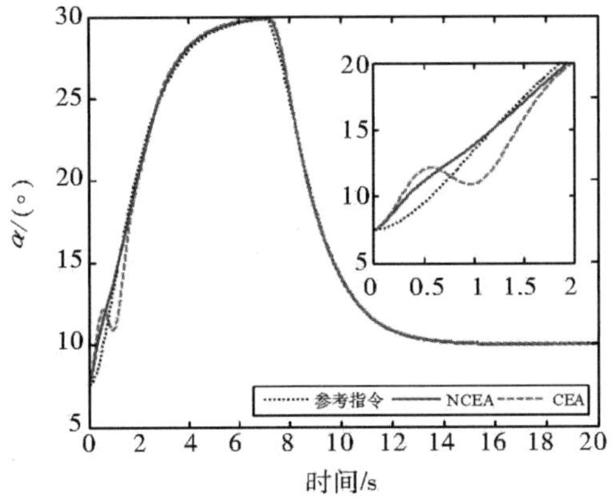

图 5.3　指令跟踪效果对比

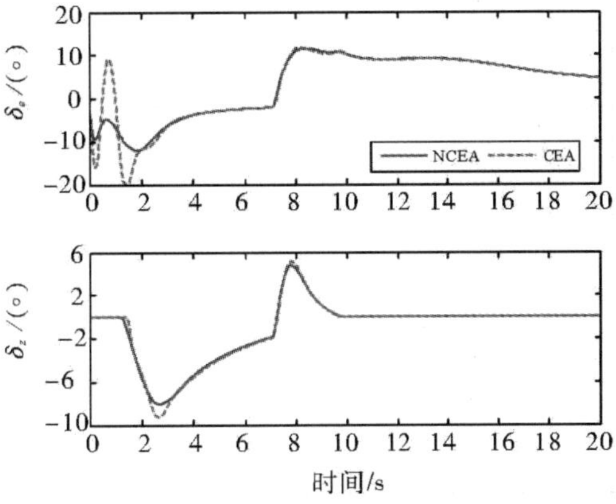

图 5.4　执行机构偏转角度

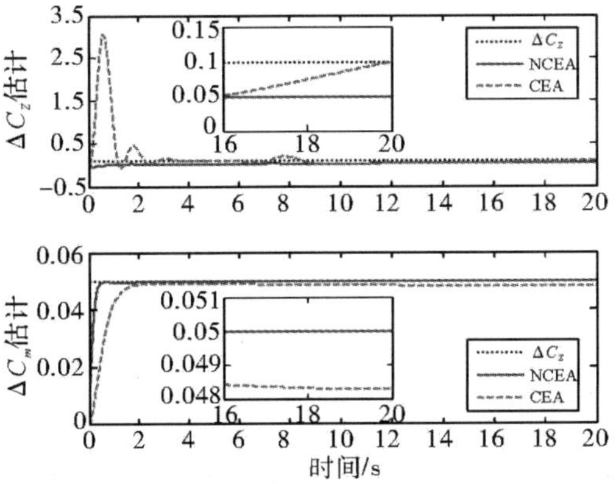

图 5.5　不确定参数估计效果对比

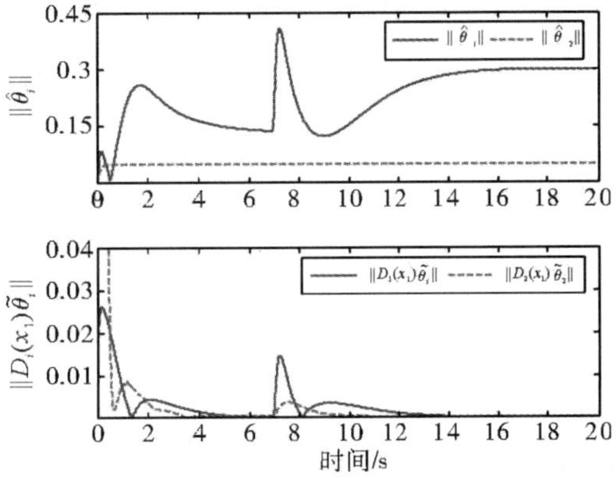

图 5.6　参数估计及其误差范数

从表 5.1、图 5.3 和图 5.4 中可以看出，与 CEA 相比，基于 NCEA 的控制方法在指令跟踪效果和控制能量消耗方面均具有明显优势。此外，采用 NCEA 进行参数估计可以使估计误差浸入不变吸引流形，这是采用CEA无法保证的。由图 5.6 可知，由于$\boldsymbol{W}(\boldsymbol{x})\tilde{\eta}$随着机动过程结束趋近于零，$\boldsymbol{D}_1(\boldsymbol{x}_1)\tilde{\boldsymbol{\theta}}_1$ 和 $\boldsymbol{D}_2(\boldsymbol{x}_1)\tilde{\boldsymbol{\theta}}_2$ 在 15s 之后也收敛到零，闭环系统的轨迹满足流形 Ω_6 的约束。从图 5.5 中可以看出，采用 *CEA* 时，参数估计误差在 15 *s* 之后仍然无法收敛到零；当采用 *NCEA* 时，在系统浸入不变吸引流形后，ΔC_m 的估计误差收敛到零，而 ΔC_Z 的估计误差则保持不变。这是因为对于 ΔC_m 的估计，由于矩阵 $\boldsymbol{D}_2(\boldsymbol{x}_1)$ 的维数与向量 $\tilde{\boldsymbol{\theta}}_2$ 相等，$\boldsymbol{D}_2(\boldsymbol{x}_1)\tilde{\boldsymbol{\theta}}_2$ 等于零意味着 $\tilde{\boldsymbol{\theta}}_2$ 收敛到零。而对于 ΔC_Z 而言，由于矩阵 $\boldsymbol{D}_1(\boldsymbol{x}_1)$ 的维数低于向量 $\tilde{\boldsymbol{\theta}}_1$ 的维数，$\boldsymbol{D}_1(\boldsymbol{x}_1)\tilde{\boldsymbol{\theta}}_1$ 收敛到零并不能保证 $\tilde{\boldsymbol{\theta}}_1$ 等于零。但是当系统的轨迹浸入流形 Ω_6 之后，由于该流形具有不变性，参数估计值均冻结在系统浸入流形时刻的状态，估计误差保持不变，此时闭环系统的动态是确定的，控制性能不受参数不确定性的影响。

2. 过失速机动仿真分析

为了考察控制效果，采用3种不同的控制策略进行仿真验证：① 基于状态观测的鲁棒自适应反步控制，在控制器设计中考虑了非定常气动效应和参数不确定性的鲁棒补偿；② 基于状态观测的滤波反步控制，在控制器设计中只补偿非定常气动效应；③ 滤波反步控制，在控制器设计中不考虑非定常气动效应和参数不确定性。

在 Matlab/Simulink 仿真环境中，仿真步长取 5 ms，以 $H = 2\ 000$ m，$V_t = 139.5$ m/s 下的配平值作为战斗机的初始运动状态，对应的迎角、升降舵偏角和推力分别为 $\alpha = 7.50°$，$\delta_e = -3.43°$，$T = 18\ 196$ N。观测器参数为 $\boldsymbol{K}_1 = 20\boldsymbol{I}_{2\times2}$，$\boldsymbol{K}_2 = 20\boldsymbol{I}_{3\times3}$，$\gamma_0 = 0.5$，控制增益为 $\boldsymbol{A}_1 = 3\boldsymbol{I}_{2\times2}$，$\boldsymbol{A}_2 = 6\boldsymbol{I}_{3\times3}$，积分系数分别为 $\boldsymbol{R}_1 = 0.1\boldsymbol{I}_{2\times2}$，$\boldsymbol{R}_2 = 0.2\boldsymbol{I}_{3\times3}$。虚拟指令滤波和状态观测滤波均采用图 5.1 所示的二阶滤波器，滤波器阻尼比均为 1，自然角频率分别为 15 rad/s，30 rad/s，自适应增益分别为 $\gamma_1 = 1\ 000$，$\gamma_2 = 0.002$。为了反映纵向和横侧向通道之间的耦合作用，采用 Herbst 机动进行验证，仿真结果如图 5.7 ～ 图 5.14 所示，图 5.7 和图 5.8 给出了 3 种控制策略下的指令跟踪效果对比，图 5.9 ～ 图 5.14 为采用所提出的控制方法对应的控制效果，图 5.10 中的横侧向非定常气动状态响应为偏航运动和滚转运动产生的非定常气动效应的合成。

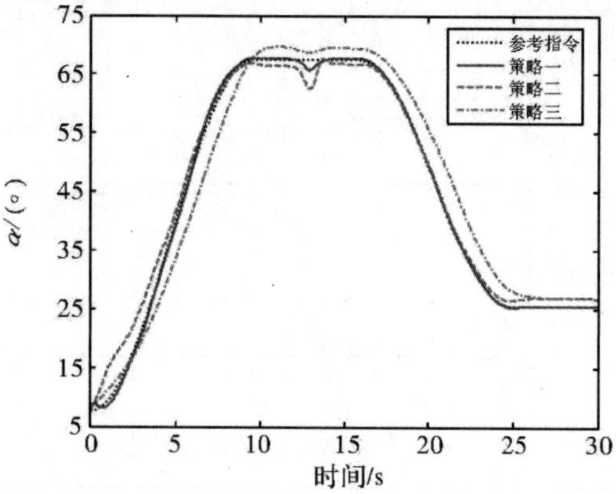

图 5.7　迎角指令跟踪效果对比

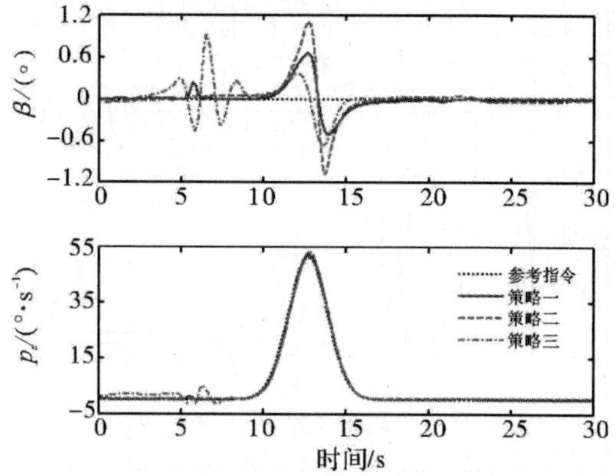

图 5.8　横侧向指令跟踪效果对比

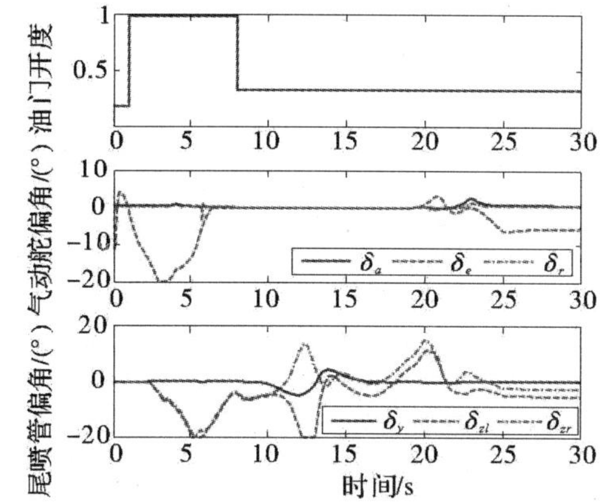

图 5.9　油门开度与执行机构偏转角度

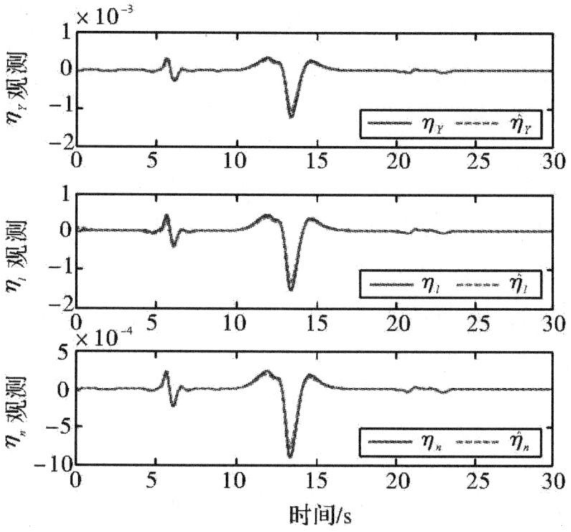

图 5.10　横侧向非定常气动状态观测效果

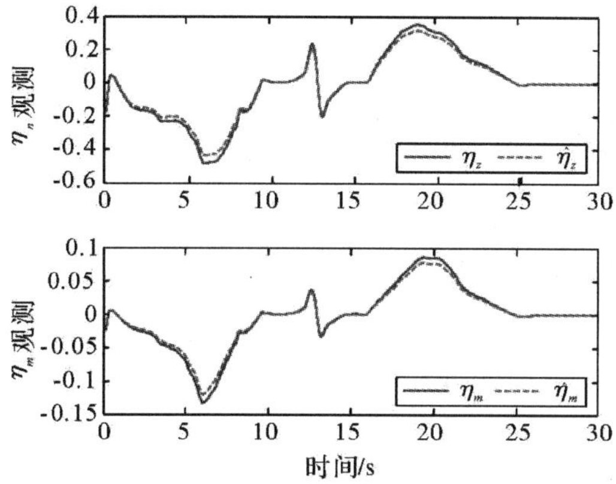

图 5.11　纵向非定常气动状态观测效果

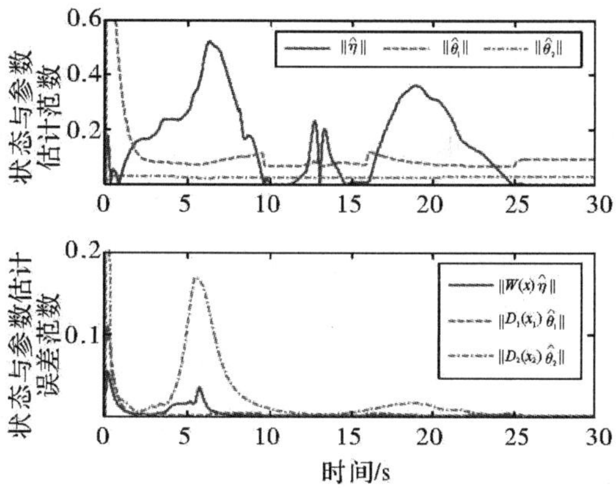

图 5.12　状态与参数估计及相关误差范数

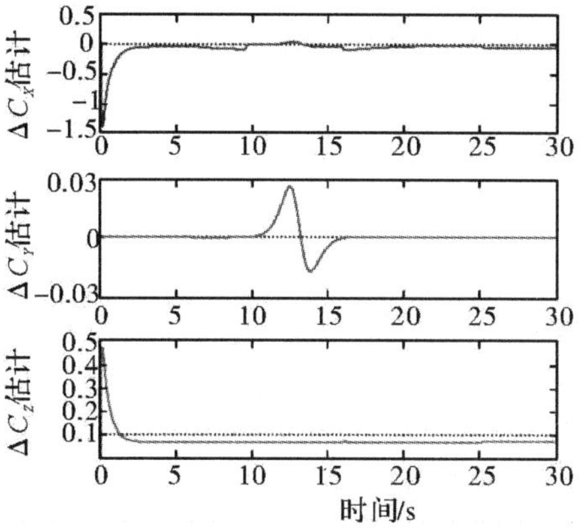

图 5.13　气动力系数不确定性估计

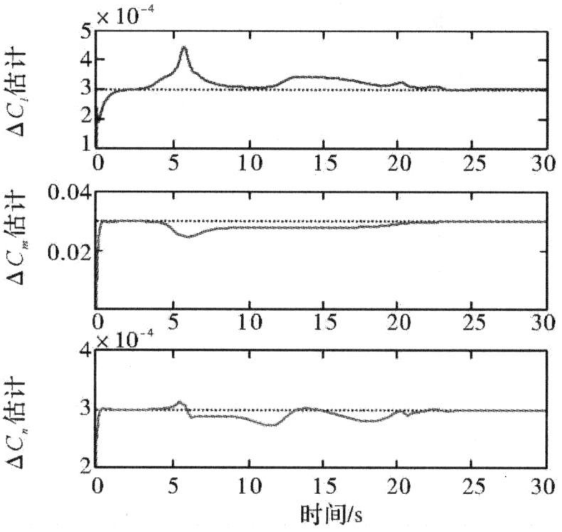

图 5.14　气动力矩系数不确定性估计

从图 5.7 ～ 图 5.9 中可以看出，非定常气动效应和参数不确定性分别会对系统的动态性能和稳态误差产生较大影响，通过控制补偿可以显著提高指令的跟踪效果。在 1 ～ 8 s之间，通过将油门开度设置为1以增加发动机推力，从而为过失速机动提供足够的控制能量。在12～13 s之间，滚转机动使得尾喷管偏转位置出现饱和，侧滑角和角速度跟踪误差增大，迎角跟踪由于受到通道间耦合作用的影响也出现了一定的偏离。但是由于饱和持续时间较短，当执行机构退出饱和后，跟踪误差仍然能够迅速收敛。由图5.10和图5.11可知，由于受参数估计误差和横侧向非定常气动状态等效误差的影响，在机动过程中非定常气动状态的观测出现了较小的偏差，但是所设计的观测器仍然能够实现对非定常气动状态的观测，且对于参数不确定性具有一定的鲁棒性。从图5.12～图5.14中可以看出，采用补偿误差代替跟踪误差进行自适应律设计使得参数估计过程几乎不受饱和的影响。随着机动过程的结束，$W(\boldsymbol{x})\tilde{\eta}$，$\boldsymbol{D}_1(\boldsymbol{x}_1)\tilde{\boldsymbol{\theta}}_1$ 和 $\boldsymbol{D}_2(\boldsymbol{x}_1)\tilde{\boldsymbol{\theta}}_2$ 在25.5 s之后均收敛到零，闭环系统的轨迹浸入不变流形 Ω_6，非定常气动状态和参数估计值均被冻结在系统浸入流形时刻的状态，气动力矩系数不确定性估计误差收敛到零，气动力系数不确定性估计误差保持不变。由于系统的轨迹满足流形 Ω_6 的约束，闭环系统具有确定的控制性能。

5.4 复合观测器设计

战斗机姿态运动的动力学模型可以表述为

$$\left.\begin{aligned}\dot{\boldsymbol{x}}_1 &= \boldsymbol{f}_1(\boldsymbol{x})+\boldsymbol{W}_1(\boldsymbol{x})\eta+\overline{\boldsymbol{G}}_1\overline{\boldsymbol{x}}_2+\Delta_{x1}\\ \dot{\boldsymbol{x}}_2 &= \boldsymbol{f}_2(\boldsymbol{x})+\boldsymbol{W}_2(\boldsymbol{x})\eta+\boldsymbol{G}_2(\boldsymbol{x})\delta+\Delta_{x2}\\ \dot{\eta} &= \boldsymbol{h}(\boldsymbol{x})-\boldsymbol{B}(\boldsymbol{x}_1)\eta+\Delta_\eta\end{aligned}\right\}\tag{5.56}$$

式中：$\boldsymbol{x}_1,\boldsymbol{x}_2,\overline{\boldsymbol{x}}_2,\boldsymbol{x},\eta$ 的定义和 $\boldsymbol{f}_1(\boldsymbol{x}),\boldsymbol{f}_2(\boldsymbol{x}),\boldsymbol{W}_1(\boldsymbol{x}),\boldsymbol{W}_2(\boldsymbol{x}),\overline{\boldsymbol{G}}_1,\boldsymbol{G}_2(\boldsymbol{x}),\boldsymbol{h}(\boldsymbol{x}),\boldsymbol{B}(\boldsymbol{x}_1)$ 的表示形式均与5.3节保持一致，Δ_{x1},Δ_{x2} 表示由建模误差或外界扰动等因素引起的模型不确定性，Δ_η 表示非定常气动建模误差。为便于表述，在下文中省略函数向量/矩阵括号中的自变量，将式(5.56)改写为

$$\left.\begin{aligned}\dot{\boldsymbol{x}} &= \boldsymbol{f}+\boldsymbol{W}\eta+\Delta_x\\ \dot{\eta} &= \boldsymbol{h}-\boldsymbol{B}\eta+\Delta_\eta\end{aligned}\right\}\tag{5.57}$$

式中：$\boldsymbol{f}=[\overline{\boldsymbol{f}}_1^T,\overline{\boldsymbol{f}}_2^T]^T$，$\overline{\boldsymbol{f}}_1=\boldsymbol{f}_1+\overline{\boldsymbol{G}}_1\overline{\boldsymbol{x}}_2$，$\overline{\boldsymbol{f}}_2=\boldsymbol{f}_2+\boldsymbol{G}_2\delta$，$\Delta_x=[\Delta_{x1}^T,\Delta_{x2}^T]^T$。

在设计观测器之前首先给出以下假设。

假设5.3 对于模型不确定性 Δ_x,Δ_η，存在正常数 κ_1,κ_2 使 $\|\Delta_x\|\leqslant\kappa_1$，$\|\Delta_\eta\|\leqslant\kappa_2$，且 Δ_x 为慢变量，满足 $\dot{\Delta}_x\approx\boldsymbol{0}$。

假设5.4 对于 $\boldsymbol{W},\boldsymbol{G}_2$，存在正常数 ν_1,ν_2,ν_3,ν_4 使得 $\|\boldsymbol{W}\|\leqslant\nu_1$，$\|\dot{\boldsymbol{W}}\|\leqslant\nu_2$，$\|\ddot{\boldsymbol{W}}\|\leqslant\nu_3$ 和 $\|\boldsymbol{G}_2\|\leqslant\nu_4$ 对于所有 $x\in\Omega_0\subset\mathbb{R}^5$ 均成立，其中 Ω_0 为包含原点的紧集。

为实现对非定常气动状态和模型不确定性的估计，构造动态系统：

$$\left.\begin{aligned}\dot{\boldsymbol{x}}_d &= -\boldsymbol{L}_1(\boldsymbol{f}+\boldsymbol{W}\hat{\eta}+\hat{\Delta}_x)\\ \dot{\eta}_d &= \boldsymbol{h}-\boldsymbol{B}\hat{\eta}-\boldsymbol{W}^T\boldsymbol{L}_2(\boldsymbol{f}+\boldsymbol{W}\hat{\eta}+\hat{\Delta}_x)-\boldsymbol{W}_F^T\boldsymbol{p}_2\end{aligned}\right\}\tag{5.58}$$

式中：$\hat{\eta}$,$\hat{\Delta}_x$ 分别为 η 和 Δ_x 的估计值，$\boldsymbol{L}_1=\partial \boldsymbol{p}_1/\partial \boldsymbol{x}$，$\boldsymbol{L}_2=\partial \boldsymbol{p}_2/\partial \boldsymbol{x}$，$\boldsymbol{p}_1$，$\boldsymbol{p}_2$ 为待设计的光滑函数向量，$\boldsymbol{W}_F$ 为 $\boldsymbol{W}$ 的低通滤波信号。

根据式(5.58)设计如下观测器：

$$\left.\begin{aligned}\hat{\Delta}_x&=x_d+\boldsymbol{p}_1\\ \hat{\eta}&=\eta_d+\boldsymbol{W}^T\boldsymbol{p}_2\end{aligned}\right\}\tag{5.59}$$

由式(5.57)和式(5.58)可知，观测误差动态满足：

$$\left.\begin{aligned}\dot{\tilde{\Delta}}_x&=-\boldsymbol{L}_1\tilde{\Delta}_x-\boldsymbol{L}_1\boldsymbol{W}\tilde{\eta}\\ \dot{\tilde{\eta}}&=-(\boldsymbol{B}+\boldsymbol{W}^TL_2\boldsymbol{W})\tilde{\eta}-\boldsymbol{W}^T\boldsymbol{L}_2\tilde{\Delta}_x+\bar{\Delta}_\eta\end{aligned}\right\}\tag{5.60}$$

式中：$\tilde{\Delta}_x=\Delta_x-\hat{\Delta}_x$，$\tilde{\eta}=\eta-\hat{\eta}$，$\bar{\Delta}_\eta=\Delta_\eta-\Delta\dot{\boldsymbol{W}}^T\boldsymbol{p}_2$，$\Delta\boldsymbol{W}=\boldsymbol{W}-\boldsymbol{W}_F$。

根据假设 5.4 可知，存在依赖于 ν_2，ν_3 和滤波器参数的正常数 l_1 使得 $\|\Delta\dot{\boldsymbol{W}}\|\leqslant l_1$ 成立[179]。此外对于连续光滑函数向量 $\boldsymbol{p}_2$，同样存在正常数 l_2 使得 $\|\boldsymbol{p}_2\|\leqslant l_2$ 对于所有 $\boldsymbol{x}\in\Omega_0$ 均成立。因此有 $\|\bar{\Delta}_\eta\|\leqslant\kappa_3$，其中 κ_3 为依赖于 l_1，l_2 和 κ_2 的正常数。

观测误差的稳定性分析可以表述为如下定理。

定理 5.3　对于动力学系统式(5.57)，如果假设定理(5.3)和假设定理(5.4)成立，在动态系统式(5.58)和观测器式(5.59)的作用下，通过选择合适的函数向量 $\boldsymbol{p}_1$，$\boldsymbol{p}_2$ 可以使观测误差 $\tilde{\Delta}_x$，$\tilde{\eta}$ 收敛到零附近较小的邻域内。

证明：定义 Lyapunov 函数：

$$V_1=\frac{1}{2}\tilde{\Delta}_x^T\tilde{\Delta}_x+\frac{1}{2}\tilde{\eta}^T\tilde{\eta}\tag{5.61}$$

根据式(5.60)，可得

$$\dot{v}_1=-\tilde{\Delta}_x^T\boldsymbol{L}_1\tilde{\Delta}_x-\tilde{\Delta}_x^T\boldsymbol{L}_1\boldsymbol{W}\tilde{\eta}-\tilde{\eta}^T(\boldsymbol{B}+\boldsymbol{W}^T\boldsymbol{L}_2\boldsymbol{W})\tilde{\eta}-\tilde{\eta}^T\boldsymbol{W}^T\boldsymbol{L}_2\tilde{\Delta}_x+\tilde{\eta}^T\bar{\Delta}_\eta\tag{5.62}$$

为保证观测误差收敛，选择

$$\left.\begin{aligned}\boldsymbol{p}_1&=[k_1\alpha,k_1\beta,k_1p_s,k_1q_s,k_1r_s]^T\\ \boldsymbol{p}_2&=[k_2\alpha,k_2\beta,k_2p_s,k_2q_s,k_2r_s]^T\end{aligned}\right\}\tag{5.63}$$

式中：k_1，$k_2>0$。由上式可知 $\boldsymbol{L}_1=k_1\boldsymbol{I}_{5\times5}$，$\boldsymbol{L}_2=k_2\boldsymbol{I}_{5\times5}$。

根据杨氏不等式，可得

$$\begin{aligned}\dot{v}_0\leqslant&-k_1\|\tilde{\Delta}_x\|^2+\frac{k_1}{2}(\|\tilde{\Delta}_x\|^2+\|\boldsymbol{W}\|^2\|\tilde{\eta}\|^2)-\lambda_{\min}(\boldsymbol{B})\|\tilde{\eta}\|^2+\\ &k_2\|\boldsymbol{W}\|^2\|\tilde{\eta}\|^2+\frac{k_2}{2}(\|\tilde{\Delta}_x\|^2+\|\boldsymbol{W}\|^2\|\tilde{\eta}\|^2)+\frac{1}{2a_1}\|\tilde{\eta}\|^2+\frac{a_1}{2}\kappa_3^2\leqslant\\ &-\frac{1}{2}(k_1-k_2)\|\tilde{\Delta}_x\|^2-\left[\lambda_{\min}(\boldsymbol{B})-\frac{1}{2}(k_1-3k_2)\|\boldsymbol{W}\|^2-\frac{1}{2a_1}\right]\|\tilde{\eta}\|^2+\varphi_1\end{aligned}\tag{5.64}$$

式中：$a_1>0$，$\varphi_1=a_1\kappa_3^2/2$。

选择合适的参数 k_1, k_2, a_1 使得

$$\left.\begin{aligned}\Gamma_1 &= \frac{1}{2}(k_1 - k_2) > 0 \\ \Gamma_2 &= \lambda_{\min}(\boldsymbol{B}) - \frac{1}{2}(k_1 - 3k_2)\ \|\boldsymbol{W}\|^2 - \frac{1}{2a_1} > 0\end{aligned}\right\} \tag{5.65}$$

根据 Lyapunov 稳定性定理可知，观测误差 $\tilde{\Delta}_x, \tilde{\eta}$ 的收敛域可以表示为

$$\Omega_1 = \left\{(\tilde{\Delta}_x, \tilde{\eta}) \mid \|\tilde{\Delta}_x\| \leqslant \sqrt{\varphi_1/\Gamma_1},\ \|\tilde{\eta}\| \leqslant \sqrt{\varphi_1/\Gamma_2}\right\} \tag{5.66}$$

因此选择合适的参数 k_1, k_2 可以使得 $\tilde{\Delta}_x, \tilde{\eta}$ 收敛到零附近较小的邻域内。证毕。

考虑到所设计的观测器能够实现状态和不确定性的同时估计，因此将其称为复合观测器。由于系统(5.57)中的矩阵 $\boldsymbol{B}, \boldsymbol{W}$ 均为时变量且非定常气动模型存在建模误差 Δ_η，这使得复合观测器与文献[180]中的观测器相比具有更大的设计难度。在设计过程中，通过采用 $\boldsymbol{W}$ 的滤波信号克服了 $\boldsymbol{W}$ 变化给观测器设计带来的影响，同时也使得所设计的复合观测器在非线性不确定系统中具有更大的应用范围。

5.5 基于辅助系统补偿的鲁棒约束反步控制

当战斗机在大迎角条件下进行大角速率机动时，短时间内需要的控制能量很大，气动舵面和发动机尾喷管容易出现饱和，可能导致系统的控制性能下降甚至失稳，因此，开展过失速机动约束控制方法研究具有重要意义。

迄今为止，在理论研究方面出现了许多处理执行机构饱和的控制方法，如抗饱和控制[181]、伪控制隔离[182]和预测控制[183]，等等。这些方法在处理饱和问题上具有一定的效果，但是鲁棒性有限。为了使控制系统在抑制饱和影响的同时具备较强的鲁棒性，通常的做法是将约束控制与自适应控制相结合，通过对模型不确定性进行自适应估计和控制补偿以提高系统的鲁棒性。然而在自适应控制中，执行机构饱和的影响尤为突出，如果自适应律设计不合理，由饱和引起的误差变化会使自适应过程受到“污染”，容易导致系统出现发散[125]。为了避免上述问题，最直接的办法就是在执行机构出现饱和时中断自适应过程，以防止因饱和引起的误差变化对自适应过程产生影响[184]。此外，基于二阶滤波器的约束自适应控制方法也是处理执行机构饱和及模型不确定性的有效手段[127,185,186]。该方法采用补偿后的跟踪误差进行自适应律设计以保证自适应过程的稳定性。对于约束控制而言，关键的问题在于如何对饱和产生的影响进行描述。为此一些学者提出了基于辅助系统补偿的约束控制方法[178,187,188]。该方法采用辅助系统描述饱和的影响，通过在控制器设计过程中反馈辅助系统状态进行饱和补偿。近年来，该方法已经被广泛应用于吸气式高超声速飞行器[189]、再入飞行器[190]和卫星[191]的飞行控制研究。除此之外，能够处理饱和问题的方法还有很多[192-194]。

5.5.1 约束反步控制器设计

针对式(5.57)所示的姿态控制模型，控制的目标是在模型不确定性、非定常气动效应和执行机构位置和速率约束的影响下实现对输入指令 α_c，β_c 和 p_{sc} 的稳定跟踪。在控制器设计之前首先给出以下假设和引理。

假设 5.5 对于不确定性估计误差 $\tilde{\Delta}_x = [\Delta_1, \Delta_2, \Delta_3, \Delta_4, \Delta_5]^T$ 和非定常状态观测误差相关项 $\boldsymbol{W}\tilde{\eta} = [\mu_1, \mu_2, \mu_3, \mu_4, \mu_5]^T$，存在已知正常数 ρ_i，χ_i，$i = 1, 2, \cdots, 5$ 使得 $|\Delta_i| \leqslant \rho_i$，$|\mu_i| \leqslant \chi_i$ 对于所有 $x \in \Omega_0 \subset \mathbb{R}^5$ 均成立。

引理 5.1[162] 对于任意 $\varepsilon_0 > 0$ 和 $x \in \mathbb{R}$，以下不等式恒成立：

$$|x| \leqslant k_0 \varepsilon_0 + x \cdot \tanh(x/\varepsilon_0), \ k_0 = 0.2758$$

定义跟踪误差向量为

$$\left.\begin{aligned} \boldsymbol{e}_1 &= \boldsymbol{x}_1 - \boldsymbol{x}_{1c} \\ \bar{\boldsymbol{e}}_2 &= \bar{\boldsymbol{x}}_2 - \bar{\boldsymbol{x}}_{2c} \end{aligned}\right\} \tag{5.67}$$

式中：$\boldsymbol{x}_{1c} = [\alpha_c, \beta_c]^T$ 为气流角输入指令，$\bar{\boldsymbol{x}}_{2c}$ 为经过约束滤波处理的虚拟控制指令，根据式(5.56)，可得

$$\dot{\boldsymbol{e}}_1 = \boldsymbol{f}_1 + \bar{\boldsymbol{G}}_1(\bar{\boldsymbol{e}}_2 + \bar{\boldsymbol{x}}_{2c}) + \boldsymbol{W}_1\eta + \Delta_{x1} - \dot{\boldsymbol{x}}_{1c} \tag{5.68}$$

设计角速度虚拟控制指令 $\bar{\boldsymbol{x}}_{2d}$，则有

$$\bar{\boldsymbol{x}}_{2d} = \bar{\boldsymbol{G}}_1^{-1}[-\boldsymbol{f}_1 - \boldsymbol{W}_1\hat{\eta} - \hat{\Delta}_{x1} + \dot{\boldsymbol{x}}_{1c} - \mathrm{Tanh}(\boldsymbol{e}_1)(\boldsymbol{\chi}_1 + \boldsymbol{\rho}_1) - \boldsymbol{A}_1\boldsymbol{e}_1 + \boldsymbol{A}_1\xi_1] \tag{5.69}$$

式中：$\boldsymbol{A}_1 > \boldsymbol{0}$ 为气流角控制增益，$\mathrm{Tanh}(\boldsymbol{e}_1) = \mathrm{diag}\{\tanh(e_{11}/\varepsilon_1), \tanh(e_{12}/\varepsilon_2)\}$，$\boldsymbol{e}_1 = [e_{11}, e_{12}]^{\mathrm{T}}$，$\varepsilon_1$，$\varepsilon_2 > 0$，$\boldsymbol{\chi}_1 = [\chi_1, \chi_2]^T$，$\rho_1 = [\rho_1, \rho_2]^{\mathrm{T}}$，$\xi_1$ 为辅助系统状态。考虑 $\bar{\boldsymbol{x}}_{2c}$ 的状态约束，假设存在已知的正常数 h_1 使 $\|\bar{\boldsymbol{x}}_{2c}\| \leqslant h_1$。

定义角速度约束辅助系统为

$$\dot{\xi}_1 = \begin{cases} -\boldsymbol{K}_1\xi_1 - \dfrac{\bar{\omega}_1}{\|\xi_1\|^2}\xi_1 + \bar{\boldsymbol{G}}_1(\bar{\boldsymbol{x}}_{2c} - \bar{\boldsymbol{x}}_{2d}), & \|\bar{\boldsymbol{G}}_1(\bar{\boldsymbol{x}}_{2c} - \bar{\boldsymbol{x}}_{2d})\| \geqslant n_1 \\ \boldsymbol{0}, & \|\bar{\boldsymbol{G}}_1(\bar{\boldsymbol{x}}_{2c} - \bar{\boldsymbol{x}}_{2d})\| < n_1 \end{cases} \tag{5.70}$$

式中：$\boldsymbol{K}_1 = \boldsymbol{K}_1^{\mathrm{T}} > 0$，$n_1 > 0$，$\xi_1(0) = \boldsymbol{0}$，$\bar{\omega}_1$ 的表示形式为

$$\begin{aligned} \bar{\omega}_1 = {} & b_1\|\boldsymbol{A}_1\| \ \|\boldsymbol{e}_1\|^2 + \sqrt{2}h_1\|\boldsymbol{e}_1\| + \|\boldsymbol{f}_1\|^2 + \|\dot{\boldsymbol{x}}_{1c}\|^2 + \sqrt{2}h_1\|\xi_1\| + \\ & \frac{1}{2}\|\boldsymbol{W}_1\hat{\eta}\|^2 + \frac{1}{2}\|\hat{\Delta}_{x1}\|^2 + \frac{1}{2}\|\mathrm{Tanh}(\boldsymbol{e}_1)(\boldsymbol{\chi}_1 + \boldsymbol{\rho}_1)\|^2 + \\ & \|\boldsymbol{e}_1\| \ \|\boldsymbol{W}_1\hat{\eta}\| + \|\boldsymbol{e}_1\| \ \|\hat{\Delta}_{x1}\| \end{aligned} \tag{5.71}$$

式中：$b_1 > 0$，$\|G-_1\| = \sqrt{2}$。

定义 Lyapunov 函数：

$$V_2 = \frac{1}{2}\boldsymbol{e}_1^{\mathrm{T}}\boldsymbol{e}_1 + \frac{1}{2}\xi_1^{\mathrm{T}}\xi_1 \tag{5.72}$$

联立式(5.68) ~ 式(5.71),根据杨氏不等式,可得

$$\dot{V}_2 = \boldsymbol{e}_1^{\mathrm{T}}\boldsymbol{W}_1\eta + \boldsymbol{e}_1^{\mathrm{T}}\Delta_{x1} + \boldsymbol{e}_1^{\mathrm{T}}(\mathrm{f}_1 + \mathrm{G}_{-1}\bar{\boldsymbol{e}}_2 + \overline{\boldsymbol{G}}_1\bar{x}_{2c} - \dot{\boldsymbol{x}}_{1c}) - \xi_1^{\mathrm{T}}\boldsymbol{K}_1\xi_1 - \bar{\omega}_1 +$$
$$\xi_1^{\mathrm{T}}[\overline{\boldsymbol{G}}_1\bar{x}_{2c} + \boldsymbol{f}_1 + \boldsymbol{W}_1\hat{\eta} + \hat{\Delta}_{x1} - \dot{\boldsymbol{x}}_{1c} + \mathrm{Tanh}(\boldsymbol{e}_1)(\chi_1 + \rho_1) + \boldsymbol{A}_1\boldsymbol{e}_1 - \boldsymbol{A}_1\xi_1] \leqslant$$
$$\boldsymbol{e}_1^{\mathrm{T}}\boldsymbol{W}_1\eta + \boldsymbol{e}_1^{\mathrm{T}}\Delta_{x1} + \left(\frac{2+\sqrt{2}}{2} + \frac{1}{2}\|\boldsymbol{A}_1\|\right)\|\boldsymbol{e}_1\|^2 + \frac{1}{2}\|\boldsymbol{f}_1\|^2 + \frac{\sqrt{2}}{2}\|\bar{\boldsymbol{e}}_2\|^2 +$$
$$\frac{1}{2}\|\dot{\boldsymbol{x}}_{1c}\|^2 + \sqrt{2}h_1\|\boldsymbol{e}_1\| - \xi_1^{\mathrm{T}}\boldsymbol{K}_1\xi_1 - \bar{\omega}_1 + \sqrt{2}h_1\|\xi_1\| + \left(\frac{5}{2} + \frac{3}{2}\|\boldsymbol{A}_1\|\right)\|\xi_1\|^2 +$$
$$\frac{1}{2}\|\boldsymbol{f}_1\|^2 + \frac{1}{2}\|\boldsymbol{W}_1\hat{\eta}\|^2 + \frac{1}{2}\|\hat{\Delta}_{x1}\|^2 + \frac{1}{2}\|\dot{\boldsymbol{x}}_{1c}\|^2 + \frac{1}{2}\|\mathrm{Tanh}(\boldsymbol{e}_1)(\boldsymbol{\chi}_1 + \boldsymbol{\rho}_1)\|^2 +$$
$$\boldsymbol{e}_1^{\mathrm{T}}\boldsymbol{W}_1\hat{\eta} - \boldsymbol{e}_1^{\mathrm{T}}\boldsymbol{W}_1\hat{\eta} + \boldsymbol{e}_1^{\mathrm{T}}\hat{\Delta}_{x1} - \boldsymbol{e}_1^{\mathrm{T}}\hat{\Delta}_{x1} + c_1\boldsymbol{e}_1^{\mathrm{T}}\boldsymbol{A}_1\boldsymbol{e}_1 - c_1\boldsymbol{e}_1^{\mathrm{T}}\boldsymbol{A}_1\boldsymbol{e}_1 \leqslant \frac{1}{2}\|\boldsymbol{W}_1\tilde{\eta}\|^2 +$$
$$\frac{1}{2}\|\tilde{\Delta}_{x1}\|^2 + \left[\frac{4+\sqrt{2}}{2} - (b_1 - \frac{1}{2})\|\boldsymbol{A}_1\|\right]\|\boldsymbol{e}_1\|^2 + \frac{\sqrt{2}}{2}\|\bar{\boldsymbol{e}}_2\|^2 -$$
$$\xi_1^{\mathrm{T}}\boldsymbol{K}_1\xi_1 + \left(\frac{5}{2} + \frac{3}{2}\|\boldsymbol{A}_1\|\right)\|\xi_1\|^2 \leqslant -\left[(b_1 - \frac{1}{2})\|\boldsymbol{A}_1\| - \frac{4+\sqrt{2}}{2}\right]$$
$$\|\boldsymbol{e}_1\|^2 - \left[\lambda_{\min}(\boldsymbol{K}_1) - \frac{5}{2} - \frac{3}{2}\|\boldsymbol{A}_1\|\right]\|\xi_1\|^2 + \frac{\sqrt{2}}{2}\|\bar{\boldsymbol{e}}_2\|^2 + \frac{1}{2}$$
$$\|\boldsymbol{\chi}_1\|^2 + \frac{1}{2}\|\boldsymbol{\rho}_1\|^2 \tag{5.73}$$

对于角速度跟踪误差,根据式(5.56),可得

$$\dot{\boldsymbol{e}}_2 = \boldsymbol{f}_2 + \boldsymbol{W}_2\eta + \boldsymbol{G}_2\delta + \Delta_{x2} - \dot{\boldsymbol{x}}_{2c} \tag{5.74}$$

执行机构偏转指令可以设计为

$$\delta_c = \boldsymbol{G}_2^{+}[-\boldsymbol{f}_2 - \boldsymbol{W}_2\hat{\eta} - \hat{\Delta}_{x2} + \dot{\boldsymbol{x}}_{2c} - \mathrm{Tanh}(\boldsymbol{e}_2)(\boldsymbol{\chi}_2 + \boldsymbol{\rho}_2) - \boldsymbol{G}_1^{T}\boldsymbol{e}_1 - \boldsymbol{A}_2\boldsymbol{e}_2 + \boldsymbol{A}_2\xi_2] \tag{5.75}$$

式中:$\boldsymbol{A}_2 > \mathbf{0}$ 为角速度控制增益,$\mathrm{Tanh}(\boldsymbol{e}_2) = \mathrm{diag}\{\tanh(e_{21}/\varepsilon_3), \tanh(e_{22}/\varepsilon_4), \tanh(e_{23}/\varepsilon_5)\}$,$\boldsymbol{e}_2 = [e_{21}, e_{22}, e_{23}]^T$,$\varepsilon_3, \varepsilon_4, \varepsilon_5 > 0$,$\boldsymbol{\chi}_2 = [\chi_3, \chi_4, \chi_5]^T$,$\rho_2 = [\rho_3, \rho_4, \rho_5]^T$,$\xi_2$ 为辅助系统状态。由于 δ 为执行机构实际偏转量,故存在已知正常数 h_2 使 $\|\delta\| \leqslant h_2$。式(5.69)和式(5.75)中第五项为观测误差补偿项,用于提高系统对于观测误差的鲁棒性。

定义执行机构约束辅助系统为

$$\dot{\xi}_2 = \begin{cases} -\boldsymbol{K}_2\xi_2 - \dfrac{\bar{\omega}_2}{\|\xi_2\|^2}\xi_2 + \boldsymbol{G}_2(\delta - \delta_c), & \|\boldsymbol{G}_2(\delta - \delta_c)\| \geqslant n_2 \\ \mathbf{0}, & \|\boldsymbol{G}_2(\delta - \delta_c)\| < n_2 \end{cases} \tag{5.76}$$

式中:$\boldsymbol{K}_2 = \boldsymbol{K}_2^T > \mathbf{0}$,$n_2 > 0$,$\xi_2(0) = \mathbf{0}$,$\bar{\omega}_2$ 的表示形式为

$$\bar{\omega}_2 = b_2\|\boldsymbol{A}_2\|\ \|\boldsymbol{e}_2\|^2 + \nu_4 h_2\|\boldsymbol{e}_2\| + \|\boldsymbol{f}_2\|^2 + \|\dot{\boldsymbol{x}}_{2c}\|^2 + \nu_4 h_2\|\xi_2\| +$$
$$\frac{1}{2}\|\boldsymbol{W}_2\hat{\eta}\|^2 + \frac{1}{2}\|\hat{\Delta}_{x2}\|^2 + \frac{1}{2}\|\mathrm{Tanh}(\boldsymbol{e}_2)(\boldsymbol{\chi}_2 + \boldsymbol{\rho}_2)\|^2 +$$
$$\|\boldsymbol{e}_2\|\ \|\boldsymbol{W}_2\eta\| + \|\boldsymbol{e}_2\|\ \|\hat{\Delta}_{x2}\| \tag{5.77}$$

式中:$b_2 > 0$。

定义 Lyapunov 函数：

$$V_3 = \frac{1}{2}\boldsymbol{e}_2^T\boldsymbol{e}_2 + \frac{1}{2}\boldsymbol{\xi}_2^T\boldsymbol{\xi}_2 \tag{5.78}$$

根据式(5.74) ～ 式(5.77) 可得

$$\begin{aligned}\dot{V}_3 = {} & \boldsymbol{e}_2^{\mathrm{T}}\boldsymbol{W}_2\boldsymbol{\eta} + \boldsymbol{e}_2^{\mathrm{T}}\boldsymbol{\Delta}_{x2} + \boldsymbol{e}_2^{\mathrm{T}}(\boldsymbol{f}_2 + \boldsymbol{G}_2\boldsymbol{\delta} - \dot{\boldsymbol{x}}_{2c}) - \boldsymbol{\xi}_2^{\mathrm{T}}\boldsymbol{K}_2\boldsymbol{\xi}_2 - \tilde{\omega}_2 + \boldsymbol{\xi}_2^{\mathrm{T}}\boldsymbol{G}_2\boldsymbol{\delta} + \boldsymbol{e}_2^{\mathrm{T}}\boldsymbol{W}_2\hat{\boldsymbol{\eta}} - \\ & \boldsymbol{e}_2^{\mathrm{T}}\boldsymbol{W}_2\hat{\boldsymbol{\eta}} + \boldsymbol{\xi}_2^{\mathrm{T}}[\boldsymbol{f}_2 + \boldsymbol{W}_2\hat{\boldsymbol{\eta}} + \hat{\boldsymbol{\Delta}}_{x2} - \dot{\boldsymbol{x}}_{2c} + \mathrm{Tanh}(\boldsymbol{e}_2)(\boldsymbol{\chi}_2 + \boldsymbol{\rho}_2) + \overline{G}_1^{\mathrm{T}}\boldsymbol{e}_1 + \boldsymbol{A}_2\boldsymbol{e}_2 - \boldsymbol{A}_2\boldsymbol{\xi}_2] + \\ & \boldsymbol{e}_2^{\mathrm{T}}\hat{\boldsymbol{\Delta}}_{x2} - \boldsymbol{e}_2^{\mathrm{T}}\hat{\boldsymbol{\Delta}}_{x2} \leqslant \boldsymbol{e}_2^{\mathrm{T}}\boldsymbol{W}_2\tilde{\boldsymbol{\eta}} + \boldsymbol{e}_2^{\mathrm{T}}\tilde{\boldsymbol{\Delta}}_{x2} + \|\boldsymbol{e}_2\|^2 + \|\boldsymbol{f}_2\|^2 + \nu_4 h_2\|\boldsymbol{e}_2\| + \|\dot{\boldsymbol{x}}_{2c}\|^2 - \\ & \boldsymbol{\xi}_2^{\mathrm{T}}\boldsymbol{K}_2\boldsymbol{\xi}_2 - \tilde{\omega}_2 + \nu_4 h_2\|\boldsymbol{\xi}_2\| + \boldsymbol{e}_2^{\mathrm{T}}\boldsymbol{W}_2\hat{\boldsymbol{\eta}} + \frac{5+\sqrt{2}}{2}\|\boldsymbol{\xi}_2\|^2 + \frac{1}{2}\|\boldsymbol{W}_2\hat{\boldsymbol{\eta}}\|^2 + \\ & \frac{1}{2}\|\hat{\boldsymbol{\Delta}}_{x2}\|^2 + \frac{1}{2}\|\mathrm{Tanh}(\boldsymbol{e}_2)(\boldsymbol{\chi}_2 + \boldsymbol{\rho}_2)\|^2 + \frac{\sqrt{2}}{2}\|\boldsymbol{e}_1\|^2 + \frac{1}{2}\|\boldsymbol{A}_2\|\ \|\boldsymbol{\xi}_2\|^2 + \\ & \frac{1}{2}\|\boldsymbol{A}_2\|\ \|\boldsymbol{e}_2\|^2 - \boldsymbol{\xi}_2^{\mathrm{T}}\boldsymbol{A}_2\boldsymbol{\xi}_2 + \boldsymbol{e}_2^{\mathrm{T}}\hat{\boldsymbol{\Delta}}_{x2} \leqslant \frac{\sqrt{2}}{2}\|\boldsymbol{e}_1\|^2 - \left[\left(b_2 - \frac{1}{2}\right)\|\boldsymbol{A}_2\| - 2\right] \\ & \|\boldsymbol{e}_2\|^2 - \left[\lambda_{\min}(\boldsymbol{K}_2) - \frac{5+\sqrt{2}}{2} - \frac{3}{2}\|\boldsymbol{A}_2\|\right]\|\boldsymbol{\xi}_2\|^2 + \frac{1}{2}\|\boldsymbol{\chi}_2\|^2 + \frac{1}{2}\|\boldsymbol{\rho}_2\|^2\end{aligned} \tag{5.79}$$

5.5.2　稳定性分析

闭环系统的稳定性可以从控制量是否出现饱和两方面进行讨论。当虚拟控制指令和执行机构偏转指令出现饱和时，系统的稳定性可以表述为定理 5.4。

定理 5.4　对于姿态控制模型式(5.56) 和辅助系统式(5.70)、式(5.76)，如果假设定理 5.4 和假设定理 5.5 成立，当控制量出现饱和时，在控制律式(5.69) 和式(5.75) 的作用下，选择合适的控制器参数可以使跟踪误差 $\boldsymbol{e}_1$，$\boldsymbol{e}_2$ 收敛到零附近较小的邻域内。

证明：定义如下 Lyapunov 函数：

$$V_4 = V_2 + V_3 \tag{5.80}$$

考虑到 $\|\boldsymbol{\chi}\|^2 = \|\boldsymbol{\chi}_1\|^2 + \|\boldsymbol{\chi}_2\|^2$，$\|\boldsymbol{\rho}\|^2 = \|\boldsymbol{\rho}_1\|^2 + \|\boldsymbol{\rho}_2\|^2$，其中 $\boldsymbol{\chi} = [\boldsymbol{\chi}_1^{\mathrm{T}}, \boldsymbol{\chi}_2^{\mathrm{T}}]^{\mathrm{T}}$，$\boldsymbol{\rho} = [\boldsymbol{\rho}_1^{\mathrm{T}}, \boldsymbol{\rho}_2^{\mathrm{T}}]^{\mathrm{T}}$，则根据式(5.73) 和式(5.79)，可得

$$\begin{aligned}\dot{V}_4 \leqslant & -\left[\left(b_1 - \frac{1}{2}\right)\|\mathrm{A}_1\| - 2 - \sqrt{2}\right]\|\mathrm{e}_1\|^2 - \left[\left(b_2 - \frac{1}{2}\right)\|\mathrm{A}_2\| - \frac{4+\sqrt{2}}{2}\right] \\ & \|\mathrm{e}_2\|^2 - \left[\lambda_{\min}(\boldsymbol{K}_1) - \frac{5}{2} - \frac{3}{2}\|\mathrm{A}_1\|\right]\|\boldsymbol{\xi}_1\|^2 - \\ & \left[\lambda_{\min}(\boldsymbol{K}_2) - \frac{5+\sqrt{2}}{2} - \frac{3}{2}\|\mathrm{A}_2\|\right]\|\boldsymbol{\xi}_2\|^2 + \varphi_2\end{aligned} \tag{5.81}$$

式中：$\varphi_2 = \|\boldsymbol{\chi}\|^2/2 + \|\boldsymbol{\rho}\|^2/2$。

选择合适的控制参数使得如下不等式成立：

$$\left.\begin{aligned} P_1 &= \left(b_1 - \frac{1}{2}\right) \| \boldsymbol{A}_1 \| - 2 - \sqrt{2} > 0 \\ P_2 &= \left(b_2 - \frac{1}{2}\right) \| \boldsymbol{A}_2 \| - \frac{4+\sqrt{2}}{2} > 0 \\ P_3 &= \lambda_{\min}(\boldsymbol{K}_1) - \frac{5}{2} - \frac{3}{2} \| \boldsymbol{A}_1 \| > 0 \\ P_4 &= \lambda_{\min}(\boldsymbol{K}_2) - \frac{5+\sqrt{2}}{2} - \frac{3}{2} \| \boldsymbol{A}_2 \| > 0 \end{aligned}\right\} \tag{5.82}$$

则根据 Lyapunov 稳定性定理可知 $\boldsymbol{e}_1, \boldsymbol{e}_2, \xi_1, \xi_2$ 一致最终有界，收敛域为

$$\Omega_2 = \left\{ (\boldsymbol{e}_1, \boldsymbol{e}_2, \xi_1, \xi_2) \mid \| \boldsymbol{e}_1 \| \leqslant \sqrt{\frac{\varphi_2}{P_1}},\ \| \boldsymbol{e}_2 \| \leqslant \sqrt{\frac{\varphi_2}{P_2}}, \right.$$

$$\left. \| \xi_1 \| \leqslant \sqrt{\frac{\varphi_2}{P_3}},\ \| \xi_2 \| \leqslant \sqrt{\frac{\varphi_2}{P_4}} \right\} \tag{5.83}$$

由此可知，选择合适的控制参数 b_1, b_2 和矩阵 $\boldsymbol{A}_1, \boldsymbol{A}_2, \boldsymbol{K}_1, \boldsymbol{K}_2$ 可以使 $\boldsymbol{e}_1, \boldsymbol{e}_2, \xi_1, \xi_2$ 收敛到零附近较小的邻域内。证毕。

对于辅助系统式(5.70)和式(5.76)，当控制量未出现饱和时，满足 $\xi_1 = \boldsymbol{0}$，$\xi_2 = \boldsymbol{0}$，当虚拟控制指令和执行机构偏转指令退出饱和时，根据定理 5.4 可知 $\| \xi_1 \| \leqslant \sqrt{\varphi_2 / P_3}$，$\| \xi_2 \| \leqslant \sqrt{\varphi_2 / P_4}$。考虑到作动器带宽通常要比控制系统带宽大得多，因此 $\delta \approx \delta_c$，同理如果选择较大的滤波器自然角频率，则可以使得 $\bar{\boldsymbol{x}}_{2c} \approx \bar{\boldsymbol{x}}_{2d}$，此时闭环系统的稳定性可以表述为如下定理。

定理 5.5 对于姿态控制模型式(5.56)，如果假设定理 5.4 和假设定理 5.5 成立，当虚拟控制指令和执行机构偏转指令均未出现饱和时，在控制律式(5.69)和式(5.75)的作用下，选择合适的控制器参数可以使跟踪误差 $\boldsymbol{e}_1, \boldsymbol{e}_2$ 收敛到零附近较小的邻域内。

证明：定义 Lyapunov 函数：

$$V_5 = \frac{1}{2}\boldsymbol{e}_1^{\mathrm{T}}\boldsymbol{e}_1 + \frac{1}{2}\boldsymbol{e}_2^{\mathrm{T}}\boldsymbol{e}_2 \tag{5.84}$$

根据式(5.68)、式(5.69)、式(5.74)和式(5.75)，可得

$$\begin{aligned} \dot{V}_5 \leqslant & -\boldsymbol{e}_1^{\mathrm{T}}\boldsymbol{A}_1\boldsymbol{e}_1 + \boldsymbol{e}_1^{\mathrm{T}}\boldsymbol{A}_1\xi_1 + \sum_{i=1}^{2} |\boldsymbol{e}_{1i}| (\boldsymbol{\chi}_i + \boldsymbol{\rho}_i) - \boldsymbol{e}_1^{\mathrm{T}}\mathrm{Tanh}(\boldsymbol{e}_1)(\boldsymbol{\chi}_1 + \boldsymbol{\rho}_1) - \\ & \boldsymbol{e}_2^{\mathrm{T}}\boldsymbol{A}_2\boldsymbol{e}_2 + \boldsymbol{e}_2^{\mathrm{T}}\boldsymbol{A}_2\xi_2 + \sum_{i=1}^{3} |\boldsymbol{e}_{2i}| (\boldsymbol{\chi}_{2+i} + \boldsymbol{\rho}_{2+i}) - \boldsymbol{e}_2^{T}\mathrm{Tanh}(\boldsymbol{e}_2)(\boldsymbol{\chi}_2 + \boldsymbol{\rho}_2) \end{aligned} \tag{5.85}$$

根据引理 5.1 可得

$$\begin{aligned} \dot{V}_5 \leqslant & -\boldsymbol{e}_1^{\mathrm{T}}\boldsymbol{A}_1\boldsymbol{e}_1 + \boldsymbol{e}_1^{\mathrm{T}}\boldsymbol{A}_1\xi_1 + \sum_{i=1}^{2} [k_0\varepsilon_i + e_{1i}\tanh(e_{1i}/\varepsilon_i)](\chi_i + \rho_i) - \boldsymbol{e}_1^{\mathrm{T}}\mathrm{Tanh}(\boldsymbol{e}_1)(\boldsymbol{\chi}_1 + \boldsymbol{\rho}_1) - \\ & \boldsymbol{e}_2^{\mathrm{T}}\boldsymbol{A}_2\boldsymbol{e}_2 + \boldsymbol{e}_2^{\mathrm{T}}\boldsymbol{A}_2\xi_2 + \sum_{i=1}^{3} [k_0\varepsilon_{2+i} + e_{2i}\tanh(e_{2i}/\varepsilon_{2+i})](\chi_{2+i} + \rho_{2+i}) - \boldsymbol{e}_2^{\mathrm{T}}\mathrm{Tanh}(\boldsymbol{e}_2)(\boldsymbol{\chi}_2 + \boldsymbol{\rho}_2) \leqslant \\ & -\left[\lambda_{\min}(\boldsymbol{A}_1) - \frac{\varphi_2}{2P_3}\right] \| \boldsymbol{e}_1 \|^2 - \left[\lambda_{\min}(\boldsymbol{A}_2) - \frac{\varphi_2}{2P_4}\right] \| \boldsymbol{e}_2 \|^2 + \varphi_3 \end{aligned} \tag{5.86}$$

式中：$\varphi_3 = \|\boldsymbol{A}_1\|^2/2 + \|\boldsymbol{A}_2\|^2/2 + k_0\|\varepsilon\|^2 + \|\boldsymbol{\chi}\|^2/2 + \|\boldsymbol{\rho}\|^2/2$，$\varepsilon = [\varepsilon_1, \varepsilon_2, \varepsilon_3, \varepsilon_4, \varepsilon_5]^{\mathrm{T}}$。

选择合适的控制参数使得如下不等式

$$Q_1 = \lambda_{\min}(\boldsymbol{A}_1) - \frac{\varphi_2}{2P_3} > 0,\ Q_2 = \lambda_{\min}(\boldsymbol{A}_2) - \frac{\varphi_2}{2P_4} > 0 \tag{5.87}$$

成立，则根据 Lyapunov 稳定性定理可知，跟踪误差的收敛域可以表示为

$$\Omega_3 = \left\{(\boldsymbol{e}_1, \boldsymbol{e}_2) \mid \|\boldsymbol{e}_1\| \leqslant \sqrt{\frac{\varphi_3}{Q_1}},\ \|\boldsymbol{e}_2\| \leqslant \sqrt{\frac{\varphi_3}{Q_2}}\right\} \tag{5.88}$$

由此可知，通过选择合适的控制增益矩阵 $\boldsymbol{A}_1$，$\boldsymbol{A}_2$ 可以保证跟踪 $\boldsymbol{e}_1$，$\boldsymbol{e}_2$ 最终收敛于零附近较小的邻域内。证毕。

综上所述，无论控制量是否出现饱和，通过设计约束辅助系统式(5.70) 和式(5.76)，在控制律式(5.69) 和式(5.75) 的作用下，系统的跟踪误差均能够收敛到零附近较小的邻域内。整个控制系统包括复合观测器和约束反步控制器两部分，系统的控制结构如图 5.15 所示。

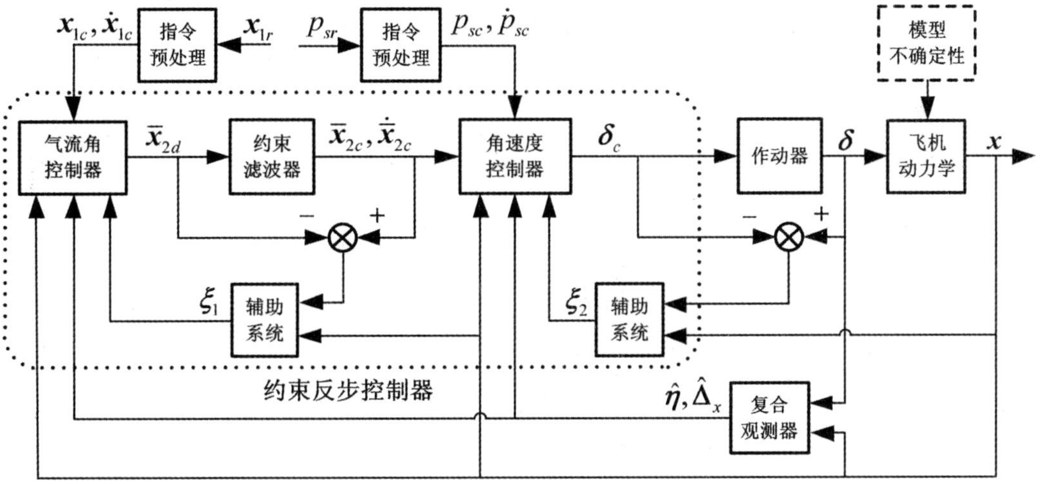

图 5.15　基于辅助系统补偿的约束反步控制结构框图

5.6　基于饱和分离补偿的约束动态面控制

5.6.1　饱和非线性表征

考虑执行机构存在的位置约束，姿态控制模型式(5.56) 可以改写为

$$\left.\begin{aligned} \dot{\boldsymbol{x}}_1 &= \boldsymbol{f}_1 + \boldsymbol{W}_1\eta + \overline{\boldsymbol{G}}_1\bar{x}_2 + \Delta_{x1} \\ \dot{\boldsymbol{x}}_2 &= \boldsymbol{f}_2 + \boldsymbol{W}_2\eta + \boldsymbol{G}_2\mathrm{sat}(u) + \Delta_{x2} \end{aligned}\right\} \tag{5.89}$$

式中：$\mathrm{sat}(u) = [\mathrm{sat}(u_1), \mathrm{sat}(u_2), \cdots, \mathrm{sat}(u_7)]^T$，$u_i$，$i = 1, 2, \cdots, 7$ 为 $\boldsymbol{u}$ 的分量，$\boldsymbol{u} = \delta$ 为执行机构偏转位置，$\mathrm{sat}(u_i)$ 的表示形式为

$$\mathrm{sat}(u_i)=\begin{cases}u_{iM}\,\mathrm{sign}(u_i), & |u_i|\geqslant u_{iM}\\ u_i, & |u_i|<u_{iM}\end{cases} \tag{5.90}$$

式中：u_{iM} 表示 u_i 的上界，$\mathrm{sign}(\cdot)$ 为符号函数。由于 $\mathrm{sat}(u_i)$ 的导数在 $u_i=\pm u_{iM}$ 处不连续，限制了反步法的应用[193]。为了解决该问题，采用连续光滑的 sigmoid 函数描述饱和特性，则有

$$s(u_i)=u_{iM}\,\mathrm{sgm}(u_i/u_{iM})=u_{iM}\,\mathrm{sign}(u_i/u_{iM})(1-e^{-\sigma_0|u_i/u_{iM}|}) \tag{5.91}$$

式中：$\sigma_0>0$，$\mathrm{sgm}(\cdot)$ 表示 sigmoid 函数。

采用 sigmoid 函数描述饱和特性的优势主要体现在以下三方面：①sigmoid 函数本身及其一阶导数都是连续的，克服了反步控制方法的应用限制；②sigmoid 函数与饱和函数之间的误差为有界值，且可以通过参数 σ_0 进行调节；③ 当 $\sigma_0\rightarrow\infty$ 时，$\mathrm{sign}(x)(1-e^{-\sigma_0|x|})\approx\mathrm{sign}(x)$，通过选取较大的 σ_0 可以使 sigmoid 函数具有近似切换特性，从而可用于削弱符号函数引起的抖振问题。

当同时考虑位置和速率约束时，执行机构的动力学模型可以表示为

$$\dot{\boldsymbol{u}}=\boldsymbol{M}^{-1}[\boldsymbol{r}(\boldsymbol{v})+\Delta_v] \tag{5.92}$$

式中：$\boldsymbol{M}=\partial\boldsymbol{m}(\boldsymbol{u})/\partial u=\sigma_0\mathrm{diag}\{e^{-\sigma_0|u_1/u_{1M}|},e^{-\sigma_0|u_2/u_{2M}|},\cdots,e^{-\sigma_0|u_7/u_{7M}|}\}$，$\boldsymbol{m}(\boldsymbol{u})=[s(u_1),s(u_2),\cdots,s(u_7)]^{\mathrm{T}}$，$r(v)=[s(v_1),s(v_2),\cdots,s(v_7)]^T$，$\boldsymbol{v}=\dot{\delta}$ 表示执行机构偏转速率，v_i，$i=1,2,\cdots,7$ 为 $\boldsymbol{v}$ 的分量，$\Delta_v=sat(v)-r(v)$ 表示速率饱和近似误差，$\mathrm{sat}(v)=[sat(v_1),\mathrm{sat}(v_2),\cdots,\mathrm{sat}(v_7)]^T$。

5.6.2 约束动态面控制器设计

对于执行机构动力学模型式(5.92)，控制输入为 $\boldsymbol{v}$，但是式(5.92)并非 $\boldsymbol{v}$ 的仿射形式，从而给控制律设计带来了较大困难，因此构造动态系统：

$$\dot{\boldsymbol{v}}=\boldsymbol{R}^{-1}\mu \tag{5.93}$$

式中：μ 为辅助控制信号，$\boldsymbol{R}=\partial\boldsymbol{r}(\boldsymbol{v})/\partial v=\sigma_0\mathrm{diag}\{e^{-\sigma_0|v_1/v_{1M}|},e^{-\sigma_0|v_2/v_{2M}|},\cdots,e^{-\sigma_0|v_7/v_{7M}|}\}$，$v_{iM}$ 为 v_i 的上界。

联立式(5.89)、式(5.92)和式(5.93)将姿态控制模型扩展为

$$\left.\begin{aligned}\dot{\boldsymbol{x}}_1&=\boldsymbol{f}_1+\boldsymbol{W}_1\eta+\overline{\boldsymbol{G}}_1\overline{x}_2+\Delta_{x1}\\ \dot{\boldsymbol{x}}_2&=\boldsymbol{f}_2+\boldsymbol{W}_2\eta+\boldsymbol{G}_2m(\boldsymbol{u})+\Delta_{x2}+\Delta_2\\ \dot{\boldsymbol{u}}&=\boldsymbol{M}^{-1}\boldsymbol{r}(\boldsymbol{v})+\boldsymbol{M}^{-1}\Delta_3\\ \dot{\boldsymbol{v}}&=\boldsymbol{R}^{-1}\mu\end{aligned}\right\} \tag{5.94}$$

式中：$\Delta_2=\mathrm{G}_2[\mathrm{sat}(\boldsymbol{u})-\boldsymbol{m}(\boldsymbol{u})]$ 为位置饱和近似误差，$\Delta_3=\Delta_v$。假设执行机构偏转位置和速率均可以实时测量得到，则 Δ_2，Δ_3 为已知量，通过控制补偿可以消除 Δ_2，Δ_3 的影响。控制的目标是通过设计 μ 实现对输入指令 α_c，β_c 和 p_{sc} 的稳定跟踪。

在式(5.9.4)中，为简化控制器设计，假设 $\widetilde{\boldsymbol{W}\eta}$ 和 $\widetilde{\Delta}_x$ 的上界均为已知量。然而在实际系统中，$\widetilde{\boldsymbol{W}\eta}$ 和 $\widetilde{\Delta}_x$ 的上界信息一般难以获取。因此在约束动态面控制器设计中，利用自适应律对其

上界进行估计。在控制器设计前首先给出以下假设。

假设 5.6　对于误差向量 $\boldsymbol{d}_1=\boldsymbol{W}_1\tilde{\eta}+\tilde{\Delta}_{x1}=[d_{11},d_{12}]^T$，$\boldsymbol{d}_2=\boldsymbol{W}_2\tilde{\eta}+\tilde{\Delta}_{x2}=[d_{21},d_{22},d_{23}]^T$，存在未知正常数 $D_{11},D_{12},D_{21},D_{22},D_{23}$ 使得 $|d_{11}|\leqslant D_{11}$，$|d_{12}|\leqslant D_{12}$，$|d_{21}|\leqslant D_{21}$，$|d_{22}|\leqslant D_{22}$ 和 $|d_{23}|\leqslant D_{23}$ 对于所有 $x\in\Omega_0\subset\mathbb{R}^5$ 均成立。

定义跟踪误差向量：

$$\left.\begin{aligned}\boldsymbol{z}_1&=\boldsymbol{x}_1-\boldsymbol{x}_{1c}\\ \bar{\boldsymbol{z}}_2&=\bar{\boldsymbol{x}}_2-\bar{\boldsymbol{x}}_{2c0}\\ \boldsymbol{z}_3&=\boldsymbol{m}(\boldsymbol{u})-\boldsymbol{m}_{c0}(\boldsymbol{u})\\ \boldsymbol{z}_4&=\boldsymbol{r}(\boldsymbol{v})-\boldsymbol{r}_{c0}(\boldsymbol{v})\end{aligned}\right\}\tag{5.95}$$

式中：$\boldsymbol{x}_{1c}=[\alpha_c,\beta_c]^T$ 为输入指令，$\bar{\boldsymbol{x}}_{2c0}$，$\boldsymbol{m}_{c0}(\boldsymbol{u})$，$\boldsymbol{r}_{c0}(\boldsymbol{v})$ 为虚拟控制指令，表示形式为

$$\left.\begin{aligned}\bar{\boldsymbol{x}}_{2c0}&=\bar{\boldsymbol{G}}_1^{-1}[-\boldsymbol{f}_1-\boldsymbol{W}_1\hat{\eta}-\hat{\Delta}_{x1}+\dot{\boldsymbol{x}}_{1c}-\boldsymbol{c}_1\boldsymbol{z}_1-\boldsymbol{S}(\sigma_1,z_1)\hat{\boldsymbol{D}}_1]\\ \boldsymbol{m}_{c0}(\boldsymbol{u})&=\boldsymbol{G}_2^{+}[-\boldsymbol{f}_2-\boldsymbol{W}_2\hat{\eta}-\hat{\Delta}_{x2}+\dot{\boldsymbol{x}}_{2c}-\boldsymbol{c}_2\boldsymbol{z}_2-\boldsymbol{G}_1^T\boldsymbol{z}_1-\boldsymbol{S}(\sigma_2,\boldsymbol{z}_2)(\hat{\boldsymbol{D}}_2+\Delta_{a2})]\\ \boldsymbol{r}_{c0}(\boldsymbol{v})&=\boldsymbol{M}^{-1}[-\boldsymbol{c}_3\boldsymbol{z}_3-\boldsymbol{G}_2^T\boldsymbol{z}_2+\dot{\boldsymbol{m}}_c(\boldsymbol{u})-\boldsymbol{S}(\sigma_3,\boldsymbol{z}_3)\Delta_{a3}]\end{aligned}\right\}\tag{5.96}$$

式中：$c_1,c_2,c_3>0$，$\hat{\boldsymbol{D}}_1$，$\hat{\boldsymbol{D}}_2$ 为 $\boldsymbol{D}_1=[D_{11},D_{12}]^T$ 和 $\boldsymbol{D}_2=[D_{21},D_{22},D_{23}]^T$ 的估计值，$\boldsymbol{x}_{2c}$，$\boldsymbol{m}_c(\boldsymbol{u})$ 分别为 $\boldsymbol{x}_{2c0}$ 和 $\boldsymbol{m}_{c0}(\boldsymbol{u})$ 的低通滤波信号，$\boldsymbol{x}_{2c0}=[p_{sr},\bar{x}_{2c0}^T]^T$，$\boldsymbol{z}_2=[p_s-p_{sc},\bar{z}_2^T]^T$，$\Delta_{a2}=[|\Delta_{21}|,|\Delta_{22}|,|\Delta_{23}|]^T$，$\Delta_{a3}=[|\Delta_{31}|,|\Delta_{32}|,\cdots,|\Delta_{37}|]^T$，$\Delta_{2i}$，$\Delta_{3i}$ 分别为 Δ_2 和 Δ_3 的分量，$\boldsymbol{S}(\sigma_1,z_1)$，$\boldsymbol{S}(\sigma_2,z_2)$，$\boldsymbol{S}(\sigma_3,z_3)$ 的表示形式如下：

$$\left.\begin{aligned}\boldsymbol{S}(\sigma_1,\boldsymbol{z}_1)&=\mathrm{diag}\{\mathrm{sgm}(\sigma_1,z_{11}),\ \mathrm{sgm}(\sigma_1,z_{12})\}\\ \boldsymbol{S}(\sigma_2,\boldsymbol{z}_2)&=\mathrm{diag}\{\mathrm{sgm}(\sigma_2,z_{21}),\ \mathrm{sgm}(\sigma_2,z_{22}),\ \mathrm{sgm}(\sigma_2,z_{23})\}\\ \boldsymbol{S}(\sigma_3,\boldsymbol{z}_3)&=\mathrm{diag}\{\mathrm{sgm}(\sigma_3,z_{31}),\ \mathrm{sgm}(\sigma_3,z_{32}),\cdots,\ \mathrm{sgm}(\sigma_3,z_{37})\}\end{aligned}\right\}\tag{5.97}$$

式中：$\sigma_1,\sigma_2,\sigma_3>0$，$z_{1i},z_{2i},z_{3i}$ 分别为 z_1,z_2,z_3 的分量。

设计辅助控制律 μ，则有

$$\mu=-c_4\boldsymbol{z}_4-\boldsymbol{z}_3+\dot{\boldsymbol{r}}_c(\boldsymbol{v})\tag{5.98}$$

式中：$c_4>0$，$\mathrm{r}_c(\boldsymbol{v})$ 为 $\boldsymbol{r}_{c0}(\boldsymbol{v})$ 的滤波信号。

为了估计 d_1,d_2 的上界，设计自适应律：

$$\left.\begin{aligned}\dot{\tilde{\boldsymbol{D}}}_1&=\gamma_1[\boldsymbol{S}(\sigma_1,\boldsymbol{z}_1)\boldsymbol{z}_1-\hat{\boldsymbol{D}}_1]\\ \dot{\tilde{\boldsymbol{D}}}_2&=\gamma_2[S(\sigma_2,\boldsymbol{z}_2)\boldsymbol{z}_2-\hat{\boldsymbol{D}}_2]\end{aligned}\right\}\tag{5.99}$$

式中：γ_1,γ_2 为自适应增益。

为了避免对虚拟控制指令直接求导造成“计算膨胀”问题，采用一阶滤波器产生虚拟控制量的近似导数，滤波器动态为

$$\left.\begin{aligned}\tau_2\dot{\boldsymbol{x}}_{2c}+\boldsymbol{x}_{2c}&=\boldsymbol{x}_{2c0}\\ \tau_3\dot{\boldsymbol{m}}_c(\boldsymbol{u})+\boldsymbol{m}_c(\boldsymbol{u})&=\boldsymbol{m}_{c0}(\boldsymbol{u})\\ \tau_4\dot{\boldsymbol{r}}_c(\boldsymbol{v})+\boldsymbol{r}_c(\boldsymbol{v})&=\boldsymbol{r}_{c0}(\boldsymbol{v})\end{aligned}\right\}\tag{5.100}$$

式中：τ_2,τ_3,τ_4 为时间常数，初始状态满足 $\boldsymbol{x}_{2c}(0)=\boldsymbol{x}_{2c0}(0),\boldsymbol{m}_c(0)=\boldsymbol{m}_{c0}(0),\boldsymbol{r}_c(0)=\boldsymbol{r}_{c0}(0)$。

定义滤波误差：

$$\left.\begin{aligned}\varepsilon_2&=\boldsymbol{x}_{2c}-\boldsymbol{x}_{2c0}\\\varepsilon_3&=\boldsymbol{m}_c(\boldsymbol{u})-\boldsymbol{m}_{c0}(\boldsymbol{u})\\\varepsilon_4&=\boldsymbol{r}_c(\boldsymbol{v})-\boldsymbol{r}_{c0}(\boldsymbol{v})\end{aligned}\right\}\tag{5.101}$$

根据式(5.96)和式(5.97)可知，滤波误差动态满足：

$$\left.\begin{aligned}\dot{\varepsilon}_2&=\frac{\boldsymbol{x}_{2c0}-\boldsymbol{x}_{2c}}{\tau_2}-\dot{\boldsymbol{x}}_{2c0}=-\frac{\varepsilon_2}{\tau_2}+\varphi_2(\boldsymbol{x},\hat{\eta},\hat{\Delta}_{x1},\boldsymbol{x}_{1c},\boldsymbol{z}_1,\hat{\boldsymbol{D}}_1)\\\dot{\varepsilon}_3&=\frac{\boldsymbol{m}_{c0}(\boldsymbol{u})-\boldsymbol{m}_c(\boldsymbol{u})}{\tau_3}-\dot{\boldsymbol{m}}_{c0}(\boldsymbol{u})=-\frac{\varepsilon_3}{\tau_3}+\varphi_3(\boldsymbol{x},\hat{\eta},\hat{\Delta}_{x2},p_{sc},\boldsymbol{z}_1,\boldsymbol{z}_2,\hat{\boldsymbol{D}}_2)\\\dot{\varepsilon}_4&=\frac{\boldsymbol{r}_{c0}(\boldsymbol{v})-\boldsymbol{r}_c(\boldsymbol{v})}{\tau_4}-\dot{\boldsymbol{r}}_{c0}(\boldsymbol{v})=-\frac{\varepsilon_4}{\tau_4}+\varphi_4(\boldsymbol{x},\boldsymbol{z}_2,\boldsymbol{z}_3)\end{aligned}\right\}\tag{5.102}$$

式中：$\varphi_2=-\dot{\boldsymbol{x}}_{2c0}$，$\varphi_3=-\dot{\boldsymbol{m}}_{c0}(\boldsymbol{u})$，$\varphi_4=-\dot{\boldsymbol{r}}_{c0}(\boldsymbol{v})$。

联立式(5.96)、式(5.99)和式(5.102)，可得

$$\left.\begin{aligned}\dot{\boldsymbol{z}}_1&=-c_1\boldsymbol{z}_1+\overline{\boldsymbol{G}}_1\bar{\boldsymbol{z}}_2+\boldsymbol{W}_1\tilde{\eta}+\tilde{\Delta}_{x1}-S(\sigma_1,\boldsymbol{z}_1)\hat{\boldsymbol{D}}_1\\\dot{\boldsymbol{z}}_2&=-c_2\boldsymbol{z}_2+\boldsymbol{G}_2\boldsymbol{z}_3-\mathrm{G}_1^{\mathrm{T}}\boldsymbol{z}_1+\boldsymbol{W}_2\tilde{\eta}+\tilde{\Delta}_{x2}-S(\sigma_2,\boldsymbol{z}_2)\hat{\boldsymbol{D}}_2+\\&\quad\Delta_2-S(\sigma_2,\boldsymbol{z}_2)\Delta_{a2}-\varepsilon_2/\tau_2+\varphi_2\\\dot{\boldsymbol{z}}_3&=-c_3\boldsymbol{z}_3+\boldsymbol{z}_4-\boldsymbol{G}_2^{T}(\boldsymbol{x})\boldsymbol{z}_2+\Delta_3-S(\sigma_3,\boldsymbol{z}_3)\Delta_{a3}-\varepsilon_3/\tau_3+\varphi_3\\\dot{\boldsymbol{z}}_4&=-c_4\boldsymbol{z}_4-\boldsymbol{z}_3-\varepsilon_4/\tau_4+\varphi_4\end{aligned}\right\}\tag{5.103}$$

5.6.3 稳定性分析

闭环系统的稳定性可以表述为如下定理。

定理 5.6 对于考虑执行机构约束的姿态控制模型式(5.94)，如果假设定理 5.6 成立，在动态面控制器式(5.96)和式(5.98)以及自适应律式(5.99)的作用下，选择合适的控制参数可以使跟踪误差收敛到零附近较小的邻域内。

证明：定义紧集：

$$\Omega_4=\left\{(\boldsymbol{z}_i,\tilde{\boldsymbol{D}}_i,\varepsilon_i)\mid\sum_{i=1}^{4}\boldsymbol{z}_i^{\mathrm{T}}\boldsymbol{z}_i+\sum_{i=1}^{2}\frac{1}{\gamma_i}\tilde{\boldsymbol{D}}_i^{T}\tilde{\boldsymbol{D}}_i+\sum_{i=2}^{4}\varepsilon_i^{\mathrm{T}}\varepsilon_i\leqslant 2\vartheta\right\}\tag{5.104}$$

式中：$\tilde{\boldsymbol{D}}_i=\boldsymbol{D}_i-\hat{\boldsymbol{D}}_i,\vartheta>0$。由式(5.104)可知，对于光滑函数向量 $\varphi_2,\varphi_3,\varphi_4$，存在已知正常数 $\upsilon_2,\upsilon_3,\upsilon_4$ 使得 $\|\varphi_2\|\leqslant\upsilon_2$，$\|\varphi_3\|\leqslant\upsilon_3$，$\|\varphi_4\|\leqslant\upsilon_4$ 对于所有 $\boldsymbol{x}\in\Omega_0\times\Omega_4$ 均成立。

选择 Lyapunov 函数，则有

$$V_6=\frac{1}{2}\sum_{i=1}^{4}\boldsymbol{z}_i^{\mathrm{T}}\boldsymbol{z}_i+\frac{1}{2}\sum_{i=1}^{2}\frac{1}{\gamma_i}\tilde{\boldsymbol{D}}_i^{\mathrm{T}}\tilde{\boldsymbol{D}}_i+\frac{1}{2}\sum_{i=2}^{4}\varepsilon_i^{\mathrm{T}}\varepsilon_i\tag{5.105}$$

根据式(5.99)、式(5.102)和式(5.103)，可得

$$\dot{v}_6=\sum_{i=1}^{2}\boldsymbol{z}_i^{\mathrm{T}}[\boldsymbol{W}_i\tilde{\eta}-S(\sigma_i,\boldsymbol{z}_i)\hat{\boldsymbol{D}}_i+\tilde{\Delta}_{xi}-c_i\boldsymbol{z}_i]+\boldsymbol{z}_2^{\mathrm{T}}\left[-\frac{\varepsilon_2}{\tau_2}+\varphi_2\right]-\sum_{i=3}^{4}\boldsymbol{z}_i^{T}\left[c_i\boldsymbol{z}_i+\frac{\varepsilon_i}{\tau_i}-\varphi_i\right]+$$

$$\sum_{i=2}^{3}\boldsymbol{z}_i^{\mathrm{T}}[\Delta_i-S(\sigma_i,\boldsymbol{z}_i)\Delta_{ai}]-\sum_{i=1}^{2}\tilde{\boldsymbol{D}}_i^{\mathrm{T}}[S(\sigma_i,\boldsymbol{z}_i)\boldsymbol{z}_i-\hat{\boldsymbol{D}}_i]+\sum_{i=2}^{4}\varepsilon_i^{\mathrm{T}}\left[-\frac{\varepsilon_i}{\tau_i}+\varphi_i\right]\leqslant$$
$$-\sum_{i=1}^{4}c_i\|\boldsymbol{z}_i\|^2+\sum_{i=1}^{2}|\boldsymbol{z}_{1i}|\boldsymbol{D}_{1i}-\sum_{i=1}^{2}\boldsymbol{z}_{1i}\mathrm{sgm}(\sigma_1,\boldsymbol{z}_{1i})\boldsymbol{D}_{1i}+\boldsymbol{z}_1^{\mathrm{T}}S(\sigma_1,\boldsymbol{z}_1)\tilde{\boldsymbol{D}}_1+\sum_{i=1}^{3}|\boldsymbol{z}_{2i}|\boldsymbol{D}_{2i}-$$
$$\sum_{i=1}^{3}\boldsymbol{z}_{2i}\mathrm{sgm}(\sigma_2,\boldsymbol{z}_{2i})\boldsymbol{D}_{2i}+\boldsymbol{z}_2^{\mathrm{T}}\boldsymbol{S}(\sigma_2,\boldsymbol{z}_2)\tilde{\boldsymbol{D}}_2-\sum_{i=2}^{4}\frac{1}{\tau_i}\boldsymbol{z}_i^{\mathrm{T}}\varepsilon_i+\sum_{i=2}^{4}\frac{1}{\tau_i}\boldsymbol{z}_i^{\mathrm{T}}\varphi_i+\sum_{i=1}^{3}|\boldsymbol{z}_{2i}||\Delta_{2i}|-$$
$$\sum_{i=1}^{3}\boldsymbol{z}_{2i}\mathrm{sgm}(\sigma_2,\boldsymbol{z}_{2i})|\Delta_{2i}|+\sum_{i=1}^{7}|\boldsymbol{z}_{3i}||\Delta_{3i}|-\sum_{i=1}^{7}\boldsymbol{z}_{3i}\mathrm{sgm}(\sigma_3,\boldsymbol{z}_{3i})|\Delta_{3i}|-\sum_{i=1}^{2}\tilde{\boldsymbol{D}}_i^{\mathrm{T}}\boldsymbol{S}(\sigma_i,\boldsymbol{z}_i)\boldsymbol{z}_i+$$
$$\sum_{i=1}^{2}\tilde{\boldsymbol{D}}_i^{\mathrm{T}}\hat{\boldsymbol{D}}_i-\sum_{i=2}^{4}\frac{1}{\tau_i}\|\varepsilon_i\|^2+\sum_{i=2}^{4}\frac{1}{\tau_i}\varepsilon_i^{T}\varphi_i \tag{5.106}$$

由于$|x|-x\cdot\mathrm{sgm}(\sigma,x)=|x|-x\cdot\mathrm{sign}(x)(1-e^{-\sigma|x|})=|x|e^{-\sigma|x|}$，式(5.106)可以化简为

$$\dot{V}_6\leqslant-\sum_{i=1}^{4}c_i\|\boldsymbol{z}_i\|^2+\boldsymbol{z}_{a1}^{\mathrm{T}}\boldsymbol{\Lambda}_1(\sigma_1,\boldsymbol{z}_1)\boldsymbol{D}_1+\boldsymbol{z}_{a2}^{\mathrm{T}}\boldsymbol{\Lambda}_2(\sigma_2,\boldsymbol{z}_2)\boldsymbol{D}_2+\sum_{i=2}^{4}\frac{1}{2\tau_i}\|\boldsymbol{z}_i\|^2+$$
$$\sum_{i=2}^{4}\frac{1}{2\tau_i}\|\varepsilon_i\|^2+\sum_{i=2}^{4}\frac{1}{2\rho}\|\boldsymbol{z}_i\|^2\|\varphi_i\|^2+\frac{3\rho}{2}+\boldsymbol{z}_{a2}^{\mathrm{T}}\boldsymbol{\Lambda}_2(\sigma_2,\boldsymbol{z}_2)\Delta_{a2}+$$
$$\boldsymbol{z}_{a3}^{\mathrm{T}}\boldsymbol{\Lambda}_3(\sigma_3,z_3)\Delta_{a3}-\frac{1}{2}\sum_{i=1}^{2}(\|\tilde{\boldsymbol{D}}_i\|^2-\|\boldsymbol{D}_i\|^2)-\sum_{i=2}^{4}\frac{1}{\tau_i}\|\varepsilon_i\|^2+$$
$$\sum_{i=2}^{4}\frac{1}{2\rho}\|\varepsilon_i\|^2\|\varphi_i\|^2+\frac{3\rho}{2}\leqslant-\left(c_1-\frac{1}{2}\right)\|\boldsymbol{z}_1\|^2-\left(c_2-1-\frac{1}{2\tau_2}-\right.$$
$$\left.\frac{1}{2\rho}\|\varphi_2\|^2\right)\|\boldsymbol{z}_2\|^2-\left(c_3-\frac{1}{2}-\frac{1}{2\tau_3}-\frac{1}{2\rho}\|\varphi_3\|^2\right)\|\boldsymbol{z}_3\|^2-$$
$$\left(c_4-\frac{1}{2\tau_4}-\frac{1}{2\rho}\|\varphi_4\|^2\right)\|z_4\|^2-\frac{1}{2}\sum_{i=1}^{2}\|\mathrm{D}\sim_i\|^2-\sum_{i=2}^{4}\left(\frac{1}{2\tau_i}-\frac{1}{2\rho}\|\varphi_i\|^2\right)$$
$$\|\varepsilon_i\|^2+\sum_{i=1}^{2}\|\boldsymbol{D}_i\|^2+3\rho+\frac{1}{2}\sum_{i=2}^{3}\|\Delta_i\|^2 \tag{5.107}$$

式中：$\rho>0$，$\boldsymbol{z}_{a1}=[|z_{11}|,|z_{12}|]^{\mathrm{T}}$，$\boldsymbol{z}_{a2}=[|z_{21}|,|z_{22}|,|z_{23}|]^{\mathrm{T}}$，$\boldsymbol{z}_{a3}=[|z_{31}|,|z_{32}|,\cdots,|z_{37}|]^{\mathrm{T}}$，$\lambda_{\max}[\boldsymbol{\Lambda}_i(\sigma_i,z_i)]\leqslant 1$，$\lambda_{\max}(\cdot)$表示矩阵的最大特征值，$\boldsymbol{\Lambda}_1(\sigma_1,z_1)=\mathrm{diag}\{e^{-\sigma_1|z_{11}|},e^{-\sigma_1|z_{12}|}\}$，$\boldsymbol{\Lambda}_2(\sigma_2,z_2)=\mathrm{diag}\{e^{-\sigma_2|z_{21}|},e^{-\sigma_2|z_{22}|},e^{-\sigma_2|z_{23}|}\}$，$\boldsymbol{\Lambda}_3(\sigma_3,z_3)=diag\{e^{-\sigma_3|z_{31}|},e^{-\sigma_3|z_{32}|},\cdots,e^{-\sigma_3|z_{37}|}\}$。

考虑到

$$-\frac{1}{2}(\|\tilde{\boldsymbol{D}}_1\|^2+\|\tilde{\boldsymbol{D}}_2\|^2)\leqslant-\frac{1}{2}\min(\gamma_1,\gamma_2)\left(\frac{1}{\gamma_1}\|\tilde{\boldsymbol{D}}_1\|^2+\frac{1}{\gamma_2}\|\tilde{\boldsymbol{D}}_2\|^2\right) \tag{5.108}$$

选择参数

$$\gamma=\frac{1}{2}\min(\gamma_1,\gamma_2) \tag{5.109}$$

$$c_1=\frac{1}{2}+\gamma,\ c_2=1+\frac{1}{2\tau_2}+\frac{\upsilon_2^2}{2\rho}+\gamma$$
$$c_3=\frac{1}{2}+\frac{1}{2\tau_3}+\frac{\upsilon_3^2}{2\rho}+\gamma,\ c_4=\frac{1}{2\tau_4}+\frac{\upsilon_4^2}{2\rho}+\gamma \tag{5.110}$$

$$\frac{1}{\tau_i}=\frac{\upsilon_i^2}{\rho}+2\gamma,\ i=2,3,4 \tag{5.111}$$

则有

$$\dot{V}_6\leqslant -\gamma\sum_{i=1}^{4}\|z_i\|^2-\gamma\sum_{i=1}^{2}\frac{1}{\gamma_i}\|\tilde{\boldsymbol{D}}_i\|^2-\gamma\sum_{i=2}^{4}\|\boldsymbol{e}_i\|^2+\varphi_4\leqslant -2\gamma V_6+\varphi_4 \tag{5.112}$$

式中：$\varphi_4=\sum_{i=1}^{2}\|\boldsymbol{D}_i\|^2+3\rho+\sum_{i=2}^{3}\|\Delta_i\|^2/2$。

选择合适的自适应增益 γ_1,γ_2 使得 $\gamma>\varphi_4/(2\vartheta)$，当 $\dot{V}_6(t)=\vartheta$ 时有 $\dot{V}_6(t)\leqslant 0$，因此 $V_6(t)\leqslant\vartheta$ 为不变集。根据式(5.105)可知 $\boldsymbol{z}_i,\tilde{\boldsymbol{D}}_i,\boldsymbol{e}_i$ 一致最终有界，其收敛域为

$$\Omega_5=\left\{\psi=(\alpha-\alpha_c,\beta-\beta_c,p_s-p_{sc})^T\mid\|\psi\|\leqslant\sqrt{\frac{\varphi_4}{\gamma}}\right\} \tag{5.113}$$

由此可知，通过选择合适的自适应增益 γ_1,γ_2，控制器增益 c_1,c_2,c_3,c_4 和滤波器时间常数 τ_2,τ_3,τ_4 可以使得跟踪误差 z_i 收敛到零附近较小的邻域内。证毕。

综上所述，闭环系统的控制结构框图如图 5.16 所示。

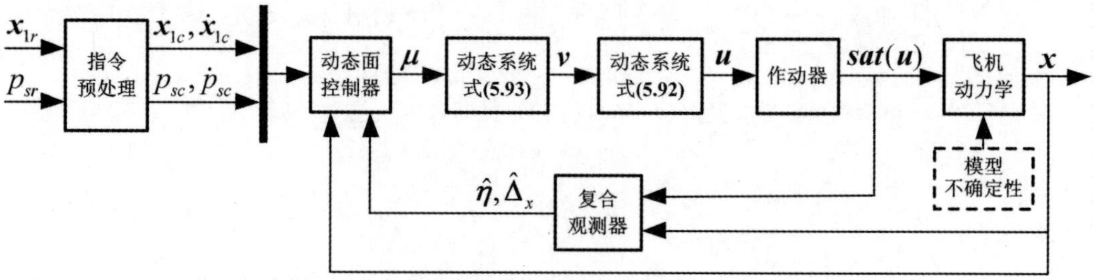

图 5.16 基于饱和分离补偿的约束动态面控制结构框图

5.7 仿真结果分析

5.7.1 鲁棒性对比分析

为了考察所提出的约束反步控制方法的鲁棒性，采用滤波反步法和积分反步法进行比较。在仿真过程中，仿真步长为 5 ms，观测器参数为 $k_1=15$，$k_2=0.05$，控制器参数分别为 $\boldsymbol{A}_1=3\boldsymbol{I}_{2\times2}$，$\boldsymbol{A}_2=6\boldsymbol{I}_{3\times3}$，$\varepsilon_i=0.005$。为简化分析，不考虑虚拟控制指令约束，执行机构约束辅助系统参数为 $\boldsymbol{K}_2=20\boldsymbol{I}_{3\times3}$，$n_2=0.06$。约束滤波以及复合观测器中的滤波器均采用图 5.1 所示的二阶滤波器，阻尼比均取为 1，自然角频率分别为 15 rad/s 和 30 rad/s。3 种控制方法均根据观测器的观测结果对非定常气动效应和模型不确定性进行控制补偿，控制增益和滤波器参数均相同。在仿真过程中采用 Herbst 机动进行验证，战斗机的初始状态和参考指令与 5.3.5 相同，气动力系数、推力和非定常系数摄动量分别为 20%，−20% 和 15%，仿真结果如图 5.17～图 5.22 所示。图 5.17 和图 5.18 给出了 3 种控制方法对应的跟踪误差变化曲线，图 5.19～图5.22

为约束反步控制对应的控制效果，图 5.20 中的 ξ_{21}，ξ_{22}，ξ_{23} 为 ξ_2 的分量。

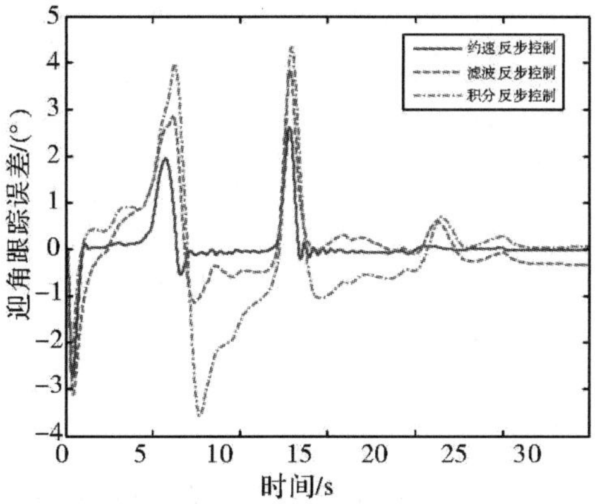

图 5.17　迎角指令跟踪误差

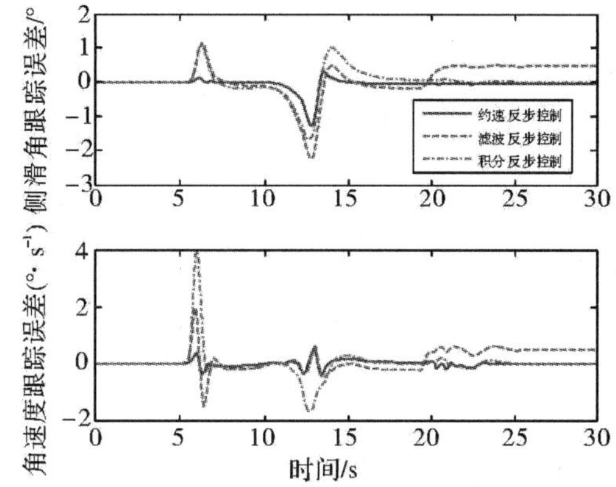

图 5.18　横侧向指令跟踪误差

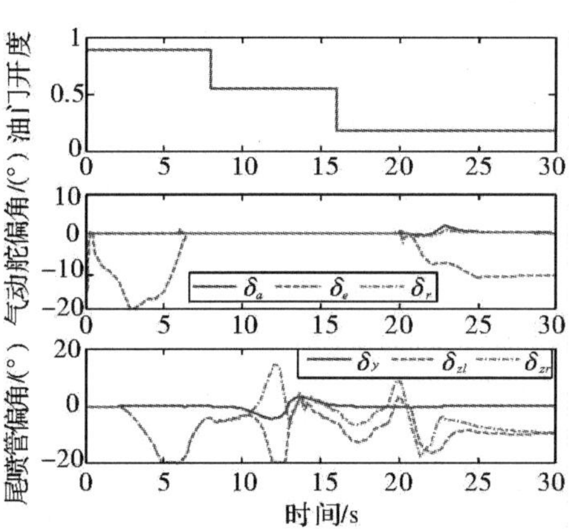

图 5.19　油门开度和执行机构偏转位置

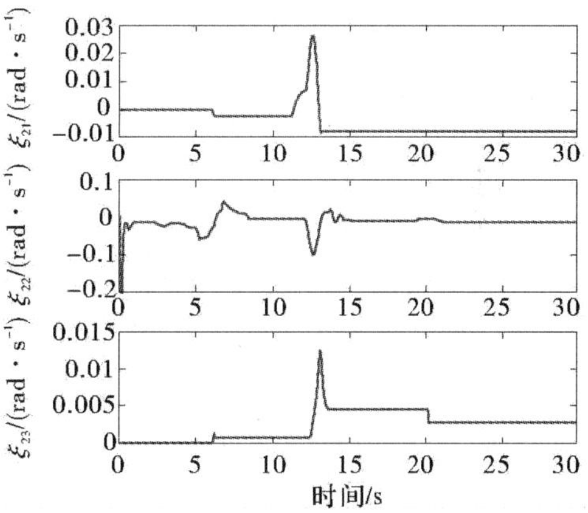

图 5.20　辅助系统状态

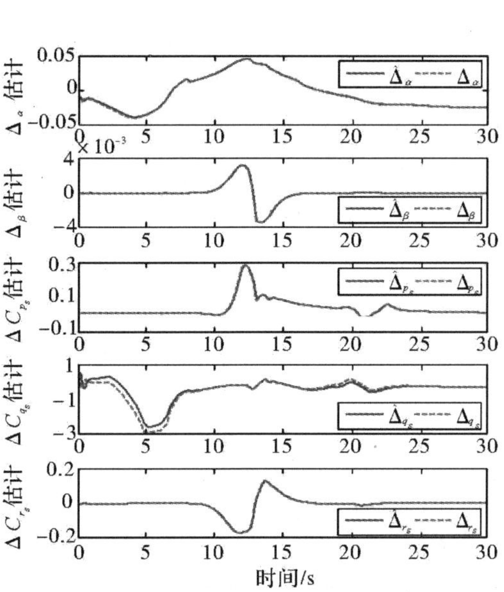

图 5.21　模型不确定性估计

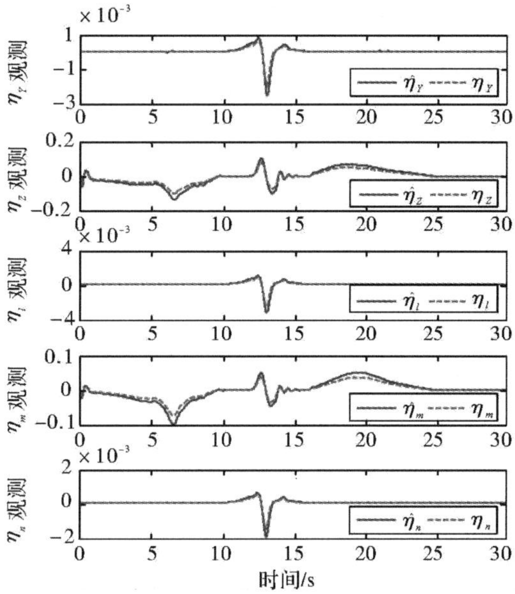

图 5.22　非定常气动状态观测

由图 5.17 ～ 图 5.20 可以看出，约束反步控制方法具有更强的鲁棒性，在 5 ～ 6 s 和 12 ～ 13 s 之间，由于执行机构出现饱和，跟踪误差迅速增大，但是通过引入辅助系统状态对饱和进行补偿，在一定程度上减小了饱和引起的跟踪误差，而且当执行机构退出饱和后，跟踪误差能够快速收敛到零。当采用滤波反步控制方法时，饱和引起的瞬态跟踪误差较大，而且系统存在稳态误差；对于积分反步控制方法，虽然通过积分作用消除了稳态误差，但是积分饱和问题使系统的动态响应能力下降，导致瞬态跟踪误差显著增大。从图 5.21 和图 5.22 中可以看出复合观测器具有一定的鲁棒性，能够在参数摄动条件下实现对状态和不确定性的有效观测，但是对于纵向非定常气动状态和不确定性的估计存在一定的误差，主要是由于俯仰机动过程中纵向通道的非定常气动状态和模型不确定性变化较快，使得关于不确定性慢变的假设不再成立，从而影响了纵向通道状态观测和不确定性估计的准确性。但是通过对观测误差进行控制补偿，仍然可以保证较小的跟踪误差。

5.7.2 约束控制性能对比分析

本节采用 Herbst 机动仿真对所提出的两种控制方法的约束控制性能进行验证。对于约束动态面控制方法，控制器增益分别为 $c_1 = 3$，$c_2 = 6$，$c_3 = 10$，$c_4 = 15$，sigmoid 函数的参数取值为 $\sigma_0 = 1.5$，$\sigma_1 = \sigma_2 = \sigma_3 = 50$，自适应增益为 $\gamma_1 = \gamma_2 = 0.002$，一阶低通滤波器的时间常数均为 0.02。约束反步控制的参数设置、战斗机初始状态和参考指令均与 5.7.1 保持一致。在气动力系数、推力和非定常系数中分别加入 40%，－10% 和 30% 的摄动量，仿真结果如图 5.23 ～ 图 5.28 所示。图 5.23 ～ 图 5.24 给出了两种约束控制方法对应的跟踪误差变化曲线，图 5.25 ～ 图 5.28 为对应的执行机构位置和速率变化情况。

从图中可以看出，两种控制方法均具有较强的鲁棒性。在约束反步控制方法中，由于饱和的影响通过辅助系统进行描述，辅助系统动态使得控制器对于饱和的补偿存在滞后。因此，在快速滚转机动过程中饱和补偿的滞后效应使得执行机构偏转位置和速率出现了振荡，从而在一定程度上影响了控制效果。对于约束动态面控制，由于直接根据执行机构位置和速率的实时反馈信号对饱和以及观测误差进行近似切换补偿，从而使得控制器具有快速的饱和补偿能力和较强的鲁棒性。因此，约束动态面控制方法在俯仰机动过程中可以保证更小的跟踪误差，而且能够有效削弱滚转机动过程中的振荡现象，因而具有更好的控制性能。

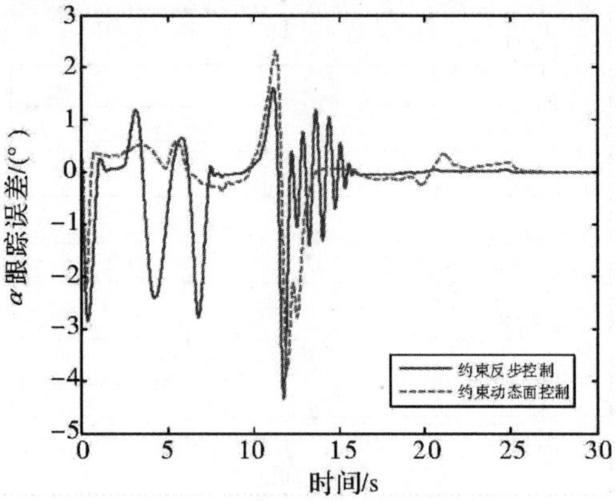

图 5.23　迎角指令跟踪误差

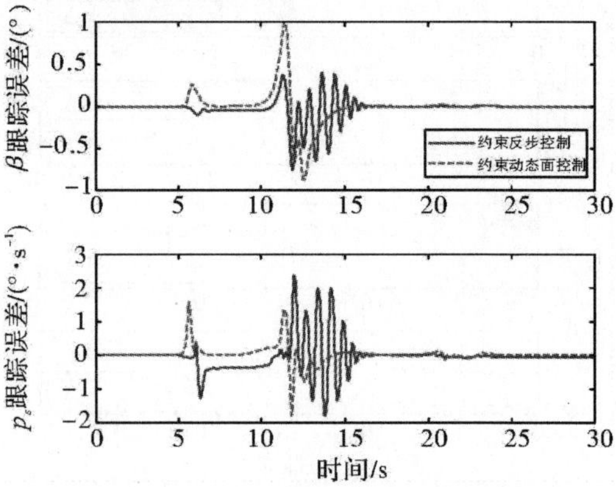

图 5.24　横侧向指令跟踪误差

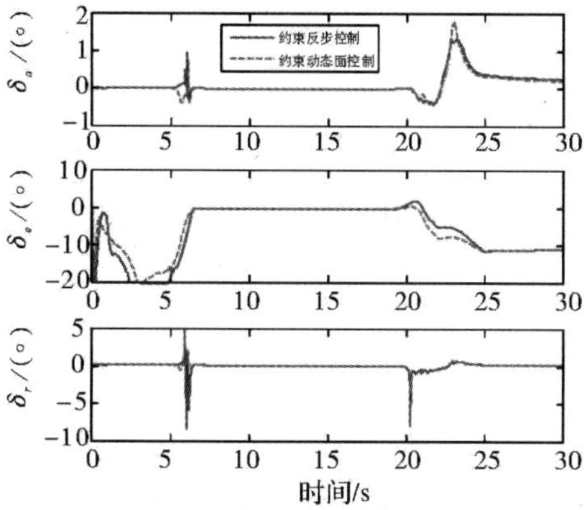

图 5.25　气动舵面偏转位置

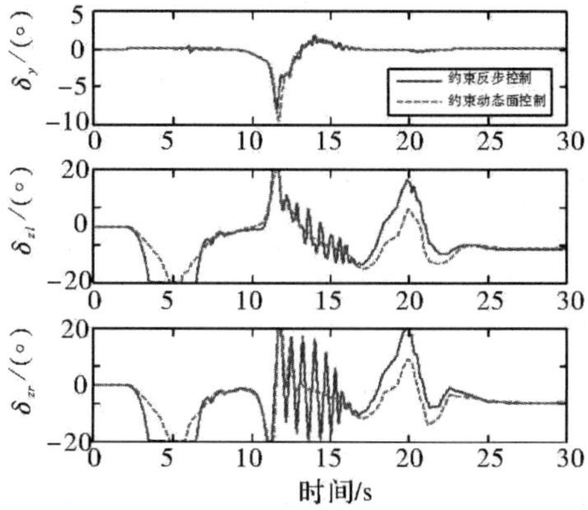

图 5.26　发动机尾喷管偏转位置

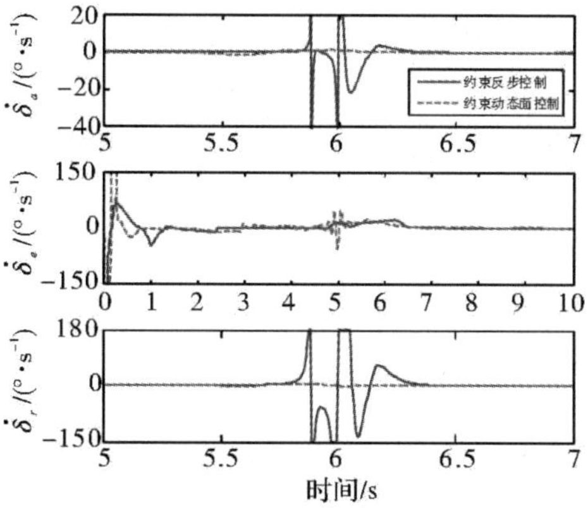

图 5.27　气动舵面偏转速率

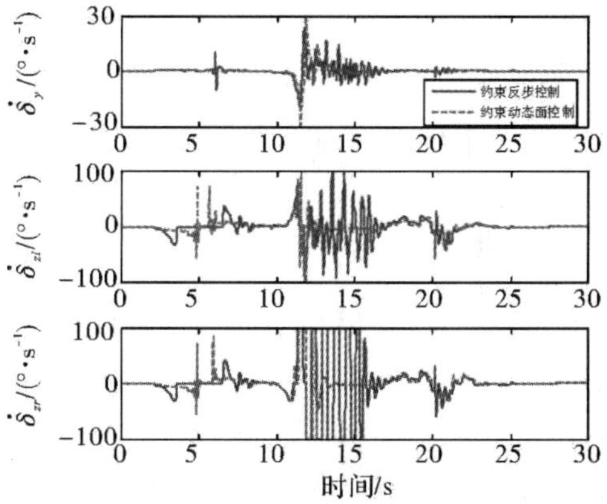

图 5.28　发动机尾喷管偏转速率

5.8　小　　结

本章针对过失速机动过程中存在的非定常气动效应、模型不确定和执行机构饱和问题，在反步控制的框架下，研究了基于自适应控制和复合观测器的鲁棒约束控制方法。首先，在非定常气动状态观测的基础上，提出了一种基于不确定等价自适应律的鲁棒反步控制方法。结果表明，该方法可以实现对时变非定常状态和常值未知气动参数的估计，能够在常值参数摄动和非定常气动效应的影响下完成 Herbst 机动动作，并且通过不变吸引流形的约束可以保证闭环系统具有确定的控制性能。然后，设计了一种能够实现对非定常气动状态和模型不确定性的同时估计的复合观测器。在此基础上，提出了一种约束反步控制方法。结果表明，该方法具有较强的鲁棒性，能够在一定幅度的参数摄动和执行机构饱和条件下保证闭环系统的稳定性并实现对参考指令的有效跟踪。最后，提出了一种基于复合观测器的约束动态面控制方法。结果表明，与提出的约束反步控制方法相比，该方法通过对位置和速率饱和进行近似切换补偿，使得控制器对于执行机构饱和及参数摄动具有更快的补偿能力和更强的鲁棒性。

第6章　基于角加速度反馈的姿态鲁棒控制

6.1 引　言

第5章介绍的基于不确定性估计与补偿的鲁棒约束控制设计比较繁琐，控制结构较为复杂，且系统的稳定性建立在一系列假设的基础上，工程实用性受到了较大的影响。因此，本章从工程应用的角度出发，研究基于角加速度反馈的鲁棒控制方法。基于角加速度反馈信号进行控制器设计具有下述优点：① 角加速度信号是飞机所受到的作用力矩的直接体现，综合反映了过失速机动过程中的非线性、非定常、强耦合以及模型不确定性等因素的影响，通过角加速度反馈可以有效抑制这些不利影响，提高系统的控制性能；② 角加速度反馈控制可以消除控制器设计对于静态导数和阻尼导数等气动模型的依赖，能够大幅度提高控制系统的鲁棒性；③ 角加速度反馈控制不需要严格的数学假设、繁琐的公式推导以及复杂的稳定性证明，设计过程简单直观，具有较强的工程应用价值。综上所述，角加速度反馈控制是一种高性能、强鲁棒且实用的控制方法[61]。本章针对过失速机动过程中的模型不确定和执行机构饱和问题，提出两种基于角加速度反馈的姿态控制方法：奇异摄动控制和增量滤波控制。在此基础上采用串接链方法进行控制分配并对作动器动态进行补偿，以削弱执行机构饱和及作动器动态对控制性能的影响。这些研究可以为角加速度反馈控制方法的工程应用提供重要参考。

6.2 角加速度信号获取

当前，角加速度信号的获取方法主要包括通过测量的方法获取角加速度信号和通过设计观测器估计角加速度信号两种。

(1) 测量法是直接通过传感器测量与角加速度信号相关的物理量，然后根据测量原理计算角加速度信号。到目前为止，角加速度信号的测量方法很多，如压阻式[195]、压电式[196]、液环式[197]、电磁式[198,199]等。上述方法在原理上均具有可行性，但要形成工程实用的角加速度传感器，还有很多问题需要解决。此外，利用成熟的线加速度传感器，通过合理的布置也可以解算得到角加速度信号[200,201]。虽然该方法具有较好的估计效果，但由于方案较复杂和可操作性差等原因导致实际应用很少。目前市场上较成熟且性能较优的角加速度传感器是美国 Columbia Research Laboratory 研究机构推出的 SR 系列角加速度传感器[202]，其在输出高品质角加速度信号的同时还可抑制线加速度的影响。

(2) 除直接测量法外，理论研究最多的方法是通过状态观测器和当前测量值估计角加速度信号。其中，最直接的方法是对角速度信号进行微分，具有简单易实现的特点。然而，在实际系统中，角速度测量值往往存在一定的噪声，经微分运算后，噪声信号被放大，导致角加速度信号的品质受到影响。常用的解决方法是采用低通滤波器滤除高频噪声对估计结果的影响。然而，低通滤波器在滤除噪声的同时会产生相位滞后问题。若低通滤波器带宽较低，虽然可以有效滤除微分运算引起的噪声放大作用，但是会使角加速度信号的估计结果存在严重的相位滞后问题。若低通滤波器的带宽较高，虽然可以避免相位滞后问题，但对噪声信号的抑制作用会减弱，难以保证角加速度估计结果的信号品质。在实际系统中，很难找到一种低通滤波器既可保证较好的噪声抑制作用，又不会引起明显的相位滞后问题[203]。因此，直接采用微分法进行角加速度信号估计并不是最佳方案。为解决微分法中的噪声放大和相位滞后问题，利用递归线性平滑牛顿预测法预测角加速度信号的变化趋势，可以弥补低通滤波器引起的相位滞后问题[204]。此外，也可以采用数字观测器估计角加速度信号，如 Kalman 滤波[205-206] 和滑模观测器[207] 等。由于实际系统中存在的非线性和噪声特性往往难以满足 Kalman 滤波的假设条件，在一定程度上会降低信号品质。

对于飞行控制系统而言，角加速度信号通常无法直接测量得到，需要根据角速度和其他飞行状态信息进行估计。由于测量得到的角速度通常含有高频噪声，直接微分会使噪声的影响放大，而采用跟踪微分器或观测器难免会使得控制结构复杂化。因此本章从工程应用的角度出发，采用二阶滤波器对角速度进行低通滤波以获取近似的角加速度信号，通过选择合适的阻尼比和自然角频率，从而使滤波器在抑制高频噪声和减小滤波延迟两方面做到合理折中。

6.3　基于奇异摄动理论的角加速度反馈控制

6.3.1　奇异摄动理论

奇异摄动引起动力学系统的时标分离特性可以通过系统对外部输入的快慢动态响应进行描述。考虑动力学系统

$$\left.\begin{aligned}\dot{\boldsymbol{x}} &= \boldsymbol{f}(t,\boldsymbol{x},\boldsymbol{z},\varepsilon), \quad \boldsymbol{x}(0) = \varphi(\varepsilon)\\ \varepsilon\dot{\boldsymbol{z}} &= g(t,\boldsymbol{x},\boldsymbol{z},\varepsilon), \quad \boldsymbol{z}(0) = \sigma(\varepsilon)\end{aligned}\right\} \tag{6.1}$$

式中：t 为时间，$\boldsymbol{x} \in \mathbb{R}^n$，$\boldsymbol{z} \in \mathbb{R}^m$ 为系统状态，ε 表示时标分离参数，为一较小的正数，$\varphi(\varepsilon)$，$\sigma(\varepsilon)$ 均为 ε 的光滑函数向量。假设对于 $(t,\boldsymbol{x},\boldsymbol{z},\varepsilon) \in [0,\infty) \times D_x \times D_z \times [0,\varepsilon_0]$，$f$ 和 g 对其自变量是连续可微的，其中 D_x 和 D_z 均为开连通集，$\varepsilon_0 > 0$。当 $\varepsilon = 0$ 时，系统的动力学特性发生本质变化，式(6.1) 中的第二个状态方程退化为

$$\boldsymbol{g}(t,\boldsymbol{x},\boldsymbol{z},0)=\boldsymbol{0} \tag{6.2}$$

如果对于$(t,\boldsymbol{x})\in[0,\infty)\times D_x$，式(6.2)有$k\geq 1$个孤立实根$\boldsymbol{z}=\boldsymbol{h}_i(t,\boldsymbol{x})$，$i=1,2,\cdots,k$。为了获得第$i$个降阶模型，将$\boldsymbol{z}=\boldsymbol{h}_i(t,\boldsymbol{x})$代入式(6.1)中的第一个状态方程，去掉$\boldsymbol{h}_i(t,\boldsymbol{x})$的下标$i$，则有

$$\dot{\boldsymbol{x}}=\mathrm{f}[t,\boldsymbol{x},\boldsymbol{h}(t,\boldsymbol{x}),0],\ \boldsymbol{x}(0)=\varphi(0) \tag{6.3}$$

式(6.3)称为动力学系统(6.1)的降阶模型，即慢模型。

令$\tau=t/\varepsilon$，式(6.1)对应的快模型可以表示为

$$\frac{\mathrm{d}\boldsymbol{v}}{\mathrm{d}\tau}=\boldsymbol{g}[t,\boldsymbol{x},\boldsymbol{v}+\boldsymbol{h}(t,\boldsymbol{x}),0],\ \boldsymbol{v}(0)=\sigma(0)-\boldsymbol{h}[t,\xi(0)] \tag{6.4}$$

式中：$\boldsymbol{v}=\boldsymbol{z}-\boldsymbol{h}(t,\boldsymbol{x})$，$(t,\boldsymbol{x})\in[0,\infty)\times D_x$为固定参数。式(6.4)也称为边界层模型。

定理 6.1[208]　考虑动力学系统(6.1)，假设$\boldsymbol{z}=\boldsymbol{h}(t,\boldsymbol{x})$为式(6.2)的孤立根，对于所有的$(t,\boldsymbol{x},\boldsymbol{v},\varepsilon)\in[0,\infty)\times D_x\times D_v\times[0,\varepsilon_0]$，其中$D_x\in\mathbb{R}^n$和$D_v\in\mathbb{R}^m$均包含各自原点，如果下述条件成立：

(1) 在$D_x\times D_v$的任意紧子集上，$\boldsymbol{f}$，$\boldsymbol{g}$及其关于$\boldsymbol{x}$，$\boldsymbol{z}$和ε的一阶偏导数、$\boldsymbol{g}$关于t的一阶偏导数均是连续有界的，$\boldsymbol{h}$和$\partial\boldsymbol{g}/\partial\boldsymbol{z}$对其自变量的一阶偏导数是有界的，且$\partial\boldsymbol{f}/\partial\boldsymbol{x}$对于$\boldsymbol{x}$是Lipschitz的，对于$t$是一致的。

(2) 原点是降阶模型(6.3)的指数稳定平衡点，且对于$(t,\boldsymbol{x})\in[0,\infty)\times D_x$，存在Lyapunov函数$V(t,\boldsymbol{x})$：$[0,\infty)\times D_x\rightarrow[0,\infty)$，满足：

$$E_1(\boldsymbol{x})\leqslant V(t,\boldsymbol{x})\leqslant E_2(\boldsymbol{x})$$

$$\frac{\partial V(t,\boldsymbol{x})}{\partial t}+\frac{\partial V(t,\boldsymbol{x})}{\partial \boldsymbol{x}}\boldsymbol{f}[t,\boldsymbol{x},\boldsymbol{h}(t,\boldsymbol{x}),0]\leqslant -E_3(\boldsymbol{x})$$

式中，$E_1(\boldsymbol{x})$，$E_2(\boldsymbol{x})$和$E_3(\boldsymbol{x})$均为定义在D_x上的连续正定函数，$\{\boldsymbol{x}\mid E_1(\boldsymbol{x})\leqslant c\}$为$D_x$的紧子集。

(3) 原点是快模型(6.4)的指数稳定平衡点，且对于t和$\boldsymbol{x}$是一致的。

假设$\overline{D}_v$为自治系统$\mathrm{d}\boldsymbol{v}/\mathrm{d}\tau=\boldsymbol{g}\{0,\varphi(0),\boldsymbol{v}+\boldsymbol{h}[0,\xi(0)],0\}$的吸引区，且$\overline{D}_v\subset D_v$，紧集$\overline{D}'_v\subset\overline{D}_v$。则对于每个紧集$\overline{D}_x\subset\{\boldsymbol{x}\mid E_2(\boldsymbol{x})\leqslant\rho c,\ 0<\rho<1\}$，存在$\varepsilon^*>0$，使得对于所有$t\geqslant 0$，$\varphi(0)\in\overline{D}_x$，$\sigma(0)-\boldsymbol{h}[0,\xi(0)]\in\overline{D}'_v$及$\varepsilon<\varepsilon^*$，式(6.1)在$[0,\infty)$上有唯一解$\boldsymbol{x}(t,\varepsilon)$，且满足$\boldsymbol{x}(t,\varepsilon)-\overline{\boldsymbol{x}}(t,\varepsilon)=\boldsymbol{O}(\varepsilon)$，其中$\overline{\boldsymbol{x}}(t,\varepsilon)$为降阶模型(6.3)的解，$\boldsymbol{O}(\varepsilon)$为$\varepsilon$的高阶无穷小量。证明过程略。

定理6.1也可以表述为：对于一个具有足够时标分离尺度的非线性系统，如果该系统具有明确的物理含义且快动态和慢动态均是稳定的，则整个系统的动态响应可以近似为慢动态响应，近似误差为快动态响应。

根据动力学系统响应的时标分离特性，可以利用快动态响应设计奇异摄动控制器使系统稳定。考虑非线性系统

$$\dot{\boldsymbol{x}}=\boldsymbol{f}(t,\boldsymbol{x},\boldsymbol{u}) \tag{6.5}$$

式中：$\boldsymbol{x}\in\mathbb{R}^n$，$\boldsymbol{u}\in\mathbb{R}^m$分别为状态和控制输入。对于$(t,\boldsymbol{x},\boldsymbol{u})\in[0,\infty)\times D_x\times D_u$，其中$D_x$和

D_u 均包含各自原点，f 对其自变量是连续可微的且满足 $\partial \boldsymbol{f}/\partial \boldsymbol{u} > \boldsymbol{B}_0 > \boldsymbol{0}$。

假设系统(6.5) 的输入指令为 $\boldsymbol{x}_c$，定义跟踪误差 $\boldsymbol{e} = \boldsymbol{x} - \boldsymbol{x}_c$，误差动态为

$$\dot{\boldsymbol{e}} = \boldsymbol{f}(t,\boldsymbol{e}+\boldsymbol{x}_c,\boldsymbol{u}) - \dot{\boldsymbol{x}}_c \tag{6.6}$$

则奇异摄动控制器可以设计为

$$\varepsilon\dot{\boldsymbol{u}} = -\operatorname{sign}(\partial \boldsymbol{f}/\partial \boldsymbol{u})\overline{\boldsymbol{f}}(t,\boldsymbol{e},\boldsymbol{u}) \tag{6.7}$$

式中：$0 < \varepsilon < 1$，$\overline{\boldsymbol{f}}(t,\boldsymbol{e},\boldsymbol{u}): [0,\infty) \times D_e \times D_u \rightarrow \mathbb{R}^m$ 为待设计的误差函数。

对于式(6.5) ～ 式(6.7)，根据定理 6.1 可以得到如下推论。

推论 6.1[208]　对于$(t,\boldsymbol{e},\boldsymbol{v},\varepsilon) \in [0,\infty) \times D_e \times D_v \times [0,\varepsilon_0]$，其中 $\boldsymbol{v} = \boldsymbol{u} - \boldsymbol{h}(t,\boldsymbol{e})$，$\boldsymbol{h}(t,\boldsymbol{e})$ 为式(6.7) 在 $\varepsilon = 0$ 条件下的孤立根，$D_e \in \mathbb{R}^n$ 和 $D_v \in \mathbb{R}^m$ 均包含各自原点，如果下述条件成立：

(1) 在 $D_e \times D_v$ 的任意紧子集上，$\boldsymbol{f}$ 及其关于 $\boldsymbol{e}$，$\boldsymbol{u}$ 和 t 的一阶偏导数连续有界，$\boldsymbol{h}$，$\partial \boldsymbol{f}/\partial \boldsymbol{u}$ 对其自变量的一阶偏导数是有界的，且 $\partial \boldsymbol{f}/\partial \boldsymbol{e}$ 对于 $\boldsymbol{e}$ 是 Lipschitz 的，对于 t 是一致的。

(2) 原点是降阶系统 $\dot{\boldsymbol{e}} = \boldsymbol{f}[t,\boldsymbol{e}+\boldsymbol{x}_c,\boldsymbol{h}(t,\boldsymbol{e})] - \dot{\boldsymbol{x}}_c$ 的指数稳定平衡点。

(3) 对于$(t,\boldsymbol{e},\boldsymbol{u}) \in [0,\infty) \times D_e \times D_u$，$\partial \boldsymbol{f}/\partial \boldsymbol{u} > \boldsymbol{B}_0 > 0$。

则原点是边界层模型 $\mathrm{d}\boldsymbol{v}/\mathrm{d}\tau = -\operatorname{sign}(\partial \boldsymbol{f}/\partial \boldsymbol{u})\overline{\boldsymbol{f}}[t,\boldsymbol{e},\boldsymbol{v}+\boldsymbol{h}(t,\boldsymbol{e})]$ 的指数稳定平衡点。假设 $\overline{D}_v$ 为自治系统 $\mathrm{d}\boldsymbol{v}/\mathrm{d}\tau = -\operatorname{sign}(\partial \boldsymbol{f}/\partial \mathrm{u})\overline{\boldsymbol{f}}\{0,\boldsymbol{e}(0),\boldsymbol{v}+\boldsymbol{h}[t,\boldsymbol{e}(0)]\}$ 的吸引区，$\overline{D}_v \subset D_v$，紧集$\overline{D}_v' \subset \overline{D}_v$。则对于紧子集 $\overline{D}_e \subset D_e$，存在 $\varepsilon^* > 0$，使得对于所有 $t \geqslant 0$，$\boldsymbol{e}(0) \in \overline{D}_e$，$\boldsymbol{u}(0) - \boldsymbol{h}[0,\boldsymbol{e}(0)] \in \overline{D}_v'$ 及 $\varepsilon < \varepsilon^*$，式(6.5) 和式(6.7) 在$[0,\infty)$ 上有唯一解 $\boldsymbol{x}(t)$，且满足 $\boldsymbol{x}(t) - \boldsymbol{x}_c(t) = \boldsymbol{O}(\varepsilon)$。

6.3.2　角加速度反馈控制器设计

飞机姿态运动的动力学模型可以表述为：

$$\left.\begin{aligned} \dot{\boldsymbol{x}}_1 &= \boldsymbol{f}_1' + \overline{\boldsymbol{G}}_1 \overline{x}_2 \\ \dot{\boldsymbol{x}}_2 &= \boldsymbol{f}_2' + \boldsymbol{G}_2 \delta \end{aligned}\right\} \tag{6.8}$$

式中：$\boldsymbol{f}_1' = \begin{bmatrix} p_s \tan\beta + (-a_{xb}\sin\alpha + a_{zb}\cos\alpha)/(V_t\cos\beta) \\ (-a_{xb}\cos\alpha\ \sin\beta + a_{yb}cos\beta + a_{zb}\sin\alpha\ \sin\beta)/V_t \end{bmatrix}$，$\boldsymbol{f}_2' = \boldsymbol{f}_2 + \boldsymbol{W}_2\eta$，$\boldsymbol{x}_1$，$\boldsymbol{x}_2$，$\overline{\boldsymbol{x}}_2$，$\eta$ 的定义和 $\boldsymbol{f}_2$，$\boldsymbol{W}_2$，$\overline{\boldsymbol{G}}_1$，$\boldsymbol{G}_2$ 的表示形式与 5.3 节保持一致，a_{xb}，a_{yb}，a_{zb} 表示三轴加速度。

由式(6.8) 可知，采用加速度进行气流角解算可以避免因气动力建模误差引入的模型不确定性。假设飞行状态和加速度信号均能够准确测量得到，则式(6.8) 中的气流角动态是精确可知的，模型不确定性主要来源于角速度动态。为了实现姿态的稳定控制，本节在滤波反步控制的框架下，基于奇异摄动理论设计角速度控制器，并通过角加速度反馈提高控制系统的鲁棒性。

首先定义如下跟踪误差：

$$\left.\begin{aligned} \boldsymbol{e}_1 &= \boldsymbol{x}_1 - \boldsymbol{x}_{1c} \\ \overline{\boldsymbol{e}}_2 &= \overline{\boldsymbol{x}}_2 - \overline{\boldsymbol{x}}_{2c} \end{aligned}\right\} \tag{6.9}$$

式中：$\boldsymbol{x}_{1c}=[\alpha_c,\beta_c]^T$ 为气流角输入指令，$\overline{\boldsymbol{x}}_{2c}=[q_{sc},r_{sc}]^T$ 为虚拟控制指令 $\overline{\boldsymbol{x}}_{2d}=[q_{sd},r_{sd}]^T$ 的滤波信号。

为了避免对虚拟控制指令直接求导造成“计算膨胀”，采用二阶滤波器对虚拟控制指令进行低通滤波以获取近似导数。为了对滤波误差进行补偿，定义滤波补偿动态为

$$\dot{\xi}_1=-\boldsymbol{A}_1\xi_1+\overline{\boldsymbol{G}}_1(\overline{\boldsymbol{x}}_{2c}-\overline{\boldsymbol{x}}_{2d}) \tag{6.10}$$

式中：$\boldsymbol{A}_1=\boldsymbol{A}_1^T>0$ 为气流角控制增益，$\overline{\boldsymbol{x}}_{2d}=[q_{sd},r_{sd}]^T$ 为虚拟控制指令。

定义气流角补偿误差 $\varepsilon_1=\boldsymbol{e}_1-\xi_1$，则有

$$\begin{aligned}\dot{\varepsilon}_1&=\boldsymbol{f}_1'+\overline{\boldsymbol{G}}_1\overline{\boldsymbol{e}}_2+\overline{\boldsymbol{G}}_1(\overline{\boldsymbol{x}}_{2c}-\overline{\boldsymbol{x}}_{2d})+\overline{\boldsymbol{G}}_1\overline{\boldsymbol{x}}_{2d}-\dot{\boldsymbol{x}}_{1c}-\dot{\xi}_1\\&=\boldsymbol{f}_1'+\overline{\boldsymbol{G}}_1\overline{\boldsymbol{e}}_2+\boldsymbol{A}_1\xi_1+\overline{\boldsymbol{G}}_1\overline{\boldsymbol{x}}_{2d}-\dot{\boldsymbol{x}}_{1c}\end{aligned} \tag{6.11}$$

定义 Lyapunov 函数 $V_1=\varepsilon_1^T\varepsilon_1/2$，为保证 ε_1 收敛，$\overline{\boldsymbol{x}}_{2d}$ 可以设计为

$$\overline{\boldsymbol{x}}_{2d}=\overline{\boldsymbol{G}}_1^{-1}(-\boldsymbol{A}_1\boldsymbol{e}_1-\boldsymbol{f}_1'+\dot{\boldsymbol{x}}_{1c}) \tag{6.12}$$

则有

$$\dot{V}_1=-\varepsilon_1^T\boldsymbol{A}_1\varepsilon_1+\varepsilon_1^T\overline{\boldsymbol{G}}_1\overline{\boldsymbol{e}}_2 \tag{6.13}$$

根据式(6.8)和式(6.9)可知，角速度跟踪误差动态为

$$\dot{\boldsymbol{e}}_2=\dot{\boldsymbol{x}}_2-\dot{\boldsymbol{x}}_{2c}=\boldsymbol{f}_2'+\boldsymbol{G}_2\delta-\dot{\boldsymbol{x}}_{2c} \tag{6.14}$$

式中：$\boldsymbol{e}_2=[p_s-p_{sc},\overline{\boldsymbol{e}}_2^T]^T$，$\boldsymbol{x}_{2c}=[p_{sc},\overline{\boldsymbol{x}}_{2c}^T]^T$。

定义 Lyapunov 函数 $V_2=\varepsilon_1^T\varepsilon_1/2+\boldsymbol{e}_2^T\boldsymbol{e}_2/2$，设计执行机构偏转指令为

$$\delta_c=\boldsymbol{G}_2^+(-\boldsymbol{A}_2\boldsymbol{e}_2-\boldsymbol{f}_2'+\dot{\boldsymbol{x}}_{2c}-\boldsymbol{G}_1^T\varepsilon_1) \tag{6.15}$$

式中：$\boldsymbol{A}_2=\boldsymbol{A}_2^T>0$ 为角速度控制增益，$\boldsymbol{G}_1=[\boldsymbol{0}_{2\times 1},\overline{\boldsymbol{G}}_1]$。

由式(6.15)可知，角速度控制器设计需要使用 $\boldsymbol{f}_2'$ 和 $\boldsymbol{G}_2$，因此控制系统对于 $\boldsymbol{f}_2'$ 和 $\boldsymbol{G}_2$ 中存在的参数摄动比较敏感。为了提高系统的鲁棒性，采用角加速度反馈信号消除对模型 $\boldsymbol{f}_2'$ 的依赖，并基于奇异摄动理论进行角速度控制器设计。

对 V_2 求导，以 $\dot{\boldsymbol{e}}_2$ 作为虚拟控制量，则期望的 $\dot{\boldsymbol{e}}_2$ 指令为

$$\dot{\boldsymbol{e}}_{2d}=-\boldsymbol{A}_2\boldsymbol{e}_2-\boldsymbol{G}_1^T\varepsilon_1 \tag{6.16}$$

由于控制矩阵 $\boldsymbol{G}_2$ 并非方阵，不能求取特征根，因而无法直接采用式(6.7)所示的控制器。为解决该问题，令 $\boldsymbol{u}=\boldsymbol{G}_2\delta$ 为等效控制量，设计奇异摄动控制器，则有

$$\dot{\boldsymbol{u}}_d=-\frac{1}{\varepsilon}\operatorname{sign}(\partial\dot{\boldsymbol{e}}_2/\partial\boldsymbol{u})(\dot{\boldsymbol{e}}_2-\dot{\boldsymbol{e}}_{2d})=-\frac{1}{\varepsilon}(\dot{\boldsymbol{x}}_2-\dot{\boldsymbol{x}}_{2c}+\boldsymbol{A}_2\boldsymbol{e}_2+\boldsymbol{G}_1^T\varepsilon_1) \tag{6.17}$$

式中：$\dot{\boldsymbol{u}}_d$ 表示期望的等效控制量导数，$\varepsilon>0$ 为待设计的时标分离参数。则系统的等效控制指令为

$$\boldsymbol{u}_c(t)=\boldsymbol{u}(0)+\int_0^t\dot{\boldsymbol{u}}_a\,\mathrm{d}t \tag{6.18}$$

式中：$\boldsymbol{u}(0)$ 为初始时刻的等效控制量，$\dot{\boldsymbol{u}}_a$ 表示经过饱和逻辑处理后的实际等效控制量导数，饱和逻辑将在下节中给出。

与文献[141,142]将控制矩阵由扁矩阵转化为方阵的思路不同，式(6.17)采用等效控制量而非执行机构偏转角度进行控制器设计，为奇异摄动控制在过驱动系统中的应用提供了一种新的思路，同时也将控制分配问题从控制器设计中分离出来，进一步简化了控制结构。闭环

系统的稳定性可以表述为如下定理。

定理 6.2　对于式(6.11)和式(6.14)组成的误差动力学系统，在虚拟控制指令式(6.12)和奇异摄动控制器式(6.17)的作用下，选择合适的时标分离参数和滤波器参数可以使系统的跟踪误差一致最终有界。

证明：显而易见，式(6.11)和式(6.14)组成的误差系统满足推论定理 6.1(2)。根据式(6.14)和 $\boldsymbol{u}$ 的定义可知，$\partial \dot{\boldsymbol{e}}_2/\partial \boldsymbol{u} = \boldsymbol{I} > \boldsymbol{0}$，满足推论定理 6.1(3)。

令 $\varepsilon = 0$，根据式(6.17)可知，误差系统边界层模型的根满足：

$$\dot{\boldsymbol{x}}_2 - \dot{\boldsymbol{x}}_{2c} + \boldsymbol{A}_2\boldsymbol{e}_2 + \boldsymbol{G}_1^T\varepsilon_1 = \boldsymbol{0} \tag{6.19}$$

由式(6.11)、式(6.12)和式(6.19)可知误差系统的降阶模型可以表示为

$$\left.\begin{aligned}\dot{\varepsilon}_1 &= -\boldsymbol{A}_1\varepsilon_1 + \overline{\boldsymbol{G}}_1\overline{\boldsymbol{e}}_2\\ \dot{\boldsymbol{e}}_2 &= -\boldsymbol{A}_2\boldsymbol{e}_2 - \boldsymbol{G}_1^T\varepsilon_1\end{aligned}\right\} \tag{6.20}$$

根据 Lyapunov 稳定性定理可知，式(6.20)的平衡点为原点，即 $\varepsilon_1 = \boldsymbol{0}, \boldsymbol{e}_2 = \boldsymbol{0}$，且平衡点是指数稳定的，满足推论定理 6.1(2)。

因此由定理 6.1 可知，存在 $\varepsilon^* > 0$，当 $0 < \varepsilon < \varepsilon^*$ 时，$\varepsilon_1, \boldsymbol{e}_2$ 渐近收敛到零。

对于滤波补偿动态式(6.10)，给定任意时刻 t_1 及参数 $\mu > 0$，存在滤波参数 ζ, ω_n，使得当 $t > t_1$ 时，$\| \overline{\boldsymbol{x}}_{2c} - \overline{\boldsymbol{x}}_{2d} \| \leqslant \mu$ 成立[209]。定义 Lyapunov 函数 $V_3 = \xi^T\xi/2$，则有

$$\dot{V}_3 = -\xi^T\boldsymbol{A}_1\xi + \xi^T\overline{\boldsymbol{G}}_1(\overline{\boldsymbol{x}}_{2c} - \overline{\boldsymbol{x}}_{2d}) \leqslant -\lambda_{\min}(\boldsymbol{A}_1)\|\xi\|^2 + \sqrt{2}\mu\|\xi\| \tag{6.21}$$

由式(6.21)可知，滤波补偿状态一致最终有界，且收敛于如下紧集：

$$\Omega_1 = \left\{\xi \mid \|\xi\| < \sqrt{2}\mu/\lambda_{\min}(A_1)\right\} \tag{6.22}$$

根据 ε_1 的定义可知，跟踪误差 $\boldsymbol{e}_1, \boldsymbol{e}_2$ 一致最终有界。证毕。

与式(6.15)的滤波反步控制相比，基于角加速度反馈的奇异摄动控制仅依赖于控制矩阵 $\boldsymbol{G}_2$，通过反馈角加速度信号 $\dot{\boldsymbol{x}}_2$ 消除了控制器设计对于 $\boldsymbol{f}_2'$ 的依赖，从而在一定程度上提高了系统的鲁棒性。

6.3.3　控制分配策略

在基于奇异摄动理论的控制器设计过程中，需要选取较小的参数 ε 以保证奇异摄动控制器式(6.17)与角速度误差动态式(6.14)之间具有足够的时标分离尺度。因此，奇异摄动控制实际上是一种高增益控制，控制器产生的控制指令较大，如果控制分配不合理则容易造成执行机构饱和，导致等效控制量无法完全分配，从而影响控制效果。为了保证系统的控制性能，需要设计合理的控制分配策略，提高等效控制量的分配效率。

在前面章节的控制器设计过程中，采用伪逆法进行控制分配保证了执行机构的能量范数总和最小。该分配策略简单直观，但是执行机构容易过早进入饱和。因此本章采用串接链方法进行控制分配，将执行机构分为气动舵面和发动机尾喷管两组，优先使用气动舵面进行控制，如果气动舵面出现饱和，保持其偏转位置不变，然后通过偏转发动机尾喷管继续产生控制力矩。该分配策略可以充分利用气动舵面的控制效能，有效减小燃料消耗并大幅提高等效控制量

完全分配的概率。

当只采用气动舵面进行控制时，其偏转角度为

$$\delta_A = \text{sat}(\boldsymbol{G}_A^{-1}\boldsymbol{u}_c) \tag{6.23}$$

式中：$\boldsymbol{G}_A = \boldsymbol{T}_{s/b}QS\begin{bmatrix} b(C_3C_{l\delta_a}+C_4C_{n\delta_a}) & 0 & b(C_3C_{l\delta_r}+C_4C_{n\delta_r}) \\ 0 & C_7\bar{c}C_{m\delta_e} & 0 \\ b(C_4C_{l\delta_a}+C_9C_{n\delta_a}) & 0 & b(C_4C_{l\delta_r}+C_9C_{n\delta_r}) \end{bmatrix}$ 表示气动舵面控制矩阵。

发动机尾喷管的偏转角度为

$$\delta_T = \text{sat}[\boldsymbol{G}_T^{+}(\boldsymbol{u}_c - \boldsymbol{G}_A\delta_A)] \tag{6.24}$$

式中：$\delta_T = [\delta_{yl},\delta_{yr},\delta_{zl},\delta_{zr}]^T$，$\boldsymbol{G}_T^{+}$ 为 $\boldsymbol{G}_T$ 的伪逆矩阵，$\boldsymbol{G}_T$ 为推力矢量控制矩阵，表示形式为

$$\boldsymbol{G}_T = \boldsymbol{T}_{s/b}\begin{bmatrix} -C_4Tx_T & -C_4Tx_T & C_3Ty_T/2 & -C_3Ty_T/2 \\ 0 & 0 & -C_7Tx_T & -C_7Tx_T \\ -C_9Tx_T & -C_9Tx_T & C_4Ty_T/2 & -C_4Ty_T/2 \end{bmatrix}$$

则剩余的等效控制量为

$$\boldsymbol{u}_s = \boldsymbol{u}_c - \boldsymbol{G}_A\delta_A - \boldsymbol{G}_T\delta_T \tag{6.25}$$

当等效控制量无法完全分配时，说明气动舵面和尾喷管均出现了饱和。由于奇异摄动控制器中含有积分环节，积分饱和可能导致系统出现振荡甚至失稳。为了抑制积分饱和的影响，设计饱和处理逻辑：

$$\dot{u}_{ai} = \begin{cases} 0, & u_{si} \neq 0 \text{ 且 } \text{sign}(\dot{u}_{di}) = \text{sign}(u_{ci}) \\ \dot{u}_{di}, & \text{其他} \end{cases} \tag{6.26}$$

式中：$u_{ci}, \dot{u}_{ai}, \dot{u}_{di}, u_{si}$，$i = 1,2,3$ 分别为 $\boldsymbol{u}_c, \dot{\boldsymbol{u}}_a, \dot{\boldsymbol{u}}_d$ 和 $\boldsymbol{u}_s$ 的分量。

6.4 基于泰勒级数展开的角加速度反馈控制

6.4.1 增量滤波控制算法

考虑仿射非线性系统

$$\dot{\boldsymbol{x}} = \boldsymbol{f}(\boldsymbol{x}) + \boldsymbol{g}(\boldsymbol{x})\boldsymbol{u} \tag{6.27}$$

式中：$\boldsymbol{x} \in \mathbb{R}^n$，$\boldsymbol{u} \in \mathbb{R}^n$ 分别为状态向量和控制向量，$\boldsymbol{f} \in \mathbb{R}^n$ 和 $\boldsymbol{g} \in \mathbb{R}^{n\times n}$ 分别为一阶连续可微的函数向量和矩阵。

将式(6.27)在系统经历的某个状态$(\boldsymbol{x}_0,\boldsymbol{u}_0)$处进行泰勒级数展开，可得

$$\dot{\boldsymbol{x}} = \boldsymbol{f}(\boldsymbol{x}_0) + \boldsymbol{g}(\boldsymbol{x}_0)\boldsymbol{u}_0 + \left.\frac{\partial[\text{f}(\boldsymbol{x}) + \boldsymbol{g}(\boldsymbol{x})\boldsymbol{u}]}{\partial \boldsymbol{x}}\right|(\boldsymbol{x}-\boldsymbol{x}_0) + \boldsymbol{g}(\boldsymbol{x})\,|_{x=\boldsymbol{x}_0}(\boldsymbol{u}-\boldsymbol{u}_0) + R_n \tag{6.28}$$

式中：$\boldsymbol{x}_0$，$\boldsymbol{u}_0$ 分别为 $\boldsymbol{x}$，$\boldsymbol{u}$ 的单位控制步长延迟信号，$\boldsymbol{R}_n$ 表示拉格朗日余项。

由于控制量 $\boldsymbol{u}$ 直接引起 $\dot{\boldsymbol{x}}$ 变化，然后通过积分反映为状态 $\boldsymbol{x}$ 的变化。如果控制器产生的控制指令能够迅速实现，则在较短的控制步长内满足 $\boldsymbol{x} \approx \boldsymbol{x}_0$[108-114]，从而可以忽略式(6.28)中的第二项。此外，当控制步长足够小时，$\boldsymbol{R}_n$ 也可以忽略。因此式(6.28)可以化简为

$$\dot{\boldsymbol{x}} = \dot{\boldsymbol{x}}_0 + \boldsymbol{g}(x)\Delta\boldsymbol{u} \tag{6.29}$$

式中：$\dot{\boldsymbol{x}}_0 = \boldsymbol{f}(\boldsymbol{x}_0) + \boldsymbol{g}(\boldsymbol{x}_0)\boldsymbol{u}_0$，$\Delta\boldsymbol{u} = \boldsymbol{u} - \boldsymbol{u}_0$。

假设系统的输入指令为 x_c，则增量控制器可以设计为

$$\Delta\boldsymbol{u} = \boldsymbol{g}^{-1}(\boldsymbol{x})(\dot{\boldsymbol{x}}_{des} - \dot{\boldsymbol{x}}_0 + \dot{\boldsymbol{x}}_c) \tag{6.30}$$

式中：$\dot{\boldsymbol{x}}_{des}$ 表示期望的动态，前馈补偿项 $\dot{\boldsymbol{x}}_c$ 用于提高系统的动态响应性能，$\dot{\boldsymbol{x}}_0$ 可以通过对状态进行滤波得到。由于低通滤波会产生延迟，从而给控制系统带来新的误差。为了抑制滤波延迟的影响，对控制量进行相同的滤波处理，以保证设计过程中反馈的状态导数和控制量在时间上具有同步性。因此，将式(6.29)中的 $\boldsymbol{x}_0$，$\boldsymbol{u}_0$ 用滤波信号 $\boldsymbol{x}_F$，$\boldsymbol{u}_F$ 代替，可得

$$\dot{\boldsymbol{x}} = \dot{\boldsymbol{x}}_F + \boldsymbol{g}(\boldsymbol{x})\Delta\boldsymbol{u} \tag{6.31}$$

式中：$\dot{\boldsymbol{x}}_F = \boldsymbol{f}(\boldsymbol{x}_F) + \boldsymbol{g}(\boldsymbol{x}_F)\boldsymbol{u}_F$，$\Delta\boldsymbol{u} = \boldsymbol{u} - \boldsymbol{u}_F$。

则增量滤波控制器可以设计为

$$\Delta\boldsymbol{u} = \boldsymbol{g}^{-1}(\boldsymbol{x})(\dot{\boldsymbol{x}}_{des} - \dot{\boldsymbol{x}}_F + \dot{\boldsymbol{x}}_c) \tag{6.32}$$

由式(6.31)和式(6.32)可知，增量滤波控制的本质是通过对控制量进行滤波补偿抵消状态滤波延迟的影响，从而将泰勒级数展开的基准工作点由$(\boldsymbol{x}_0,\boldsymbol{u}_0)$变换为$(\boldsymbol{x}_F,\boldsymbol{u}_F)$。与以往的增量控制方法相比，增量滤波控制方法极大地简化了控制结构，具有更强的工程实用性。

6.4.2　角加速度反馈控制器设计

由于模型不确定性主要集中于角速度动态，因此本节只针对角速度回路进行增量滤波控制器设计。为了便于对比分析，气流角回路仍然采用式(6.12)所示的控制器。对于角速度动态，在工作点$(\boldsymbol{x}_{2F},\boldsymbol{u}_F)$处进行 Taylor 级数展开，化简可得

$$\dot{\boldsymbol{x}}_2 = \dot{\boldsymbol{x}}_{2F} + \Delta\boldsymbol{u} \tag{6.33}$$

式中：$\Delta\boldsymbol{u} = \boldsymbol{u} - \boldsymbol{u}_F$，$\boldsymbol{u}$ 为等效控制量，$\boldsymbol{x}_{2F}$，$\boldsymbol{u}_F$ 分别为 $\boldsymbol{x}_{20}$，$\boldsymbol{u}_0$ 的低通滤波信号，$\boldsymbol{x}_{20}$，$\boldsymbol{u}_0$ 分别为 $\boldsymbol{x}_2$ 和 $\boldsymbol{u}$ 的单位控制步长延迟信号。期望的增量控制指令为

$$\Delta\boldsymbol{u}_d = \boldsymbol{A}_2(\boldsymbol{x}_{2c} - \boldsymbol{x}_2) - \dot{\boldsymbol{x}}_{2F} + \dot{\boldsymbol{x}}_{2c} \tag{6.34}$$

式中：$\boldsymbol{A}_2 = \boldsymbol{A}_2^T > \boldsymbol{0}$ 为角速度控制增益。则等效控制指令为

$$\boldsymbol{u}_c = \boldsymbol{u}_F + \Delta\boldsymbol{u}_a \tag{6.35}$$

式中：$\Delta\boldsymbol{u}_a$ 为经过饱和逻辑处理后的实际增量控制指令。

执行机构偏转指令 δ_c 根据上节中的控制分配策略解算得到。考虑到执行机构偏转位置可以测量得到，根据控制矩阵 $\boldsymbol{G}_2$ 可以实时计算相应的等效控制量 $\boldsymbol{u}$。由于反馈的执行机构偏转角度满足位置约束，因此滤波后的等效控制量 $\boldsymbol{u}_F$ 能够实现完全分配。当发动机尾喷管的偏转位置出现饱和时，说明等效控制量 u 已经达到可以完全分配的上界，此时有必要对增量控制指令

$\Delta \boldsymbol{u}_d$ 进行约束，以减轻作动器负担。为此设计饱和处理逻辑：

$$\Delta u_{ai} = \begin{cases} 0, & u_{s\ i} \neq 0 \text{ 且 } \operatorname{sign}(\Delta u_{di}) = \operatorname{sign}(u_{ci}) \\ \Delta u_{di}, & \text{其他} \end{cases} \tag{6.36}$$

式中：Δu_{ai}，Δu_{di}，u_{ci}，$i = 1,2,3$ 分别为 $\Delta \boldsymbol{u}_a$，$\Delta \boldsymbol{u}_d$，$\boldsymbol{u}_c$ 的分量。

综上所述，基于角加速度反馈的增量滤波控制结构如图 6.1 所示。图中，$e^{T_s s}$ 表示单位控制步长纯时延，T_s 表示控制步长。

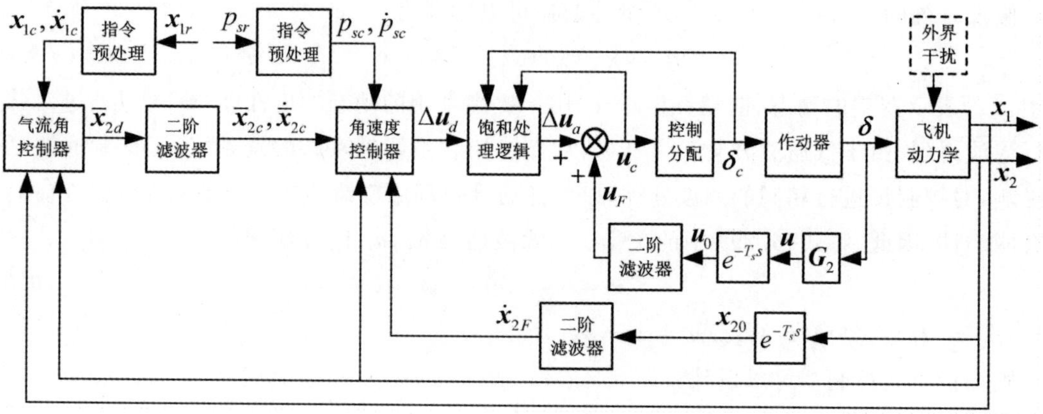

图 6.1　基于角加速度反馈的增量滤波控制结构框图

6.5　作动器动态补偿

对于控制系统而言，作动器带宽通常要比控制器带宽高得多，因而在控制器设计时可以不考虑作动器动态的影响。然而，本章所提出的两种角加速度反馈控制方法对作动器带宽都提出了较高的要求。其中，奇异摄动控制属于高增益控制，控制器本身具有较高的带宽，根据时标分离的要求，作动器应当具有更高的带宽。对于增量滤波控制方法，在设计过程中需要假设作动器具有足够高的带宽以保证控制器产生的控制指令能够迅速实现。然而在实际系统中，作动器的带宽是有限的，当其带宽低于时标分离要求的最低带宽时，由作动器动态引起的相位滞后可能会对系统的控制效果甚至稳定性产生影响。因此为了保证控制性能，考虑对作动器的动态进行补偿以提高系统的等效作动器带宽。

假设实际的作动器动态可以表示为

$$\dot{\delta} = \omega_\tau(\delta_f - \delta) \tag{6.37}$$

式中：ω_τ 表示作动器带宽，δ_f 为作动器输入信号，即补偿器输出信号。

假设系统期望的作动器动态为

$$\dot{\delta}_d = \omega_d(\delta_c - \delta_d) \tag{6.38}$$

式中：ω_d 表示期望的作动器带宽；δ_d 为期望的作动器输出信号。

定义作动器动态补偿误差为

$$\boldsymbol{e}_\delta = \delta - \delta_d \tag{6.39}$$

由式(6.37)和式(6.38)可知，补偿误差动态为

$$\dot{e}_{\delta} = \omega_{\tau}\delta_f - \omega_{\tau}\delta + \omega_d\delta_d - \omega_d\delta_c \tag{6.40}$$

为保证补偿误差收敛，δ_f 可以设计为

$$\delta_f = \omega_{\tau}^{-1}(-\boldsymbol{K}\boldsymbol{e}_{\delta} + \omega_{\tau}\delta + \omega_d\delta_c - \omega_d\delta_d) = \omega_{\tau}^{-1}[(\boldsymbol{K} - \omega_d)\delta_d - (\boldsymbol{K} - \omega_{\tau})\delta + \omega_d\delta_c] \tag{6.41}$$

式中：$\boldsymbol{K} = \boldsymbol{K}^T > \boldsymbol{0}$ 为补偿器增益。

作动器动态补偿结构如图 6.2 所示。

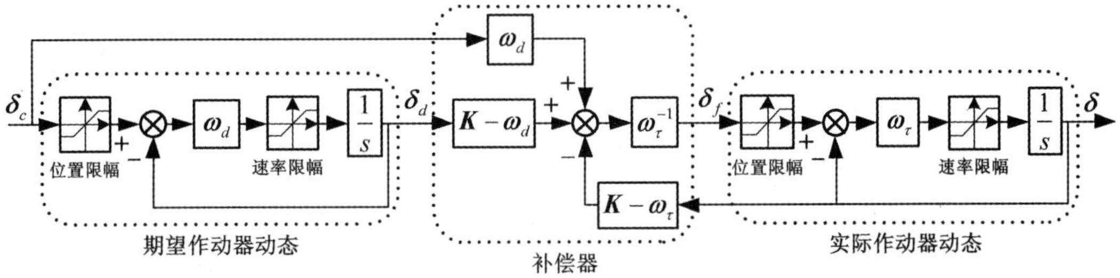

图 6.2　作动器动态补偿结构框图

考虑到经过饱和逻辑处理后的等效控制量能够实现完全分配，因此产生的执行机构偏转指令不超过位置限幅。由图 6.2 可知，当不考虑作动器速率限幅时，系统等效的作动器传递函数为

$$\boldsymbol{TF}_{\delta_c \to \delta} = \frac{\left[\frac{\omega_d}{s\boldsymbol{I} + \omega_d}(\boldsymbol{K} - \omega_d) + \omega_d\right]\omega_{\tau}^{-1}\frac{\omega_{\tau}}{s\boldsymbol{I} + \omega_{\tau}}}{\boldsymbol{I} + (\boldsymbol{K} - \omega_{\tau})\omega_{\tau}^{-1}\frac{\omega_{\tau}}{s\boldsymbol{I} + \omega_{\tau}}} = \frac{\omega_d}{s\boldsymbol{I} + \omega_d} \tag{6.42}$$

由式(6.42)可知，选择较大的 ω_d 可以保证补偿后的等效作动器具有较高的动态，从而达到时标分离的最低带宽要求。ω_d 不宜过大，否则可能导致系统出现振荡[210]。综上所述，通过对作动器动态进行补偿，可以使系统的等效作动器具有期望的动态，从而克服角加速度反馈控制方法对作动器高带宽的限制，提高该方法的工程实用性。

6.6　仿真结果分析

为了考察角加速度反馈控制方法的指令跟踪效果，采用大迎角机动进行仿真验证。在仿真过程中，仿真步长取为 5 ms，以 $H = 2\ 000$ m，$V_t = 120$ m/s 条件下的配平值作为飞机的初始运动状态，对应的迎角和控制量分别为

$$\alpha = 10.019°,\ \delta_e = -5.234°,\ T = 26\ 150\ \text{N},\ u_2 = 1.086\ \text{rad/s}^2$$

式中：u_2 为等效控制量 u 的俯仰分量。控制增益为 $\boldsymbol{A}_1 = 2\boldsymbol{I}_{2\times2}$，$\boldsymbol{A}_2 = 8\boldsymbol{I}_{2\times2}$，补偿器增益为 $\boldsymbol{K} = 50\boldsymbol{I}_{7\times7}$，期望的作动器带宽均取 80 rad/s，时标分离参数 $\varepsilon = 0.05$。指令预处理、虚拟指令滤波以及角加速度滤波均采用二阶滤波器，其中滤波器阻尼比均为 1，自然角频率分别为 4 rad/s，15 rad/s 和 50 rad/s。考虑状态测量过程中的传感器特性，在气流角和角速度中加入标准差分别为0.25° 和0.1°/s 的高斯白噪声。仿真过程中，加入方波形式的迎角和绕稳定轴滚

转角速度参考指令，在 2～16 s 之间，将发动机油门开度设置为 1，通过增加发动机推力为大迎角机动提供足够的控制能量。在标称条件下，奇异摄动控制和增量滤波控制的指令跟踪效果和执行机构偏转情况如图 6.3～图 6.8 所示，其中图 6.5 和图 6.6 中的增量式控制方法均考虑了作动器动态补偿。

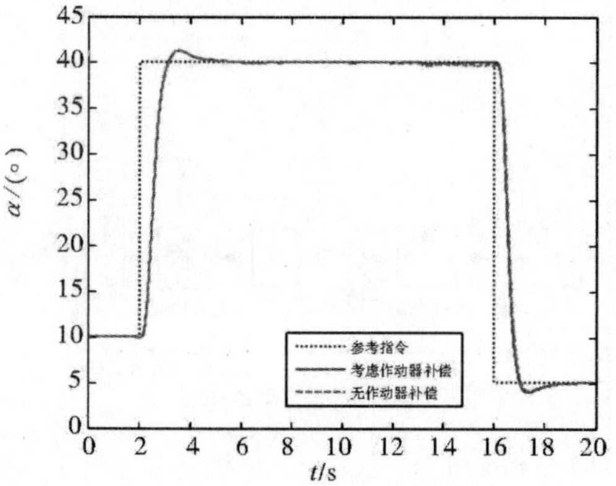

图 6.3　奇异摄动控制迎角指令跟踪

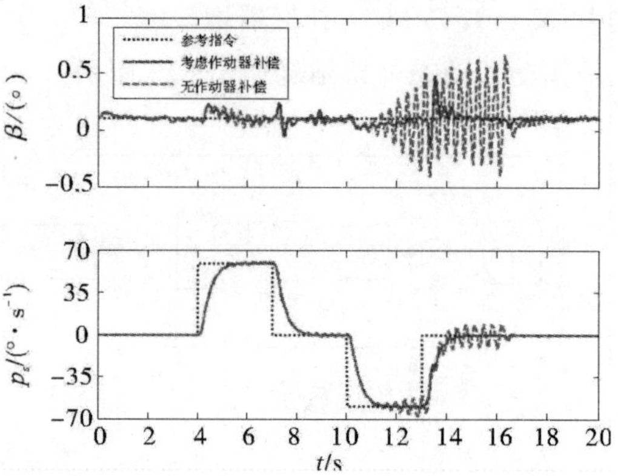

图 6.4　奇异摄动控制横侧向指令跟踪

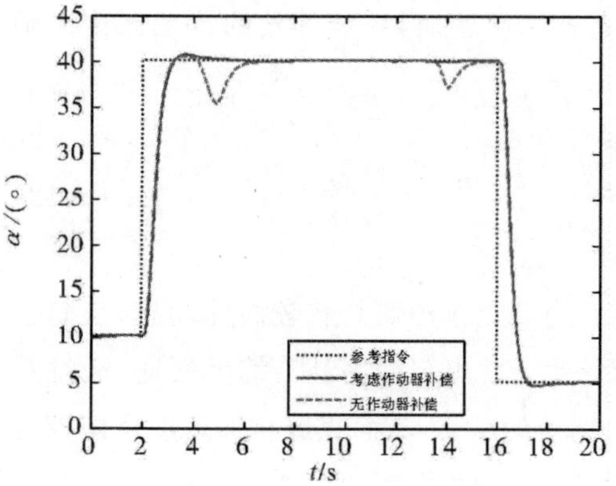

图 6.5　增量滤波控制迎角指令跟踪

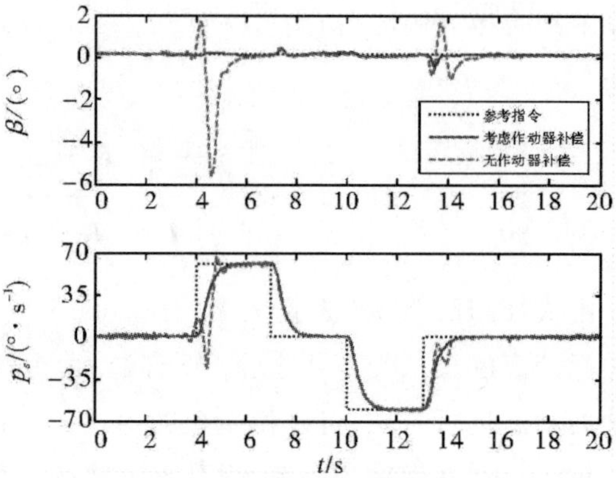

图 6.6　增量滤波控制横侧向指令跟踪

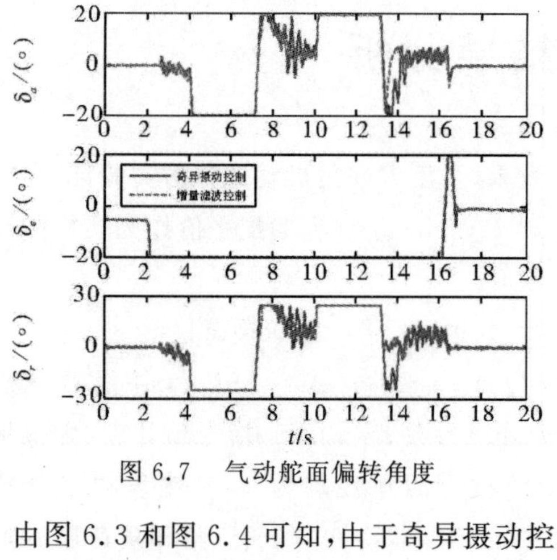

图 6.7　气动舵面偏转角度

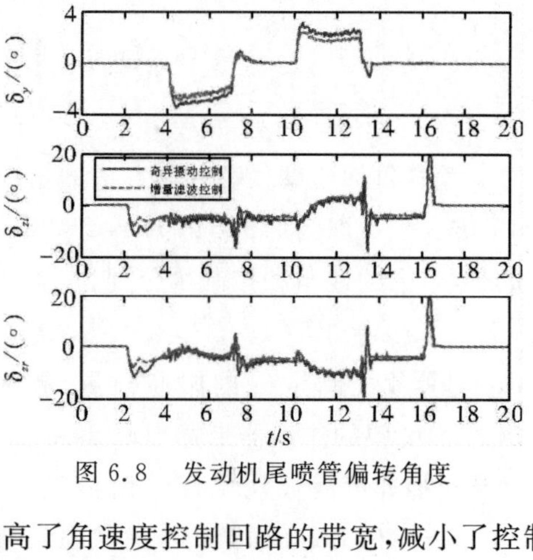

图 6.8　发动机尾喷管偏转角度

由图 6.3 和图 6.4 可知，由于奇异摄动控制提高了角速度控制回路的带宽，减小了控制器与作动器之间的时标分离尺度，因此作动器动态引起的相位滞后导致横侧向通道出现了一定程度的振荡，通过作动器动态补偿可以有效抑制相位滞后的影响，消除机动过程中的振荡现象，大幅提高横侧向指令的跟踪效果。由图 6.5 和图 6.6 可知，低通滤波产生的延迟使飞机在机动过程中出现了较大的跟踪误差，甚至可能导致系统失稳，而增量滤波控制可以实现对参考指令的稳定跟踪并保持较小的跟踪误差。从图 6.7 和图 6.8 中可以看出，串接链控制分配方法充分利用了气动舵面的控制效能，在给定的参考指令下实现了等效控制量的完全分配，抑制了作动器位置限幅对控制性能的影响。由于噪声的影响，气动舵面和尾喷管均出现了一定程度的抖动现象。与增量滤波控制相比，奇异摄动控制对应的副翼和方向舵抖动幅度更大，这是由于奇异摄动控制属于高增益控制，因而对于高频噪声更加敏感。

为了验证角加速度反馈控制方法的鲁棒性，采用滤波反步法进行对比分析，其控制器形式如式(6.12)和式(6.15)所示，控制器增益和滤波器参数均与上述两种角加速度反馈控制方法保持一致，三种控制方法均考虑作动器动态补偿，并采用相同的串接链方法进行控制分配。由于角加速度反馈控制只需要使用控制矩阵，因此在仿真过程中考虑以下两种参数摄动：① 静态导数和阻尼导数摄动，即 f 摄动，该摄动与控制矩阵无关；② 操纵导数和推力摄动，即控制矩阵摄动，也称为 g 摄动。参数摄动下的指令跟踪效果对比如图 6.9 ～ 图 6.14 所示，输入指令 α_c，β_c 和 p_{sc} 的均方根跟踪误差统计见表 6.1 ～ 表 6.3，表中∞为无穷大，表示对应的指令跟踪出现发散。

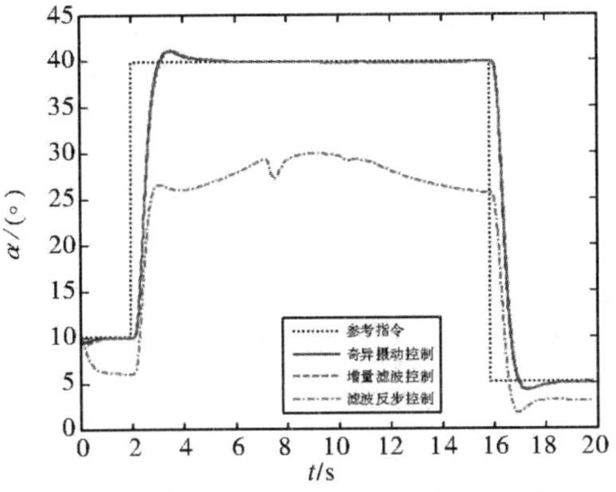

图 6.9　迎角指令跟踪(f 摄动 −30%)

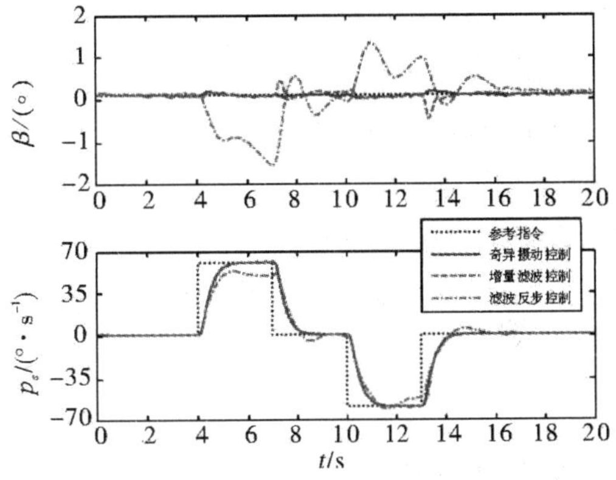

图 6.10　横侧向指令跟踪(f 摄动 −30%)

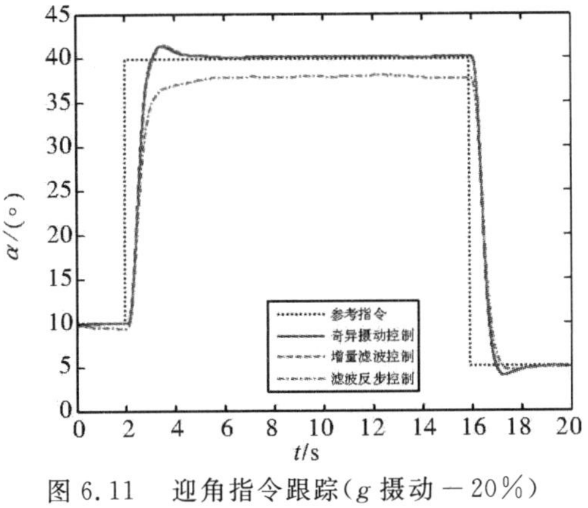

图 6.11　迎角指令跟踪(g 摄动 −20%)

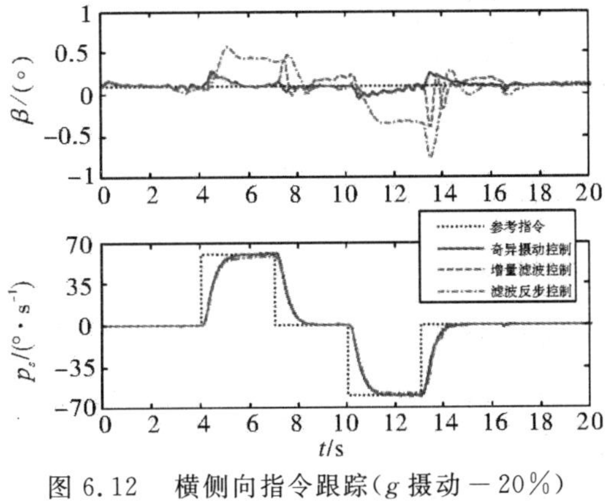

图 6.12　横侧向指令跟踪(g 摄动 −20%)

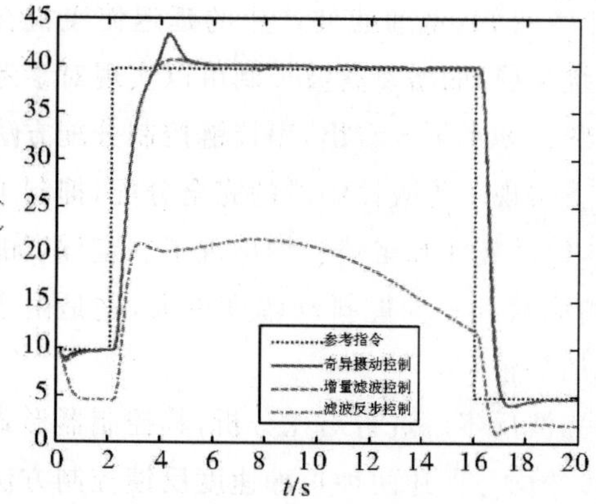

图 6.13　迎角指令跟踪(f,g 摄动 -30%)

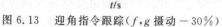

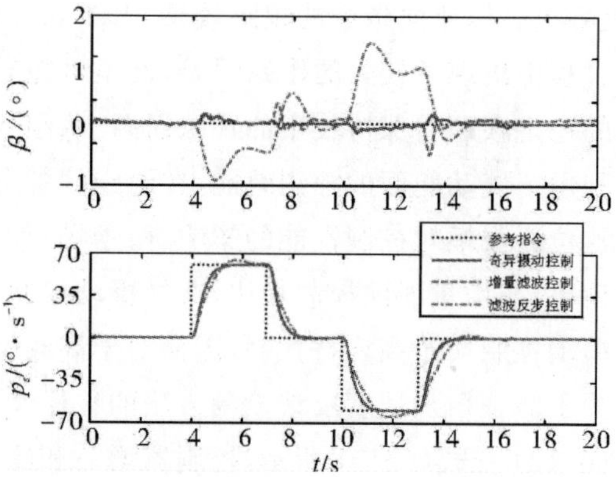

图 6.14　横侧向指令跟踪(f,g 摄动 -30%)

从图 6.9 和图 6.10 中可以看出,滤波反步控制在指令跟踪过程中出现了较大的跟踪误差,而角加速度反馈控制仍然能够实现对参考指令的稳定跟踪,并且保持较小的跟踪误差。这是由于角加速度反馈控制不需要使用静态导数与阻尼导数,因而对于 f 摄动具有很强的鲁棒性。由图 6.11 和图 6.12 可知,虽然角加速度反馈控制在设计过程中需要使用控制矩阵,但是该方法对于 g 摄动也具有一定的鲁棒性。由图 6.13 和图 6.14 可知,在 f 和 g 同时出现摄动的条件下,角加速度反馈控制仍然具有较好的控制效果,尤其是增量滤波控制方法显示出了较强的指令跟踪能力,奇异摄动控制虽然在迎角指令跟踪过程中的超调量有所增加,但是仍然可以保证较小的跟踪误差。通过表 6.1 ~ 表 6.3 可以总结得出:在一定程度的参数摄动条件下,角加速度反馈控制相对滤波反步控制具有更强的鲁棒性;与奇异摄动控制方法相比,增量滤波控制方法的控制效果更好。

表 6.1　迎角均方根跟踪误差[单位:(°)]

控制方法	标称参数	f 摄动		g 摄动		f 和 g 同时摄动	
		-50%	$+40\%$	-30%	$+20\%$	-30%	$+30\%$
奇异摄动控制	1.284	1.361	1.197	1.546	1.212	1.774	1.138
增量滤波控制	1.086	1.134	1.029	1.303	1.029	1.389	0.992
滤波反步控制	0.964	∞	6.375	3.083	1.671	17.588	5.972

表 6.2　侧滑角均方根跟踪误差[单位:(°)]

控制方法	标称参数	f 摄动		g 摄动		f 和 g 同时摄动	
		-50%	$+40\%$	-30%	$+20\%$	-30%	$+30\%$
奇异摄动控制	0.072	0.042	0.108	0.114	0.062	0.065	0.047
增量滤波控制	0.042	0.028	0.052	0.049	0.034	0.038	0.042
滤波反步控制	0.052	∞	0.200	0.266	0.172	0.497	0.079

表 6.3　绕稳定轴滚转角速度均方根跟踪误差[单位:(°·s^{-1})]

控制方法	标称参数	f 摄动		g 摄动		f 和 g 同时摄动	
		−50%	+40%	−30%	+20%	−30%	+30%
奇异摄动控制	1.299	1.317	1.356	1.870	1.130	1.707	1.071
增量滤波控制	0.776	0.755	0.804	1.047	0.670	1.030	0.641
滤波反步控制	0.726	∞	1.260	1.943	1.073	3.892	0.936

6.7　小　　结

本章从工程应用的角度出发,在反步控制框架下研究了基于角加速度反馈的姿态鲁棒控制方法;① 梳理了角加速度信号获取方法的研究现状;② 分别提出了基于奇异摄动理论和泰勒级数展开的角加速度反馈控制方法;③ 为了满足角加速度控制对作动器带宽的要求,给出了一种作动器动态补偿策略。结果表明,角加速度反馈控制方法极大地简化了控制结构,可以削弱控制器设计对于模型的依赖,能够在模型参数大幅摄动条件下实现姿态的稳定控制。

第7章　过失速机动半实物仿真验证

7.1　引　　言

第4～6章对所提出的姿态鲁棒控制方法进行了数字仿真，得到了较好的仿真结果，说明了这些方法在过失速机动飞行控制中具有一定的理论可行性。然而，单纯的数字仿真并不能证明方法在实际工程中的可行性。半实物仿真又称为硬件在环(Hardware-In-the-Loop, HIL)仿真，通过将系统的实际传感器、运动平台、控制器和物理连接链路等实物组件包含在控制回路中，进行闭环试验验证。半实物仿真能够更好地发现实际系统中存在的问题，可以提高整个系统开展真实飞行试验时的可靠性，具有重要的实用价值。目前对于过失速机动飞行控制的验证研究大多采用数字仿真，开展半实物仿真验证的研究很少。为了进一步检验第6章所提出的基于角加速度反馈的姿态鲁棒方法的有效性和实用性，本章介绍一种半实物仿真试验方案，可以为过失速机动半实物仿真试验和飞行试验提供借鉴。

7.2　半实物仿真系统

通常情况下，过失速机动飞行控制半实物仿真系统主要包括以下四部分：① 动力学仿真平台，用于模拟飞机的动力学响应，根据当前控制指令和飞行状态计算飞机下一时刻状态的变化；② 三轴转台，根据动力学仿真平台计算的姿态信息进行运动，用于模拟飞机的飞行姿态和旋转运动；③ 惯性测量系统，安装在三轴转台上，用于测量和解算飞机的运动状态，作为反馈信号传给飞行控制律；④ 飞行控制律，根据外部飞行控制指令和惯性测量系统的反馈信号计算气动舵面和推力矢量系统所需的控制量，给至动力学仿真平台。

7.2.1　动力学仿真平台

动力学仿真平台主要用于模拟飞机的动力学响应，即根据飞机当前状态，气动舵面偏转、推力矢量系统状态等参数，计算飞机当前所受的力和力矩，然后根据动力学/运动学方程计算下一时刻的飞行状态，其中气动舵面指令、推力矢量系统的控制指令和发动机的油门指令均来至飞行控制律模块。动力学仿真平台解算得到的最新姿态参数通过光纤反射内存卡发送给三轴转台。同时通过串口通信和以太网通信将最新的飞行状态传送给地面控制站、HUD(Head Up Display)模块和视景仿真系统。地面控制站是遥测飞行状态、给飞机发送飞行指令的远程控制平台，HUD 模块用于模拟飞机机载显示系统，视景仿真系统用于模拟飞行过程的真实场景。为提高仿真系统的计算精度，对动力学和运动学方程的解算采用四阶龙格库塔法进行数值积分。仿真系统的实物图如图 7.1 所示。

由于半实物仿真系统中接入了实际的传感器等组件，为保证仿真过程的正确性，动力学仿真系统必须具有严格的实时性，即系统动力学模型的响应与实际传感器的测量信号保持严格的时间匹配关系，否则半实物仿真系统无法正常运行。为保证动力学仿真系统的实时性，采用了 RTX(Real Time eXtention)软件平台，它可在 Windows 操作系统上扩展出实时的软件处理平台，具有实时性强、软件移植简单等优点。因此，在 RTX 平台的保障下，将动力学仿真平台的仿真步长设置为 10 ms，从而保证系统的实时性要求。

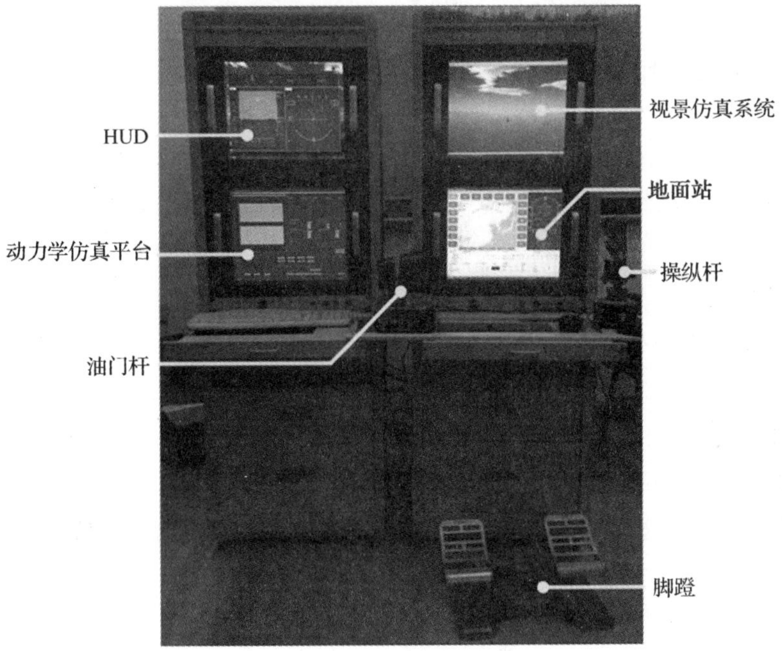

图 7.1　仿真系统实物图

7.2.2　三轴转台

半实物仿真用到的三轴转台如图 7.2 所示，其包含 3 个可自由旋转的伺服框，内、中、外框分别用于模拟飞机的滚转角、俯仰角和偏航角。如果转台 3 个框的角位置跟随动力学仿真系统中计算的飞机姿态变化，即可实现对飞机姿态的真实模拟。此时，安装在转台上的惯性测量系统可检测出其运动状态的变化，通过闭环反馈控制实现半实物试验验证。

在飞行控制系统中最重要的参数是飞行姿态，通过姿态的调整从而改变飞行轨迹。三轴转台对飞机姿态运动的真实模拟，可反映出机体的角速度和角加速度等信息。惯性测量系统中的角速率陀螺传感器可以测量出飞机姿态运动的角速度信号，用于闭环反馈控制。因此，该平台可以有效验证所提出的基于角加速度反馈的姿态鲁棒控制方法的实用性及有效性。

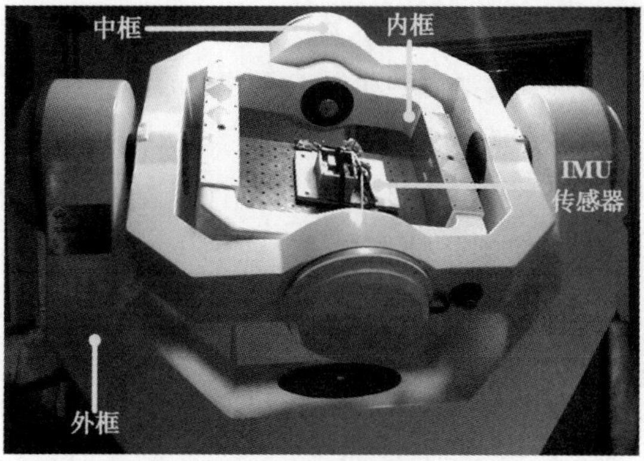

图 7.2　三轴转台

7.2.3　惯性测量系统

在半实物仿真过程中，为了实现高精度飞行姿态测量，需要设计惯性测量系统。其中，惯性测量传感器采用 ADIS16488 组件，集成了三轴加速度传感器、三轴角速率陀螺和三轴磁力计，具有体积小、简单实用的特点。飞机在大迎角过失速机动过程中，姿态变化非常快速，且运动范围较大，要求传感器具有较大测量范围、较高的测量精度和较快的动态响应性能，ADIS16488 的量程范围、测量精度和带宽均可满足系统的性能要求。ADIS16488 惯性测量模块提供了一个数字通讯接口（Serial Peripheral Interface，SPI）总线，用于数据采集和系统配置，采样频率为 100 Hz，可以对采集的数据进行数字滤波。根据传感器的输出信号，微处理器解算出飞机当前的滚转角、俯仰角和偏航角等姿态信号。然后将解算的姿态信息和采集的角速度信号通过 RS422 串行通信总线发送给飞行控制系统，用于闭环反馈控制，数据通信频率同样为 100 Hz。

7.2.4　飞行控制律

飞行控制律是飞机实现过失速机动飞行的核心，本章用于半实物仿真验证的控制律采用第 6 章提出的基于泰勒级数展开的角加速度反馈控制方法。在验证闭环控制性能时，角加速度信号的反馈值来自二阶滤波器的角加速度估计值。飞行控制律根据地面控制站的操纵杆、脚蹬、油门等指令和系统当前的反馈信号，通过闭环反馈控制得到当前的气动舵面指令和推力矢量系统的控制指令，并将舵面等控制指令传给动力学仿真平台。

在系统实现过程中，由操纵杆指令到迎角 / 侧滑角、绕速度轴的滚转角速度控制指令的解算算法既要保证飞机过失速机动时的操纵能力，又要照顾到小迎角飞行时的操纵品质。操纵杆指令到飞行控制指令的解算方式如图 7.3 和图 7.4 所示。

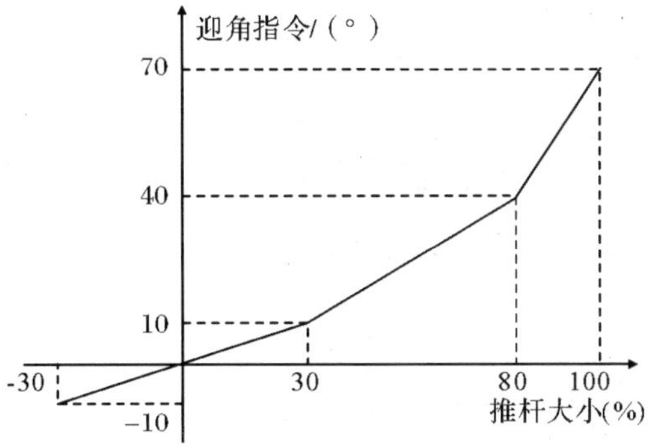

图 7.3　迎角指令的解算方法

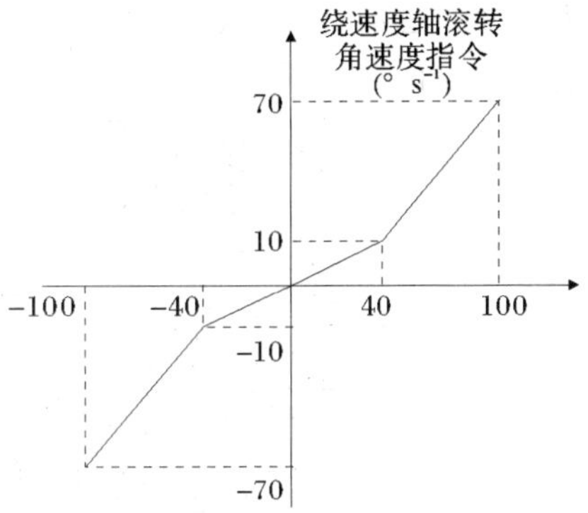

图 7.4　绕速度轴滚转角速度指令的解算方法

对于迎角指令的解算采用分阶段的方式，并将迎角指令限定在[−10°,70°]范围内。在小迎角时采用小增益，在大迎角时采用大增益。因为飞机在小迎角时需要精确控制飞行姿态，大增益容易引起操纵指令振荡问题，使飞行品质变差；在大迎角阶段，飞机停留时间较短，快速进入并迅速恢复至小迎角状态，不需要精确控制飞行姿态，此时仍采用小增益往往不能满足过失速机动性能的要求。对绕速度轴滚转角速度指令的解算与此类似，小增益用于精确控制飞行姿态，大增益用于保证飞机过失速机动性能。对于侧滑角指令的解算，将其范围限定为[−10°,10°]，由于指令范围较小，可以采用简单的等比例线性解算方法。

在半实物仿真过程中，飞行控制律采用数字控制方式，控制周期为 10 ms。飞行控制律在动力学仿真计算机上实现，即飞行控制律和动力学仿真平台以两个独立的模块同时存在于动力学仿真计算机上。两者通过数据共享机制实现飞行状态和控制指令的传递。

7.3　半实物仿真流程

半实物仿真系统实物和结构框图如图 7.5 和图 7.6 所示。动力学仿真平台接收飞行控制律产生的气动舵面等控制指令，负责模拟飞机的动力学响应，然后通过光纤反射卡将飞机当前的姿态角发送给转台控制机柜，转台控制柜控制三轴转台跟随飞机的姿态角运动，进而实现对飞机姿态运动的模拟。动力学仿真平台和三轴转台一起实现了对飞机的模拟。由于三轴转台真实地模拟了飞机的姿态运动过程，采用惯性测量系统可测量得到飞机当前的运动状态，用作飞行控制律的反馈信号，即仿真系统中采用真实的传感器进行闭环反馈控制。根据地面站所给的外部飞行指令和当前的状态反馈信号，飞行控制律计算得到气动舵面的控制指令和推力矢量系统的控制指令，并将其传给动力学仿真平台。以上部分组成了过失速机动飞行控制半实物仿真系统的核心，包含被控对象(动力学仿真平台和三轴转台)、传感器和飞行控制律 3 个主要模块，三者之间形成了一个完整的闭环系统。此外，半实物仿真系统还具有人机交互功能：地面控制站通过串口通信给飞行控制律发送飞控指令；视景仿真系统和 HUD 系统通过以太网接收动力学仿真平台广播的飞行状态，然后进行可视化显示。在试验过程中，飞行控制律和动力学仿真平台以 100 Hz 的频率同步记录所有试验数据。

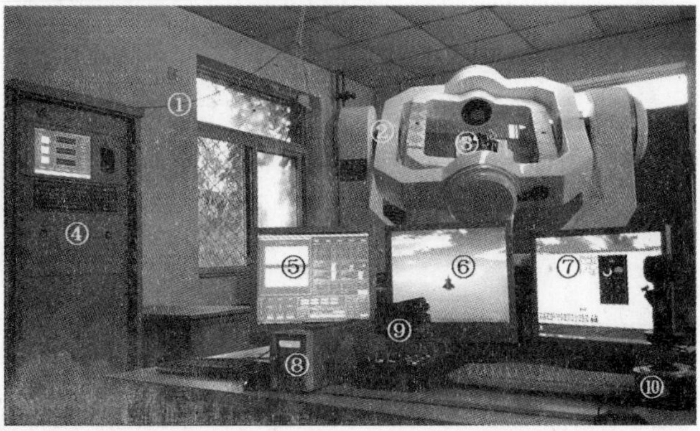

图 7.5　半实物仿真系统实物图

① 光纤通信电缆；② 三轴飞行转台；③ 惯性测量系统；④ 转台控制框；
⑤ 仿真计算机(包括动力学仿真平台和飞行控制律两个部分)；⑥ 视景仿真系统；
⑦ 地面控制站；⑧ 稳压电源(给惯性测量系统供电)；⑨ 发动机油门推杆；⑩ 操纵杆

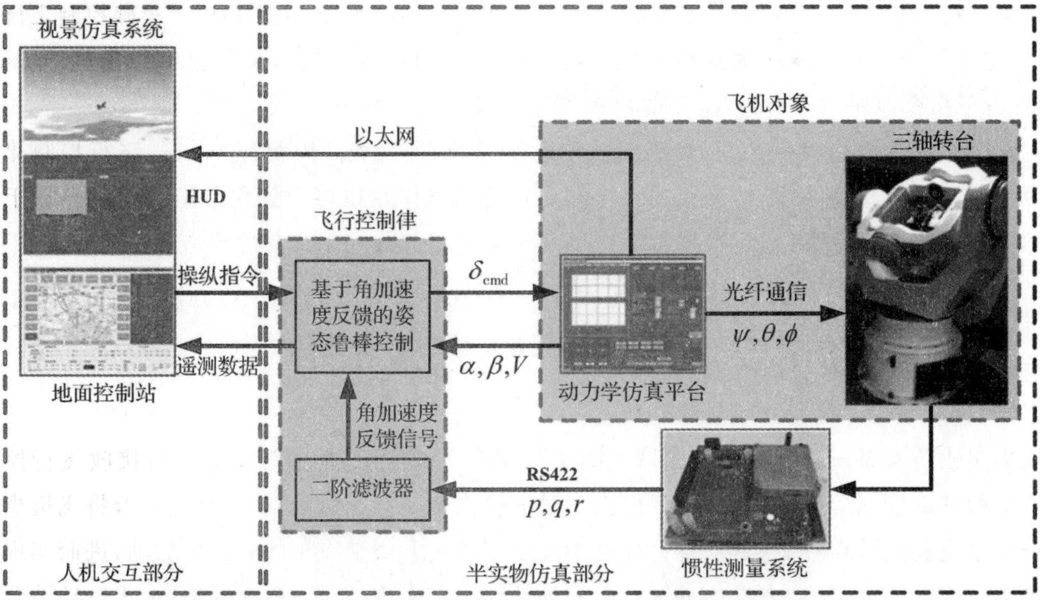

图 7.6　半实物仿真系统结构框图

7.4　半实物仿真试验中需要注意的问题

由于半实物仿真试验中涉及实际运动平台和传感器等实物，在实现过程中必然会遇到一些实际问题。这里主要介绍欧拉角奇异问题和气动数据存储问题。

7.4.1 欧拉角奇异问题

由于在过失速机动过程中姿态运动范围较大，在姿态解算过程中可能会出现欧拉角奇异问题。为了回避该问题，在动力学仿真和惯导系统中通常采用四元数方法解算。然而在半实物仿真过程中，三轴转台的运动只能按照 3 个角度值进行运动。因此，动力学仿真平台在将姿态传给转台控制机柜前必须把四元数转换为欧拉角，如果直接转换而不做处理，解算结果可能出现突变。如果将此解算结果直接传给转台控制机柜，在角度突变时刻，三轴转台就会产生较大角速度和角加速度。然而实际的动力学仿真平台中并不存在这一突变过程，这时就出现了转台运动状态与飞机实际运动状态不一致的情况。这就会导致系统的仿真试验出现严重的错误，同时错误的传感器测量值也会导致闭环反馈控制出现问题。

下述给出一种解决欧拉角奇异问题的可行方案。为便于理解，采用离散方程描述解算过程。对于俯仰角，采用传统积分方法进行解算，即

$$\theta_M(k)=\theta_M(k-1)+[q(k)\cos\varphi(k-1)-r(k)\sin\varphi(k-1)]\cdot T_s \tag{7.1}$$

式中：T_s 为仿真步长。

在欧拉角定义中，俯仰角的取值范围为[$-90°$，$90°$]，而上式解算得到的俯仰角取值范围为[$-180°$，$180°$]，不再严格遵循欧拉角的定义。但是两种解算结果都可以用来表征飞机的姿态运动，只是定义方法不同，所以采用下标 M 加以区分。对于滚转角和偏航角，为了避免出现奇异，在原积分解算的基础上，根据解算得到的俯仰角是否处于奇异范围进行适当改进。

当 $\theta_M<89°$ 时，滚转角和偏航角的解算方法为

$$\left.\begin{aligned}\varphi_M(k)&=\varphi_M(k-1)+[p(k)+(r(k)\cos\varphi(k-1)+q(k)\sin\varphi(k-1))\tan\theta(k)]\cdot T_s\\ \psi_M(k)&=\psi_M(k-1)+\left[\frac{1}{\cos\theta(k)}[r(k)\cos\varphi(k-1)+q(k)\sin\varphi(k-1)]\right]\cdot T_s\end{aligned}\right\} \tag{7.2}$$

当 $\theta_M<91°$ 时，$\tan\theta$ 和 $1/\cos\theta$ 的符号发生了变化，为保持正确性需要进行符号处理，计算公式为

$$\left.\begin{aligned}\varphi_M(k)&=\varphi_M(k-1)+[p(k)+(r(k)\cos\varphi(k-1)+q(k)\sin\varphi(k-1))(-\tan\theta(k))]\cdot T_s\\ \psi_M(k)&=\psi_M(k-1)+\left[\frac{1}{-\cos\theta(k)}[r(k)\cos\varphi(k-1)+q(k)\sin\varphi(k-1)]\right]\cdot T_s\end{aligned}\right\} \tag{7.3}$$

当 $89°\leqslant\theta_M\leqslant91°$ 时，姿态正好处在欧拉角奇异范围内，可采用下式解算，即

$$\left.\begin{aligned}\varphi_M(k)&=\varphi_M(k-1)\\ \psi_M(k)&=\psi_M(k-1)+p(k)\cdot T_s\end{aligned}\right\} \tag{7.4}$$

由式(7.4)可知，当俯仰角处于奇异范围内时，保持滚转角不变，仅根据绕机体轴的滚转运动解算偏航角。由于采用了近似处理，难免会损失一定的计算精度，但由于此时角度范围较小，仍然具有一定的可行性。采用该方法的主要依据是此时三轴转台的内框和外框旋转轴重合，不能再模拟绕机体 Z 轴的旋转运动，无法产生偏航角速度信号，所以令内框姿态角保持不

变，通过外框的运动产生滚转角速度信号。

利用上述方法解算得到的姿态角如图 7.7 所示。由图可知，滚转角、俯仰角和偏航角不再出现奇异和突变问题。为了验证姿态角解算的正确性，将 $\varphi_M,\theta_M,\psi_M$ 转换为四元数，然后与真实的四元数进行对比，对比结果如图 7.8 所示。由图 7.7 可知，由 $\varphi_M,\theta_M,\psi_M$ 计算得到的四元数与飞机实际姿态对应的四元数完全一致，说明上述方法解算得到的姿态可以用于描述飞机的姿态运动。

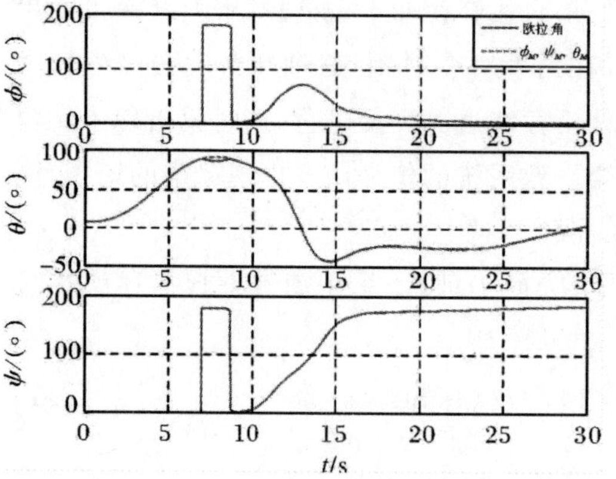

图 7.7　三轴姿态角解算结果

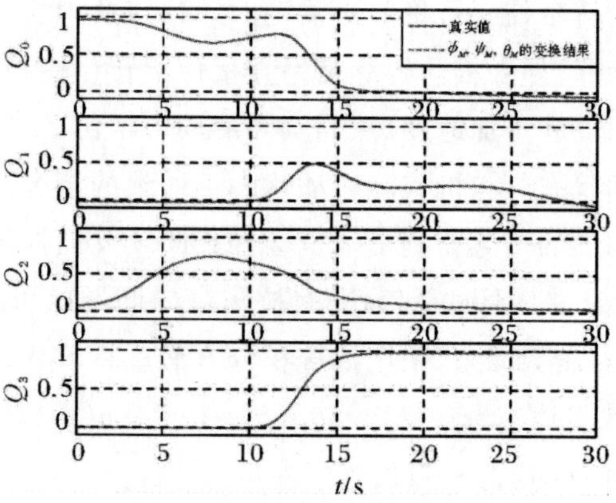

图 7.8　四元数结果对比

7.4.2　气动数据存储问题

在飞行控制律实现过程中通常需要使用动力学模型和气动数据库。气动数据模型通常利用风洞试验获得，需要开展大量的风洞试验，尽可能覆盖飞行过程中的每个状态点，从而确保气动数据模型的精度。因此，在飞行控制律实现过程中，需要根据当前状态通过插值估算出飞机当前所受的气动力和气动力矩。然而，庞大的气动数据模型在保证建模精度的同时，在机载飞行控制计算机中也会占用大量的存储空间，尤其是对于过失速机动飞行控制，飞行包线和飞行状态变化范围更大，所需的气动模型参数和状态点更多，对存储空间的要求也更大。

因此，考虑对气动数据进行适当简化处理。例如，对某些静态力矩系数作降维处理、将某些动导数设置为常数、忽略耦合控制导数、侧滑角对力矩系数的影响等等，这些简化处理虽然有效地减小了气动数据模型对存储空间的要求。但是由于气动模型失去了大量有用信息，这给过失速机动飞行控制带来了严重的模型不确定性，从这个角度看，通过半实物仿真也可以进一步验证控制方法的鲁棒性。

7.5　仿真结果分析

在半实物仿真试验中，采用二阶滤波器的角加速度估计值作为角加速度反馈信号，半实物仿真系统的试验结果如图 7.9 和图 7.10 所示。

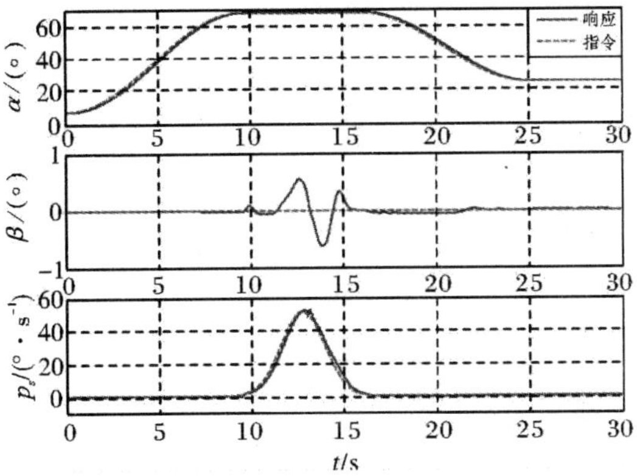

图 7.9　过失速机动控制指令跟踪曲线

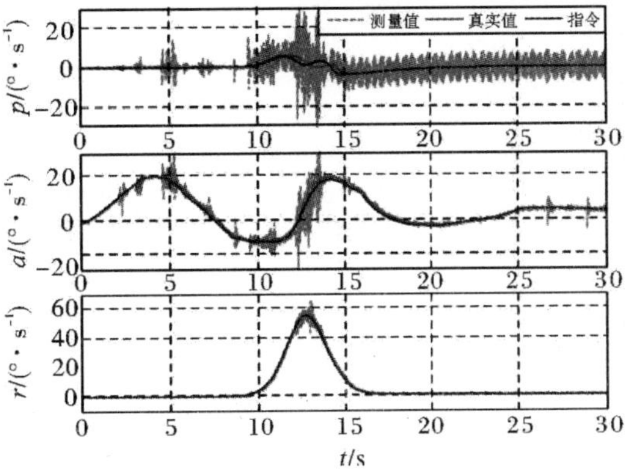

图 7.10　过失速机动角速度跟踪曲线

由指令跟踪曲线可知，系统可以较好地跟踪控制指令的变化，说明整个闭环控制系统是稳定的，且具有良好的控制性能。从角速度跟踪曲线可以看出，在系统存在严重模型不确定性的条件下，角速度跟踪效果基本没有受到不确定因素和系统扰动的影响，闭环控制系统仍具有良好的鲁棒性。这主要是由于采用了角加速度反馈控制，角加速度信号中包含了外界一切因素对系统运动状态的影响，通过闭环反馈控制，可抵消外界对系统产生的不利影响，有效地提高鲁棒性。所以，半实物仿真结果表明，基于角加速度反馈的姿态鲁棒控制方法具有良好的控制性能，可以保证飞机顺利完成过失速机动飞行。

7.6　小　　结

为了考察控制方法的可行性和工程实用性，本章研究了过失速机动控制方法的半实物仿真验证：① 搭建了半实物仿真试验平台，并给出了半实物仿真流程，即采用三轴转台模拟飞机的姿态运动，利用惯性传感器的测量值进行角加速度信号估计和闭环反馈控制，通过实时仿真和控制验证控制方法的可行性和有效性。② 讨论了过失速机动半实物仿真过程中存在的欧拉角奇异问题和气动数据存储问题，并给出了相应的解决办法。结果表明，所提出的基于角加速度反馈的姿态鲁棒控制方法具有较强的鲁棒性和工程实用性，可保证飞机大迎角过失速机动飞行控制性能。

附　　录

附录 A　相关函数表示形式

$$\boldsymbol{f}_1(\boldsymbol{x})=\begin{bmatrix}f_\alpha\\f_\beta\end{bmatrix}=\begin{bmatrix}-p_s\tan\beta-\dfrac{QS}{mV_t\cos\beta}(\bar{C}_X\sin\alpha-\bar{C}_Z\cos\alpha)+\dfrac{G_z}{mV_t\cos\beta}\\-\dfrac{QS}{mV_t}(\bar{C}_X\cos\alpha\sin\beta-\bar{C}_Y\cos\beta+\bar{C}_Z\sin\alpha\sin\beta)+\dfrac{G_y}{mV_t}\end{bmatrix}\tag{A.1}$$

$$\boldsymbol{f}_2(\boldsymbol{x})=\begin{bmatrix}r_s(f_\alpha+q)\\0\\-p_s(f_\alpha+q)\end{bmatrix}+\boldsymbol{T}_{s/b}\begin{bmatrix}(C_1r+C_2p)q+QSb(C_3\bar{C}_l+C_4\bar{C}_n)\\C_5pr-C_6(p^2-r^2)+C_7QS\bar{c}\bar{C}_m\\(C_8p-C_2r)q+QSb(C_4\bar{C}_l+C_9\bar{C}_n)\end{bmatrix}\tag{A.2}$$

式中：

$\bar{C}_X=C_{X_0}+C_{Xq}\bar{q}$，$\bar{C}_Y=C_{Y_0}+C_{Yp}\bar{p}+C_{Yr}\bar{r}$，$\bar{C}_Z=C_{Z_0}+C_{Zq}\bar{q}$，$\bar{C}_l=C_{l_0}+C_{lp}\bar{p}+C_{lr}\bar{r}$，

$\bar{C}_m=C_{m_0}+C_{mq}\bar{q}+\bar{C}_Z(x_{cgr}-x_{cg})$，$\bar{C}_n=C_{n_0}+C_{np}\bar{p}+C_{nr}\bar{r}-\bar{C}_Y(x_{cgr}-x_{cg})\bar{c}/b$.

$$\boldsymbol{W}_1(\boldsymbol{x})=\frac{QS}{mV_t}\begin{bmatrix}0&\cos\alpha/\cos\beta&0&0&0\\\cos\beta&-\sin\alpha\sin\beta&0&0&0\end{bmatrix}\tag{A.3}$$

$$\boldsymbol{W}_2(\boldsymbol{x})=QS\begin{bmatrix}0&\dfrac{r_s\cos\alpha}{mV_t\cos\beta}&b(C_3\cos\alpha+C_4\sin\alpha)&0&b(C_4\cos\alpha+C_9\sin\alpha)\\0&0&0&C_7\bar{c}&0\\0&\dfrac{-p_s\cos\alpha}{mV_t\cos\beta}&b(-C_3\sin\alpha+C_4\cos\alpha)&0&b(-C_4\sin\alpha+C_9\cos\alpha)\end{bmatrix}\tag{A.4}$$

$$\boldsymbol{G}_2(\boldsymbol{x})=T_{s/b}\begin{bmatrix}g_{11}&0&g_{13}&-C_4Tx_T&-C_4Tx_T&C_3Ty_T/2&-C_3Ty_T/2\\0&C_7QS\bar{c}C_{m\delta_e}&0&0&0&-C_7Tx_T&-C_7Tx_T\\g_{31}&0&g_{33}&-C_9Tx_T&-C_9Tx_T&C_4Ty_T/2&-C_4Ty_T/2\end{bmatrix}\tag{A.5}$$

式中：

$$g_{11}=QSb(C_3C_{l\delta_a}+C_4C_{n\delta_a}),\ g_{13}=QSb(C_3C_{l\delta_r}+C_4C_{n\delta_r}),$$

$$g_{31}=QSb(C_4C_{l\delta_a}+C_9C_{n\delta_a}),\ g_{33}=QSb(C_4C_{l\delta_r}+C_9C_{n\delta_r}).$$

$$\boldsymbol{D}_1(\boldsymbol{x}_1)=\frac{QS}{mV_t}\begin{bmatrix}-\sin\alpha/\cos\beta&0&\cos\alpha/\cos\beta\\-\cos\alpha\sin\beta&\cos\beta&-\sin\alpha\sin\beta\end{bmatrix}\tag{A.6}$$

$$D_2(x_1) = QS\begin{bmatrix} b(C_3\cos\alpha + C_4\sin\alpha) & 0 & b(C_4\cos\alpha + C_9\sin\alpha) \\ 0 & C_7\bar{c} & 0 \\ b(-C_3\sin\alpha + C_4\cos\alpha) & 0 & b(-C_4\sin\alpha + C_9\cos\alpha) \end{bmatrix} \tag{A.7}$$

附录 B 符号说明

符 号	说 明
a_{xb}, a_{yb}, a_{zb}	加速度在机体轴 3 个方向上的分量
$b, \bar{c}$	翼展和平均气动弦长
d_x	参考重心位置与实际重心位置的偏差
C_X, C_Y, C_Z	轴向力系数、横向力系数和法向力系数
C_l, C_m, C_n	滚转力矩系数、俯仰力矩系数和偏航力矩系数
$C_{X0}, C_{Y0}, C_{Z0}, C_{l0}, C_{m0}, C_{n0}$	静态导数
$C_{Xq}, C_{Yp}, C_{Yr}, C_{Zq}, C_{lp}, C_{lr}, C_{mq}, C_{np}, C_{nr}$	阻尼导数
$C_{Y\delta_a}, C_{Y\delta_r}, C_{Z\delta_e}, C_{l\delta_a}, C_{l\delta_r}, C_{m\delta_e}, C_{n\delta_a}, C_{n\delta_r}$	操纵导数
G	重力
G_x, G_y, G_z	重力在机体轴 3 个方向上的分量
H	飞行高度
$\boldsymbol{I}$	单位矩阵
J_x, J_y, J_z	飞机沿机体坐标系 3 个轴的转动惯量
J_{xz}	惯性积
$k_{\mathrm{lon}}, k_{\mathrm{lat}}$	纵向运动和横侧向运动的减缩频率
L_A, M_A, N_A	空气动力产生的滚转力矩、俯仰力矩和偏航力矩
L_T, M_T, N_T	推力矢量产生的滚转力矩、俯仰力矩和偏航力矩
m	飞机质量
$OX_bY_bZ_b$	机体坐标系
p, q, r	绕机体轴的滚转角速度、俯仰角速度和偏航角速度
p_s, q_s, r_s	绕稳定轴的滚转角速度、俯仰角速度及偏航角速度
$\bar{p}, \bar{q}, \bar{r}$	无量纲滚转角速度、俯仰角速度和偏航角速度
Q	动压
q_0, q_1, q_2, q_3	四元数
S	参考面积
s	拉普拉斯算子
T	单个发动机推力

续　表

符　号	说　明
T_{xl},T_{yl},T_{zl}	左侧发动机推力在机体轴 3 个方向上的分量
T_{xr},T_{yr},T_{zr}	右侧发动机推力在机体轴 3 个方向上的分量
T_{sx},T_{sy},T_{sz}	总发动机推力在机体轴 3 个方向上的分量
$\boldsymbol{T}_{e/b}$	机体坐标系到惯性坐标系的转换矩阵
$\boldsymbol{T}_{s/b}$	机体坐标系到稳定坐标系的转换矩阵
$\boldsymbol{T}_{w/b}$	机体坐标系到气流坐标系的转换矩阵
V_t	飞行速度
X_A,Y_A,Z_A	轴向力、横向力和法向力
x_E,y_E,z_E	飞机相对于惯性坐标系原点的位置
x_{cg},x_{cgr}	实际重心位置和参考重心位置
x_T	推力作用点到质心的距离在机体纵向平面内的投影
y_T	左右发动机推力作用点之间的距离
α,β	迎角和侧滑角
$\delta_a,\delta_e,\delta_r$	副翼、升降舵和方向舵
δ_{th}	发动机油门开度
δ_y,δ_z	左右尾喷管偏转角度相等条件下的侧向和纵向偏转角度
δ_{yl},δ_{zl}	左侧尾喷管侧向和纵向偏转角度
δ_{yr},δ_{zr}	右侧尾喷管侧向和纵向偏转角度
ζ,ω_n	二阶滤波器的阻尼比和自然角频率
η_l^p,η_l^r	由滚转运动和偏航运动产生的滚转力矩非定常气动效应
η_n^p,η_n^r	由滚转运动和偏航运动产生的偏航力矩非定常气动效应
η_Y^p,η_Y^r	由滚转运动和偏航运动产生的横向力非定常气动效应
η_Z,η_m	法向力和俯仰力矩非定常气动效应
φ,θ,ψ	滚转角、俯仰角和偏航角
$\varphi_1,\theta_1,\psi_1$	机构滚转角、机构俯仰角(支撑迎角)和机构偏航角
φ_{1m},ψ_{1m}	机构滚转角振幅和机构偏航角振幅

参考文献

[1] 朱纪洪，张尚敏，周池军，等. 飞机超机动状态动力学特征及对控制系统的挑战[J]. 控制理论与应用，2014(12)：1650－1662.

[2] ETHELL J. Radar Combat and the Illusion of Invincibility[J]. Aerospace America，1990，28 (1)：14－18.

[3] HERBST W B，KROGULL B. Design for Air Combat[J]. Journal of Aircraft，1973，10 (4)：247－253.

[4] HERBST W B. Future Fighter Technologies[J]. Journal of Aircraft，1980，17(8)：561－566.

[5] HERBST W B. Dynamics of Air Combat[J]. Journal of Aircraft，1983，20(7)：594－598.

[6] SMITH R E. Thurst Vectoring and the X-31A Lessons to be Learned，[R]. Royal Aeronautieal Society Lecture，London，1997.

[7] TAMRAT B. The X-31：a Post-stall Technology (PST) Fighter Close-in-combat Results Assessment，and a look at new CIC Performance Evaluation Metrics[C]// AIAA Atmospheric Flight Mechanics Conference and Exhibit，Providence，RI，2004，5173.

[8] ALCORN C W，CROOM M A，FRANCIS M S，et al. The X-31 Aircraft：Advances in Aircraft Agility and Performance[J]. Progress in Aerospace Sciences，1996，32(4)：377－413.

[9] PAHLE J W，WICHMAN K D，EDWARDS C，et al. An Overview of Controls and Flying Qualities Technology on the F/A－18 high alpha research vehicle[J]. High Angle-of-Attack Technology，Accomplishments，Lessons Learned，and Future Directions，1996：193－219.

[10] BOWERS A H，PAHLE J W，WILSON R J，et al. An Overview of the NASA F-18 High Alpha Research Vehicle[R]. TM—4772，NASA，1996.

[11] ANNA P D，KIDMAN D S. Flight Test results of the F-16 Aircraft Modified with the Axisymmetric Vectoring Exhaust Nozzle[C]// The Fourth High Alpha Conference，Edwards，CA，NASA，1994：1－15.

[12] BAUER J E，CLARKE R，BURKEN J J. Flight Test of the X-29A at High Angle of Attack：Flight Dynamics and Controls[R]. NASA Flight Research Center，1995.

[13] SMITH W. X-29 high AOA Flight Test Results：an Overview[R]. SAE Technical Paper 0148－7191，1993.

[14] ERICSSON L E. Challenges in High-alpha Vehicle Dynamics[J]. Progress in Aerospace Sciences，1995，31(4)：291－334.

[15] ERICKSON G E. High Angle-of-attack Aerodynamics[J]. Annual Review of Fluid Mechanics，2003，27(3)：45－88.

[16] GHOSH K,PARANJAPE A,ANANTHKRISHNAN N. Effect of Thrust Vectoring on Aircraft post-stall Trims, Stability, and Maneuvers[C]//AIAA Atmospheric Flight Mechanics Conference and Exhibit Keystone,CO,2006,6486.

[17] 尹航,朱纪洪,张旭东,等.基于分支分析与突变理论的耦合动力学[J].清华大学学报 2015,55(2):237-242.

[18] 龚正.先进飞行器非定常气动力建模、控制律设计及验证方法研究[D].南京:南京航空航天大学,2011.

[19] 汪清,钱炜祺,丁娣.飞机大迎角非定常气动力建模研究进展[J].航空学报,2016.

[20] BRANDON J M,FOSTER J V. Recent Dynamic Measurements and Considerations for Aerodynamic Modeling of Fighter Airplane Configurations[R]. AIAA 98-4447, Reston: AIAA,1998.

[21] LIN G F,LAN C E. A Generalized Dynamic Aerodynamic Coefficient Model for Flight Dynamics Applications[R]. AIAA 97-3643,Reston:AIAA,1997.

[22] GREENWELL D I. Frequency Effects on Dynamic Stability Derivatives Obtained from Small-amplitude Oscillatory Testing[J]. Journal of Aircraft,1998,35(5):776-783.

[23] TOBAK M. On the Use of the Indicial Function Concept in the Analysis of Unsteady Motion of Wings and Wing-Tail Combinations[R]. NACA R-1188,NASA,1954.

[24] TOBAK M,SCHIFF L B. On the Formulation of the Aerodynamic Characterestics in Aircraft Dynamics[R]. NASA TR R-456,NASA,1976.

[25] KLEIN V, NODERERr K D. Modeling of Aircraft Unsteady Aerodynamic Characteristics, Part 1-postulated Models[R]. NASA TM-109120,NASA,1994.

[26] SMITH M S. Analysis of Wind Tunnel Oscillatory Data of the X-31A Aircraft[R]. NASA CR-1999-208725,NASA,1999.

[27] KLEIN V,MURPHY P C,CURRY T J,et al. Analysis of Wind Tunnel Longitudinal Static and Oscillatory Data of the F-16XL Aircraft[R]. NASA TM-97-206276,NASA, 1997.

[28] MURPHY P C,KLEIN V. Estimation of Aircraft Nonlinear Unsteady Aerodynamic Parameters from Dynamic Wind Tunnel Testing[R]. AIAA 2001-4016, Reston: AIAA,2001.

[29] MURPHY P C,KLEIN V,SZYBA N. Progressive Aerodynamic Model Identification from Dynamic Water Tunnel Test of the F-16XL Aircraft[C]// AIAA Atmospheric Flight Mechanics Conference and Exhibit,USA:AIAA Press,2004,5277.

[30] MURPHY P C,KLEIN V,FRINK N T,et al. System Identification Applied to Dynamic CFD Simulation and Wind Tunnel Data[C]// AIAA Atmospheric Flight Mechanics Conference and Exhibit,USA:AIAA Press,2011,6522.

[31] MURPHY P C,KLEIN V,FRINK N T. Unsteady Aerodynamic Modeling in Roll for the NASA Generic Transport Model[C]// AIAA Atmospheric Flight Mechanics Conference and Exhibit,USA:AIAA Press,2012,4652.

[32] GOMAN M,KHRABROV A N. State-space Representation of Aerodynamic Characteristics of

an Aircraft at High Angles of Attack[J]. Journal of Aircraft,1994,31(5):1109-1115.

[33] ABRAMOV N B,GOMAN M,KHRABROV A N,et al. Simple Wings Unsteady Aerodynamics at High Angles of Attack-experimental and Modeling Results[R]. AIAA 99-4013, Reston:AIAA,1999.

[34] ABRAMOV N B,GOMAN M,GREENWELL D I,et al. Two-step Linear Regression Method for Identification of High Incidence Unsteady Aerodynamic Model[R]. AIAA 2001-4080,Reston:AIAA,2001.

[35] FAN Y G,LUTZE F H. Identification of an Unsteady Aerodynamic Model at High Angles of Attack[R]. AIAA 96-3407,Reston:AIAA,1996.

[36] 高正红,焦天峰. 飞行器快速俯仰产生大迎角非定常气动力数学模型研究[J]. 西北工业大学学报,2001,19(4):506-510.

[37] PASHILKAR A A,PRADEEP S. Unsteady Aerodynamic Modelling Using Multivariate Orthogonal Polynomials[R]. AIAA 99-4014,Reston:AIAA,1999.

[38] LUTZE F H,FAN Y G,Stagg G. Multiaxis Unsteady Aerodynamic Characteristics of an Aircraft in Harmonic Pitch Oscillation[R]. AIAA 99-4011,Reston:AIAA,1999.

[39] 汪清,蔡金狮. 飞机大攻角非定常气动力建模与辨识[J]. 航空学报,1996,17(4):391-398.

[40] ABRAMOV N,GOMAN M,KHRABROV A. Aircraft Dynamics at High Incidence Flight with Account of Unsteady Aerodynamic Effects[C]//AIAA Atmospheric Flight Mechanics Conference and Exhibit,Providence,RI,2004,5274.

[41] ABRAMOV N,GOMAN M,KHRABROV A. Lateral-directional Aircraft Dynamics at High Incidence Flight with Account of Unsteady Aerodynamic Effects[C]//AIAA Atmospheric Flight Mechanics Conference and Exhibit,San Francisco,CA,2005,6331.

[42] 汪清,何开锋,钱炜祺,等. 飞机大迎角空间机动气动力建模研究[J]. 航空学报,2004,25(5):447-451.

[43] GREENWELL D. A Review of Unsteady Aerodynamic Modelling for Flight Dynamics of Manoeuvrable Aircraft[C]//AIAA Atmospheric Flight Mechanics Conference and Exhibit,Providence,RI,2004,5276.

[44] KYLE H,LOWENBERG M,GREENWELL D. Comparative Evaluation of Unsteady Aerodynamic Modelling Approaches[C]//AIAA Atmospheric Flight Mechanics Conference and Exhibit,Providence,RI,2004,5272.

[45] BRUNTON S L,DAWSON S T M,Rowley C W. State-space Model Identification and Feedback Control of Unsteady Aerodynamic Forces[J]. Journal of Fluids and Structures,2014,50:253-270.

[46] IGNATYEV D I,KHRABROV A N. Neural Network Modeling of Unsteady Aerodynamic Characteristics at High Angles of Attack[J]. Aerospace Science and Technology,2015,41:106-115.

[47] WANG Q,WU K Y,ZHANG T J,et al. Aerodynamic Modeling and Parameter Estimation from the QAR Data of an Airplane Approaching High-altitude Airport[J]. Chinese Journal of

Aeronautics,2012,25(3):361－371.

[48] WANG Q,HE K F,QIAN W Q,et al. Unsteady Aerodynamics Modeling for Flight Dynamics Application[J]. Acta Mechanica Sinica,2012,28(1):14－23.

[49] 刘志涛. 孙海生,姜裕标,等. 非线性非定常气动力的模糊逻辑建模方法[J]. 实验流体力学,2005,19(1):99－103.

[50] WANG Q,QIAN W Q,HE K F. Unsteady Aerodynamic Modeling at High Angles of Attack Using Support Vector Machines[J]. Chinese Journal of Aeronautics,2015,28(3):659－668.

[51] 张嘉明. 无人机自适应动态面飞行控制及轨迹跟踪技术研究[D]. 北京:清华大学,2013.

[52] SNELL S A,ENNS D F,GARRARD W L. Nonlinear Control of a Supermaneuverable Aircraft[C]// Proceedings of AIAA Guidance, Navigation, and Control Conference, Boston,MA,1989,3486.

[53] SHAMMA J S,Athans M. Guaranteed Properties of Gain Scheduled Control for Linear Parameter-varying Plants[J]. Automatica,1991,27(3):559－564.

[54] LU B, WU F, KIM S W. Linear Parameter-varying Antiwindup Compensation for Enhanced Flight Control Performance[J]. Journal of Guidance,Control,and Dynamics, 2005,28(3):494－505.

[55] LU B,WU F,KIM S W. Switching LPV Control of an F-16 Aircraft Via Controller State Reset[J]. IEEE Transactions on Control Systems Technology,2006,14(2):267－277.

[56] LU B, WU F. Probabilistic Robust Linear Parameter-varying Control of an F-16 Aircraft[J]. Journal of Guidance,Control,and Dynamics,2006,29(6):1454－1460.

[57] VALAVANI L,VOULGARIS P. High Performance Linear-quadratic and H-infinity Designs for a ′superm aneuverable′ Aircraft [J]. Journal of Guidance, Control, and Dynamics,2012,14(1):157－163.

[58] WANG J,ZHANG W. Neural-fuzzy Scheduling of H∞ Robust Controllers for a High Performance Fighter Aircraft Under a Herbst-like Manoeuvre[J]. International Journal of Control,1999,72(7):740－754.

[59] CHANG R Y,SAFONOV M G,MADDEN K P,et al. A Fixed H∞ Controller for a Supermaneuverable Fighter Performing the Herbst Maneuver[C]// Proceedings of the IEEE Conference on Decision and Control,IEEE,1990:111－127.

[60] YEE J S, WANG J L, SUNDARARAJAN N. Robust Sampled-data H∞ Flight Controller Design for High alpha Stability-axis Roll Maneuver[J]. Control Engineering Practice, 2000,8(7):735－747.

[61] 杨佳利. 基于角加速度反馈的过失速机动飞行控制方法研究[D]. 北京:清华大学,2016.

[62] DAVIDSON J B,FOSTER J V,OSTROFT A J,et al. Development of a Control Law Design Process Utilizing Advanced Synthesis Methods with Application to the NASA F-18 HARV[C]// High-Angle-of-Attack Projects and Technology Conference. NASA, 1992:111－157.

[63] BOSWORTH J. Flight Results of the NF-15B Intelligent Flight Control System (IFCS) Aircraft with Adaptation to a Longitudinally Destabilized Plant[C]// AIAA Guidance, Navigation and Control Conference and Exhibit, Honolulu, HI, 2008, 6985.

[64] BRINKER J S, WISE K A. Flight Testing of Reconfigurable Control Law on the X-36 Tailless Aircraft[J]. Journal of Guidance, Control, and Dynamics, 2001, 24(5): 903 - 909.

[65] PERHINSCHI M, NAPOLITANO M, CAMPA G, et al. Design and Flight Testing of Intelligent Flight Control Laws for the WVU YF-22 Model Aircraft[C]// AIAA Guidance, Navigation, and Control Conference and Exhibit, San Francisco, CA, 2005, 6445.

[66] WALKER G P, FULLER J W, WURTH S P. F-35B Integrated Flight-propulsion Control Development [C]// International Powered Lift Conference, Los Angeles, CA, 2013, 4243.

[67] STEVEN B. F-35A High Angle-of-attack Testing[C]// AIAA Atmospheric Flight Mechanics Conference, Atlanta, GA, 2004, 2057.

[68] POURTAKDOUST S H, KARIMI J, SHAJIEE S. Design of a Tracking Control System for an Optimal Post-stall Manoeuver Using Dynamic Inversion Approach[C]// 25th International Congress of the Aeronautical Sciences, 2006, 1 - 10.

[69] LEE T, KIM Y. Nonlinear Adaptive Flight Control Using Backstepping and Neural Networks Controller[J]. Journal of Guidance, Control, and Dynamics, 2012, 24(4): 675 - 682.

[70] INNOCENTIM, THUKRAL A. Robustness of a Variable Structure Control System for Maneuverable Flight Vehicles[J]. Journal of Guidance, Control, and Dynamics, 1997, 20(2): 377 - 383.

[71] 熊治国，孙秀霞，胡孟权. 自抗扰控制器在超机动飞行快回路控制中的应用[J]. 控制与决策，2006，21(4)：477 - 480.

[72] 朱秋芳，姜长生，朱亮，等. 采用 TLC 方法的超机动飞行控制系统设计[J]. 南京航空航天大学学报，2007，39(3)：379 - 383.

[73] BUGAJSKI D J, ENNS D F. Nonlinear Control Law with Application to High Angle-of-attack Flight[J]. Journal of Guidance, Control, and Dynamics, 1992, 15(3): 761 - 767.

[74] SNELL S A, ENNS D F, ARRARD W L. Nonlinear Inversion Flight Control for a Supermaneuverable Aircraft[J]. Journal of Guidance, Control, and Dynamics, 1992, 15(4): 976 - 984.

[75] SNELL S A. Nonlinear Dynamic-inversion Flight Control of Supermaneuverable Aircraft[D]. Minneapolis, MN, USA: University of Minnesota, 1991.

[76] 陈永亮. 飞机大迎角非线性动力学特性分析与控制[D]. 南京：南京航空航天大学，2007.

[77] CEN F, SUN H S, LIANG P. Design and Evaluation of a Post-stall Maneuverable Flight Control Law Based on Nonlinear Dynamic Inversion[C]// Proceedings of the 30th Chinese Control Conference, Yantai, 2011: 293 - 298.

[78] 龙晋伟，潘文俊，王立新，等. 基于任务评定的战斗机大迎角飞行控制律设计方法[J]. 北

京航空航天大学学报,2014,40(6):844-848.
[79] 范子强,方振平.超机动飞机的非线性飞行控制研究[J].北京航空航天大学学报,2000,26(4):404-407.
[80] VINAYAGAM A K,SINHA N K. An Assessment of Thrust Vector Concepts for Twin-engine Airplane[J]. Proceedings of the Institution of Mechanical Engineers Part G-Journal of Aerospace Engineering,2013,228(6):960-979.
[81] TOL H J,VISSER C C D,KAMPEN E V,et al. Multivariate Simplex Spline Based Nonlinear Dynamic Inversion Control of High Performance Aircraft[C]// AIAA Guidance, Navigation,and Control Conference and Exhibit,Boston,MA,2013,4925.
[82] 朱荣刚,姜长生,邹庆元,等.新一代歼击机超机动飞行的动态逆控制[J].航空学报,2003,24(3):242-245.
[83] 朱家强,郭锁凤.基于神经网络的超机动飞机自适应重构控制[J].航空学报,2003,24(3):246-250.
[84] 朱家强,朱纪洪,郭锁凤,等.基于神经网络的鲁棒自适应逆飞行控制[J].控制理论与应用,2005,22(2):182-188.
[85] SHIN Y,CALISE A J,JOHNSON M. Adaptive Control of Advanced Fighter Aircraft in Nonlinear Flight Regimes[J]. Journal of Guidance,Control,and Dynamics,2008,31(5):1464-1477.
[86] 胡孟权.超机动飞行非线性动态逆-模糊自适应控制[J].飞行力学,2001,19(1):22-25.
[87] LONG H,SONG S. Research on Algorithm of Nonlinear Self-adaptive Flight Control System[C]//Proceedings of the International Conference on Advanced Mechatronic Systems,Beijing,China,2015:332-335.
[88] JIE L,KAI L,HANG X,et al. Application of Intelligence Technology in Super-maneuverable Flight Control. [C]// IEEE Conference on Robotics,Automation and Mechatronics,Chengdu,China,2008:1185-1188.
[89] SIMPLÍCIO P,PAVEL M D,KAMPEN E V,et al. An Acceleration Measurements-based Approach for Helicopter Nonlinear Flight Control Using Incremental Nonlinear Dynamic Inversion[J]. Control Engineering Practice,2013,21(8):1065-1077.
[90] ADAMS R J,BUFFINGTON J M,BANDA S S. Design of Nonlinear Control Laws for High Angle-of-attack Flight[J]. Journal of Guidance,Control,and Dynamics,1994,17(4):737-746.
[91] 刘凯,朱纪洪,余波.推力矢量飞机纵向鲁棒动态逆控制[J].控制与决策,2013(7):1113-1116.
[92] ÖZGÜR ATESOGLU,ÖZGÖREN M K. Nonlinear Robust Controller Design for High-alpha Maneuvering Enhancement of a Fighter Aircraft with Aerodynamic and Thrust Vectoring Controls[C]// AIAA Guidance, Navigation and Control Conference and Exhibit,Honolulu,HI,2008,6488.
[93] ÖZGÜR ATESOGLU,ÖZGÖREN M K. Control and Robustness Analysis for a High-alpha Maneuverable Thrust-vectoring Aircraft[J]. Journal of Guidance, Control, and

Dynamics,2009,32(5):1483－1496.

[94] WANG Q,STENGEL R F. Robust Nonlinear Flight Control of a High-performance Aircraft[J]. IEEE Transactions on Control Systems Technology,2005,13(1):15－26.

[95] GOMAN M,KOLESNIKOV E. Robust Nonlinear Dynamic Inversion Method for an Aircraft Motion Control[C]// AIAA Guidance,Navigation,and Control Conference and Exhibit,1998,4208.

[96] TOL H J,VISSER C C D,KAMPEN E V,et al. Nonlinear Multivariate Spline-based Control Allocation for High-performance Aircraft[J]. Journal of Guidance,Control,and Dynamics,2014,37:1840－1862.

[97] 陈谋,邹庆元,姜长生,等.基于神经网络干扰观测器的动态逆飞行控制[J].控制与决策,2008,23(3):283－287.

[98] 宫庆坤,姜长生,吴庆宪,等.基于滑模干扰观测器的歼击机超机动飞行控制[J].电光与控制,2014(11):14－17.

[99] KOLESNIKOV E. NDI-based Flight Control Law Design[C]// AIAA Guidance,Navigation,and Control Conference and Exhibit,San Francisco,CA,2005,5977.

[100] ÖZGÜR ATESOGLU,ÖZGÜREN M K. High-alpha Flight Maneuverability Enhancement of a Fighter Aircraft Using Thrust-vectoring Control[J]. Journal of Guidance,Control,and Dynamics,2007,30(5):1480－1493.

[101] ÖZGÜR ATESOGLU,ÖZGÜREN M K. Automated Maneuvering Control of a Conventional Tactical Aircraft enhanced with Thrust Vectoring Controls[C]// AIAA Guidance,Navigation,and Control Conference and Exhibit,Portland,OR,2011,6636.

[102] SMITH P. A Simplified Approach to Nonlinear Dynamic Inversion Based Flight Control[C]// AIAA Atmospheric Flight Mechanics Conference,1998,4461.

[103] BACON B J,OSTROFF A J,JOSHI S M. Reconfigurable NDI Controller Using Inertial Sensor Failure Detection & Isolation[J]. IEEE Transactions on Aerospace & Electronic Systems,2001,37(4):1373－1383.

[104] OSTROFF A J,BACON B J. Enhanced NDI Strategies for Reconfigurable Flight Control[C]// Proceedings of the American Control Conference,Anchorage,AK,2002:3631－3636.

[105] 尹航,朱纪洪,周池军,等.基于 Kalman 预报观测器的增量动态逆控制[J].清华大学学报(自然科学版),2014,54(12):1534－1538.

[106] 陈海兵,张曙光,方振平.考虑舵面饱和的鲁棒可重构控制律设计及仿真[J].系统仿真学报,2008(20):5617－5622.

[107] 陈海兵,张曙光,方振平.加速度反馈的隐式动态逆鲁棒非线性控制律设计[J].航空学报,2009,30(4):597－603.

[108] SIEBRLING S,CHU Q P,MULDER J A. Robust Flight Control Using Incremental Nonlinear Dynamic Inversion and Angular Acceleration Prediction[J]. Journal of Guidance,Control and Dynamics,2010,33(6):1732－1742.

[109] 郑积仕,蒋新华,陈兴武.增量非线性动态逆小型无人机速度控制[J].系统工程与电子技术,2013,35(9):1923－1927.

[110] SMEUR E J,CHU Q P,CROON G C D. Adaptive Incremental Nonlinear Dynamic Inversion for Attitude Control of Micro Aerial Vehicles[J]. Journal of Guidance,Control,and Dynamics,2016,39(3):450 - 461.

[111] AZINHEIRA J R,MOUTINHO A,CARVALHO J R. Lateral Control of Airship with Uncertain Dynamics Using incremental nonlinear dynamics inversion[C]// International Federation of Automatic Control,2015:69 - 74.

[112] 董飞垚,雷虎民,李炯,等. 带有跟踪微分器的导弹增量动态逆控制律设计[J]. 宇航学报,2012,33(10):1439 - 1444.

[113] ACQUATELLA P B,FALKENA W,KAMPEN E J V,et al. Robust Nonlinear Spacecraft Attitude Control Using Incremental Nonlinear Dynamic Inversion[C]// AIAA Guidance,Navigation,and Control Conference,Minneapolis,MN,2012,4623.

[114] 张军,丁世宏,陆佳辉. 基于增量动态逆的高超声速飞行器控制律设计[J]. 电光与控制,2013,20(11):16 - 20.

[115] KOKOTOVIC P V,KANELLAKOPOULOS I,MORSE A S. Systematic Design of Adaptive Controllers for Feedback Linearizable Systems[J]. IEEE Transactions on Automatic Control,1991,36(11):1241 - 1253.

[116] 朱铁夫,李明,邓建华. 基于 Backstepping 控制理论的非线性飞控系统和超机动研究[J]. 航空学报,2005,26(4):430 - 433.

[117] 秦硕,张复春,冯禹,等. 约束反推自适应超机动飞行控制律设计[J]. 系统仿真学报,2009,21(4):1071 - 1074.

[118] SADATI S H,PARVAR M S,MENHAJ M B,et al. Backstepping Controller Design Using Neural Networks for a Fighter Aircraft[J]. European Journal of Control,2007,13(5):516 - 526.

[119] 周丽,姜长生,文杰. 超机动飞行的非线性鲁棒自适应控制系统研究[J]. 系统工程与电子技术,2008,30(4):710 - 714.

[120] 孙勇,章卫国,章萌. 基于反步法的自适应滑模大机动飞行控制[J]. 控制与决策,2011,26(9):1377 - 1381.

[121] 杨婷婷,李爱军. 基于免疫粒子群优化的反演超机动飞行控制律[J]. 西北工业大学学报,2015,33(3):500 - 505.

[122] 王坚浩,胡剑波,张博锋. 应用非线性干扰观测器的反推终端滑模飞行控制[J]. 应用科学学报,2012,30(4):408 - 414.

[123] 杨婷婷,李爱军,孙逊. 超机动非线性自抗扰反演控制律设计[J]. 哈尔滨工业大学学报,2015,47(9):46 - 50.

[124] 肖亚辉,王新民,谢蓉,等. 先进战斗机的鲁棒自适应反步控制[J]. 飞行力学,2011,29(5):39 - 43.

[125] FARRELL J,SHARMA M,POLYCARPOU M. Backstepping-based Flight Control with Adaptive Function Approximation[J]. Journal of Guidance,Control,and Dynamics,2005,28(6):1089 - 1102.

[126] FARRELL,J. A,POLYCARPOU,et al. Command Filtered Backstepping[J]. IEEE

Transactions on Automatic Control,2009,54(6):1391－1395.

[127] SONNEVELDT L,CHU Q P,MULDER J A. Nonlinear Flight Control Design Using Constrained Adaptive Backstepping[J]. Journal of Guidance,Control,and Dynamics,2007,30(2):322－336.

[128] SWAROOP D,GERDES J C,YIP P P,et al. Dynamic Surface Control of Nonlinear Systems[C]//American Control Conference,Albuquerque,NM,1997:3028－3034.

[129] SWAROOP D,HEDRICK J K,YIP P P,et al. Dynamic Surface Control for a Class of Nonlinear Systems[J]. IEEE Transactions on Automatic Control,2000,45(10):1893－1899.

[130] LIU S G,SUN XX,DONG W H,et al. Control Law Design of Aircraft Super-maneuverable Flight Based on Dynamic Surface Backstepping Control[C]// Chinese Control and Decision Conference,2009:1764－1768.

[131] 刘树光,孙秀霞,董文瀚. 动态面过失速机动飞行控制律的设计[J]. 系统工程与电子技术,2010,32(10):2210－2213.

[132] 周丽,姜长生. 超机动飞行的鲁棒自适应神经网络动态面控制[J]. 应用科学学报,2007,25(6):632－638.

[133] 周丽,姜长生,都延丽. 简化的鲁棒自适应模糊动态面控制及其应用[J]. 航空学报,2008,29(5):1274－1280.

[134] MENDES A S. Vision-based Automatic Landing of Aquadrotor UAV on a Floating Platform:a New Approach Using Incremental Backstepping[D]. Delft:Delft University of Technology,2012.

[135] ACQUATELLA P,KAMPEN E J V,CHU Q P,et al. Incremental Backstepping for Robust Nonlinear Flight Control[C]// Proceedings of the Euro GNC 2013,2nd CEAS Specialist Conference on Guidance,Navigation and Control,Delft,Netherlands,2013:1444－1463.

[136] ALI AA H,CHU Q P,KAMPEN E V,et al. Exploring Adaptive Incremental Backstepping Using Immersion and Invariance for an F-16 Aircraft[C]// AIAA Guidance,Navigation,and Control Conference,Harbor,MD,2014,0084.

[137] GILS P V,KAMPEN E J V,VISSER C C D,et al. Adaptive Incremental Backstepping Flight Control for a High-performance Aircraft with Uncertainties[C]// AIAA Guidance,Navigation,and Control Conference,San Diego,CA,2016,1380.

[138] KOSCHORKE J. Advanced Flight Control Design and Evaluation:an Application of Time Delayed Incremental Backstepping[D]. Delft:Delft University of Technology,2012.

[139] FALKENA W,OORT E V,CHU Q P. Towards Certifiable Advanced Flight Control Systems,a Sensor Based Backstepping Approach[C]// AIAA Guidance,Navigation,and Control Conference,Portland,OR,2011,6482.

[140] FALKENA W. Investigation of Practical Flight Control Systems for Small Aircraft[D]. Delft:Delft University of Technology,2012.

[141] SUN L G,VISSER C C D,CHU Q P,et al. Hybrid Sensor-based Backstepping Control

Approach with its Application to Fault-tolerant Flight Control[J]. Journal of Guidance, Control, and Dynamics, 2014, 37(1): 59 - 71.

[142] SUN L G, VISSER C C D, CHU Q P, et al. Joint Sensor Based Backstepping for Fault-tolerant Flight Control[J]. Journal of Guidance, Control, and Dynamics, 2014, 38(1): 62 - 75.

[143] FALKENA W, BORST C, OORT E R V, et al. Sensor-based Backstepping[J]. Journal of Guidance, Control, and Dynamics, 2013, 36(2): 606 - 610.

[144] 孙海生,张海酉,刘志涛. 大迎角非定常气动力建模方法研究[J]. 空气动力学学报,2011,29(6):733 - 737.

[145] GHOREYSHI M, CUMMINGS R M. Unsteady Aerodynamics Modeling for Aircraft Naneuvers: A New Approach Using time-dependent Surrogate Modeling[J]. Aerospace Science & Technology, 2014, 39: 222 - 242.

[146] 杨勐. 大攻角非定常气动力建模和气动模型及飞行仿真研究[D]. 南京:南京航空航天大学,2011.

[147] 黄达,郑遂,文立红,等. 大振幅实验对常规动导数实验包容性研究[J]. 空气动力学学报,2008,26(1):111 - 114.

[148] 黄达. 飞行器大振幅运动非定常空气动力特性研究[D]. 南京:南京航空航天大学,2007.

[149] 胡孟权. 推力矢量飞机非线性飞行控制律设计研究[D]. 西安:西北工业大学,2002.

[150] YECHOUT T R. Introduction to Aircraft Flight Mechanics: Performance, Static Stability, Dynamic Stability, and Classical Feedback Control[M]. AIAA, 2003: 145 - 171.

[151] 刘伟,杨小亮,张涵信,等. 大攻角运动时的机翼摇滚问题研究综述[J]. 力学进展,2008,38(2):214 - 228.

[152] GUGLIERI G. A comprehensive Analysis of Wing Rock Dynamics for Slender Delta Wing Configurations[J]. Nonlinear Dynamics, 2012, 69(4): 1559 - 1575.

[153] GO T H. Lateral-directional Aircraft Dynamics Under Static Momentnonlinearity[J]. Journal of Guidance, Control, and Dynamics, 2009, 32(1): 305 - 309.

[154] RONG H J, HAN S, ZHAO G S. Adaptive Fuzzy Control of Aircraft Wing-rock Motion[J]. Applied Soft Computing, 2014, 14: 181 - 193.

[155] IBRIR S, SU C Y. Robust Nonlinear Feedback Design for Wing rock Stabilization[J]. Journal of Guidance, Control, and Dynamics, 2014, 37(1): 321 - 325.

[156] KORI D K, KOLHE J P, TALOLE S E. Extended State Observer Based Robust Control of Wing Rock Motion[J]. Aerospace Science and Technology, 2014, 33(1): 107 - 117.

[157] ZRIBI M, ALSHAMALI S, KENDARI M A. Suppression of the Wing-rock Phenomenon Using Nonlinear Controllers[J]. Nonlinear Dynamics, 2013, 71: 313 - 322.

[158] ROOSE D, DE DIER B, SPENCE A. Continuation and Bifurcations: Numerical Techniques and Applications[M]. Dordrecht: Kluwer Academic Publishers, 1989.

[159] 赵新华,曹伟. 基于突变理论的控制及应用[M]. 哈尔滨:哈尔滨工业大学出版社,2013.

[160] LIEBST B S. The Dynamics, Prediction, and Control of Wing rock in High-performance Aircraft[J]. Philosophical Transactions-Royal Society of London Series A Mathematical

Physical and Engineering Sciences,1998:2257 - 2276.

[161] ABDULWAHAB E N,CHEN H Q. Periodic Motion Suppression Based on Control of Wing Rock in Aircraft Iateral Dynamics[J]. Aerospace Science and Technology,2008, 12(4):295 - 301.

[162] POLYCARPOU M M,IOANNOU P A. A Robust Adaptive Nonlinear Control Design [J]. Automatica 1996; 32:423 - 427.

[163] 孙增圻.系统分析与控制[M].北京:清华大学出版社,1994.

[164] MATTEI G, MONACO S. Nonlinear Autopilot Design for an Asymmetric Missile Using Robust Backstepping Control[J]. Journal of Guidance,Control,and Dynamics, 2014,37(5):1462 - 1476.

[165] HU Q L,JIANG B Y,FRISWELL M I. Robust Saturated Finite Time Output Feedback Attitude Stabilization for Rigid Spacecraft[J]. Journal of Guidance,Control,and Dynamics,2014,37(6):1914 - 1929.

[166] 高慧琴,高正红.典型过失速机动运动规律建模研究[J].飞行力学,2009,27(4):9 - 13.

[167] ASTOLFI A,ORTEGA R. Immersion and Invariance:a New Tool for Stabilization and Adaptive Control of Nonlinear Systems[J]. IEEE Transactions on Automatic Control, 2003,48(4):590 - 606.

[168] ASTOLFI A,KARAGIANNIS D,ORTEGA R. Nonlinear and Adaptive Control with Applications[M]. London:Springer,2008.

[169] KARAGIANNIS D, ASTOLFI A. Nonlinear and Adaptive Flight Control of Autonomous Aircraft Using Invariant Manifolds[J]. Proceedings of the Institution of Mechanical Engineers Part G-Journal of Aerospace Engineering,2010,224(4):403 - 415.

[170] LEE K W,SINGH S N. Noncertainty-equivalent Adaptive Missile control Via Immersion and Invariance[J]. Journal of Guidance,Control,and Dynamics,2012,33(3):655 - 665.

[171] ZHAO B,XIAN B,ZHANG Y,et al. Nonlinear Robust Adaptive Tracking Control of Aquadrotor UAV Via Immersion and Invariance Methodology[J]. IEEE Transactions on Industrial Electronics,2015,62(5):2891 - 2902.

[172] ASTOLFI A,ORTEGA R,VENKATRAMAN A. A Globally Exponentially Convergent Immersion and Invariance Speed Observer for Mechanical Systems with Non-holonomic Constraints[J]. Automatica,2010,46:182 - 189.

[173] SEO D,AKELLA M R. Non-certainty Equivalent Adaptive Control for Robot Manipulator Systems[J]. Systems & Control Letters,2009,58(4):304 - 308.

[174] LEE K W, SINGH S N. Immersion-and Invariance-based Adaptive Missile Control Using Filtere Dsignals[J]. Proceedings of the Institution of Mechanical Engineers Part G-Journal of Aerospace Engineering,2012,226(6):646 - 663.

[175] ZHANG J M, LI Q, CHENG N, et al. Adaptive Dynamic Surface Control for Unmanned Aerial Vehicles Based on Attractivemanifolds[J]. Journal of Guidance, Control,and Dynamics,2013,36(6):1776 - 1783.

[176] SEO D, AKELLA M R. High-performance Spacecraft Adaptive Attitude-tracking Control

Through Attracting-manifold Design[J]. Journal of Guidance, Control, and Dynamics, 2008, 31(4): 884 - 891.

[177] MANNARINO A, MANTEGAZZA P. Multi-fidelity Control of Aeroelastic Systems: an Immersion and Invariance Approach[J]. Journal of Guidance, Control, and Dynamics, 2014, 37(15): 1568 - 1582.

[178] CHEN M, GE S S, REN B B. Adaptive Tracking Control of Uncertain MIMO Nonlinear Systems with Input Constraints[J]. Automatica, 2011, 47(3): 452 - 465.

[179] HU J C, ZHANG HH. Immersion and Invariance Based Command-filtered Adaptive Backstepping Control of VTOL Vehicles[J]. Automatica, 2013, 49(7): 2160 - 2167.

[180] LU H, LIU C J, GUO L, et al. Flight Control Design for Small-scale Helicopter Using Disturbance Observer-based Backstepping [J]. Journal of Guidance, Control, and Dynamics, 2015, 38(11): 2235 - 2240.

[181] MENON P P, LOWENBERG M, HERRMANN G, et al. Experimental Implementation of a Nonlinear Dynamic Inversion Controller with Antiwindup[J]. Journal of Guidance, Control, and Dynamics, 2013, 36(4): 1035 - 1046.

[182] LOMBAERTS T J J, LOOYE G H N, CHU Q P, et al. Pseudo Control Hedging and its Application for Safe Flight Envelope Protection[C]// AIAA Guidance, Navigation and Control Conference and Exhibit, Toronto, Canada, 2010, 8280.

[183] SOEST W R, CHU Q P, MULDER J A. Combined Feedback Linearization and Constrained Model Predictive Control for Entry Flight[J]. Journal of Guidance, Control, and Dynamics, 2006, 29(2): 427 - 434.

[184] ANNASWAMY A M, KÁRASON S P. Adaptive Control in the Presence of Input Constraints [J]. IEEE Transactions on Automatic Control, 1995, 31(10): 1421 - 1431.

[185] JIANG B, XU D, SHI P, et al. Adaptive Neural Observer-based Backstepping Fault Tolerant Control for Near Space Vehicle Under Control Effector Damage[J]. IET Control Theory & Applications, 2014, 8(9): 658 - 666.

[186] WASEEM A B, LIN Y, AMEZQUITA S K. Adaptive Dynamic Surface Control of a Hypersonic Fight Vehicle With Improved Tracking[J]. Asian Journal of Control, 2013, 15: 594 - 605.

[187] LI Y M, TONG S C, LI T S. Composite Adaptive Fuzzy Output Feedback Control Design for Uncertain Nonlinear Strict-feedback Systems with Input Saturation[J]. IEEE Transactions on Cybernetics, 2014, 45(10): 2299 - 2308.

[188] GAO S G, NING B, DONG H R. Fuzzy Dynamic Surface Control for Uncertain Nonlinear Systems Under Input Saturation Via Truncated Adaptation Approach[J]. Fuzzy Sets & Systems, 2015, 290: 100 - 117.

[189] WANG F, ZOU Q, HUA C C, et al. Disturbance Observer-based Dynamic Surface Control Design for a Hypersonic Vehicle with Input Constraints and Uncertainty[J]. Proceedings of the Institution of Mechanical Engineers Part I-Journal of Systems & Control Engineering, 2016, 230(6): 522 - 536.

[190] CHEN M, YU J. Adaptive Dynamic Surface Control of NSVs with Input Saturation Using a Disturbanceobserver[J]. Chinese Journal of Aeronautics, 2015, 28(3): 853 - 864.

[191] ZHENG Z, SONG S M. Autonomous Attitude Coordinated Control for Spacecraft Formation with Input Constraint, Model Uncertainties, and External Disturbances[J]. Chinese Journal of Aeronautics, 2014, 27(3): 602 - 612.

[192] HU Q, XIAO B, FRISWELL M I. Robust Fault-tolerant Control for Spacecraft Attitude Stabilisation Subject to Input Saturation[J]. IET Control Theory & Applications, 2011, 5(2): 271 - 282.

[193] WEN C Y, ZHOU J, LIU Z T, et al. Robust Adaptive Control of Uncertain Nonlinear Systems in the Presence of Input Saturation and Externaldisturbance[J]. IEEE Transactions on Automatic Control, 2011, 56(7): 1672 - 1678.

[194] ZOU A M, KUMAR K D, RUITER A H J. Robust Attitude Tracking Control of Spacecraft Under Control input Magnitude and Rate Saturations[J]. International Journal of Robust & Nonlinear Control, 2015, 10: 3338.

[195] 迟晓珠，金鸿章，王劲松. 压阻式复合惯性加速度传感器的研究[J]. 仪器仪表学报，2003, 24 (4): 262 - 263.

[196] TOMIKAWA Y, OKADA S. Piezoelectric Angular Accelerationsensor[J]. IEEE Symposium on Ultrasonics, 2003(1): 1346 - 1349.

[197] 周蜜，吴向荣，洪峰. 一种新型的角加速度传感器[J]. 航天控制，1999, (2): 52 - 55.

[198] 赵浩，冯浩. 基于电磁感应原理的永磁旋转角加速度传感器研究[J]. 传感技术学报，2012, 25 (9): 1257 - 1261.

[199] ZHAO H, FENG H. A Novel Permanent Magnetic Angular Acceleration Sensor[J]. Sensors, 2015, 15 (7): 16136 - 16152.

[200] BACON B J, OSTROFF A J. Reconfigurable Flight Control Using Nonlinear Dynamic Inversion with a Special Accelerometer Implementation[C]. AIAA Guidance, Navigation, and Control Conference and Exhibit. Denver, CO, USA, 2000: 1 - 15.

[201] 熊永虎，马宝华，彭兴平. 用线加速度计测量角加速度和线加速度[J]. Journal of Beijing Institute of Technology, 2000, 9 (3): 307 - 311.

[202] Angular Accelerometer SR-107VFR. Columbia Research Laboratories.

[203] OVASKA S J, VALIVIITA S. Angular Acceleration Measurement: A review[C]. IEEE Instrumentation and Measurement Technology Conference. St. Paul, Minnesota, USA, 1998: 875 - 880.

[204] HAN J, HE Y, XU W. Angular Acceleration Estimation and Feedback Control: An experimentalinvestigation[J]. Mechatronics, 2007, 17 (9): 524 - 532.

[205] 邵雷，赵锦，赵宗宝，等. 一种基于非线性跟踪-微分器的角加速度估计方法[J]. 飞行力学，2012, 30 (4): 341 - 344.

[206] BELANGER P R. Estimation of Angular Velocity and Acceleration from Shaft Encoder Measurements[J]. IEEE International Conference on Robotics and Automation, 1992: 585

-592.

[207] 邓红星,王宪彬,刘咔.角加速度边界层观测器设计[J].哈尔滨工业大学学报,2010,42 (9): 1504-1508.

[208] KHALIL H K. Nonlinear Systems Third Edition[M]. Upper Saddle River, NJ: Prentice-Hall, 2002.

[209] DONG W, FARRELL J A, POLYCARPOU M M, et al. Command Filtered Adaptive Backstepping[J]. IEEE Transactions on Control Systems Technology, 2012, 20(3): 566-580.

[210] LU P, KAMPEN E J V, CHU Q P. Robustness and Tuning of Incremental Backstepping Approach[C]//AIAA Guidance, Navigation, and Control Conference, Kissimmee, FL, 2015, 1762.